汽車學原理與實務
Vehicle Principles and Practice

曾逸敦◎著

五南圖書出版公司 印行

自　序

　　大約在十年前，雖然如願的升上教授，但好像也失去了生活的重心。為了重新找到對生活的熱情與活力，決定投入古董車的世界，於是買下了我人生第一台保時捷911（1992年的964）。經歷了甫購買車子的喜悅後，隨之而來的是車子出問題的煩惱，為了找到正確的原因及零件，通常都需要無數次的與車友討論、上網搜尋資料、向保養廠技師請教，最後耐心地等待問題解決後的成就感。

　　隨著上述循環次數的增加，也不斷地累積我對車子的基本知識。許多大學生也開始來找我進行車子相關的專題研究，於是乾脆成立了一個部落格：「曾教授與古董保時捷」(http://eatontseng.pixnet.net/blog)。把一些比較實用的成果放在網路上與大家分享。另一方面也開始在學校裡面開授汽車學課程。

　　在此課程中我試圖做到兩件事情。第一件事情是將汽車的發展由古老的化油器時代、機械噴射時代及至近代的電子／電腦噴射時代，做一個有系統地介紹，使學生能對汽車的結構及發展有更全面的了解。第二件事情是將車子的理論與實務互相結合，所有提供的示意圖都盡量與汽車真實結構互相搭配。最後要特別感謝目前的四位研究生（賴彥甫、林宏翰、邱晟展及丁啓翔）辛苦的校訂及畫圖，使本書內容更趨完善。

目 錄

CONTENTS

目 錄

第7章 電子學與電子點火

第8章 汽車電子引擎(一)

第9章 汽車電子引擎(二)

CONTENTS

目 錄

CONTENTS

第 1 章

引擎工作原理

1.1　前言

　　汽車對於現代人來說是必備的交通工具之一，汽車除了能提供使用者在行進時的外部保護，有時還會拿來代表持有人的社會地位，但汽車最為重要的功能，莫過於能夠讓使用者更快的到達目的地，而汽車之所以能夠高速移動是要歸功相當於汽車心臟的引擎。

　　引擎是帶領人們進入高速世界的代表物，有了引擎後，才有了現今的車、飛機、快艇等需要用到引擎的交通工具；引擎的出現最早可追朔至17世紀，最初的引擎極為粗糙，並有著不環保、耗油等缺點；而在經過人們長時間的研究及改良之下，引擎的效率越來越好，體積變小，並能夠因應逐年強調的環保意識。

　　現在的引擎主要可依照運作方式及使用的油類來分類，接下來將逐一介紹。

1.2　引擎發展歷史

1.2.1　內燃機引擎

　　引擎最早是在1678年，由一名法國人賀德法利（A. Hautefeuille）利用火藥在汽缸中爆炸，產生力量推動活塞，這是內燃機最早的雛型，但在此設計中，火藥的裝填會影響引擎運作，使得內燃機無法順暢的連續運作。

　　1794年，史屈特氏（Robert Street）做出了一個改良式的內燃機，汽缸在活塞的下方，將空氣壓縮進去，以液體燃料取代上述設計的火藥，液體燃料和壓縮空氣混合氣化後燃燒，使體積膨脹，推動活塞向上，進而產生動力，但此設計在燃料方面和壓縮空氣上必須手動完成，因此燃料比例很難精確控制。

　　1860年，法國人李諾爾（Lenoir）發明了不需壓縮空氣的氣體燃燒式引擎，被認為是最早的二衝程引擎。

　　在1862年，法國人洛卻氏（Beau de Rochas）提出了一個最佳效益觀點的內燃機設計準則：

　　1.氣缸的表面積與容積比盡量減小，以減少燃氣的熱量損失。

　　2.加速膨脹過程，以提高燃氣的有效功能。

3.使膨脹完全，以增大膨脹期間所作的正功。

4.提高膨脹前的燃氣壓力，以增大膨脹時的氣體容積比，增加有效的作功量。

5.在活塞自氣缸頭向下運動時，將可燃氣混合物吸入氣缸。

6.當活塞朝向氣缸頭運動時，開始將氣缸內的可燃氣混合物壓縮。

7.當活塞朝向氣缸頭運動至上死點時，予以點火燃燒，並且推動活塞遠離氣缸頭，運動至下死點，此期間為動力衝程。

8.而後活塞再自下死點往回運動至上死點，此期間可將燃燒後的廢氣壓出，為排氣衝程。

以上準則中的5.～8.即為現代四衝程引擎的運動過程。

1876年，德國人奧圖氏（Nicolaus Otto）以洛卻氏的理論為基礎，製造出了四衝程引擎，此引擎的熱力循環則被稱為奧圖循環（Otto Cycle）（圖1-1），又可被稱為等容積循環，但此時的四衝程引擎卻有著馬力小且重量大的缺點。

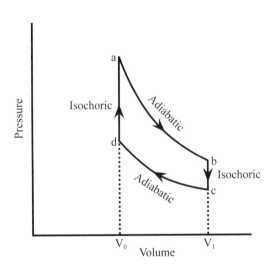

圖1-1　奧圖循環（Otto Cycle）

（圖片來源：Physics Labs，2015）

1880年，克拉克氏（Clerk）發明了一種二衝程引擎，將四衝程過程中的動作於二衝程中完成。

　　1895年，狄賽爾氏（Rudolf Diesel）發明柴油引擎，在此引擎中只壓縮空氣，使溫度上升，在燃料噴入後就能自行燃燒，可省下點火的步驟。此引擎的熱力循環被稱為狄賽爾循環（Diesel Cycle）（圖1-2），在燃燒爆炸的過程中，是以等壓的狀態下進行的，因此又被稱為等壓循環。

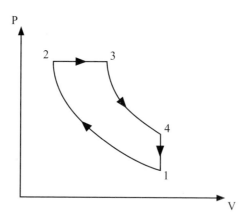

圖1-2　狄賽爾循環（Diesel Cycle）

（圖片來源：CODECOGS，2014）

　　1926年，德國的萬克爾氏（Felix Wankel）開始研究迴轉活塞式引擎，在經過不斷改良後，終於研發成功。

表1-1　內燃機事件簿

1678年	賀德法利（A. Hautefeuille）發明內燃機雛型
1794年	史屈特氏（Robert Street）改良內燃機
1860年	李諾爾（Lenoir）發明不需壓縮空氣的氣體燃燒式引擎
1862年	洛卻氏（Beau De Roches）提出了內燃機的設計準則
1876年	奧圖氏（Nicolaus Otto）製造出四衝程引擎
1880年	克拉克氏（Clerk）將四衝程過程中的動作於二衝程中完成
1895年	狄賽爾氏（Rudolf Diesel）發明柴油引擎
1926年	萬克爾氏（Felix Wankel）研究迴轉活塞式引擎

1.2.2　燃汽渦輪引擎

由於活塞式引擎的活塞是採直線運動，因此需要有連桿將直線運動轉換成旋轉運動，而在這個過程中，勢必會有能量的損失，因此若在一開始就是進行旋轉運動，理論上可以讓效率進一步的提升，而實現這一點的就是燃汽渦輪引擎；在這種引擎中，被推動的並非是直線運動的活塞，而是做旋轉運動的渦輪，燃燒燃料產生的熱能直接被轉換成旋轉能量，提升能量效率。

渦輪機械的概念據稱在西元前120年就已經出現，當時埃及的希羅（Heron）利用一個蒸氣鍋爐，在鍋底加熱產生水蒸氣，水蒸氣再經由細管上升至上方的空心球內，球的邊緣有兩個彎狀的管型出口，蒸氣經過這兩個出口噴出後，會因為反作用力的關係而使得空心圓球旋轉；雖然希羅使用的是蒸氣，但由於概念類似，因此被稱為是反應式（Reaction）渦輪機械的第一人。

而真正設計出燃汽渦輪引擎的人是1791年的英國人巴勃（J. Barber），他藉由將可燃的氣體燃料和空氣混合，將其混合物燃燒後產生高溫高壓的氣體，氣體經由噴嘴噴向葉輪片使其轉動，此設計可說是第一台燃汽渦輪機。

在1873年，美國的布雷登（Brayton）推算出了燃汽渦輪引擎的熱力循環。

表1-2　燃汽渦輪引擎事件簿

前120年	希羅（Hero）渦輪機械概念的第一人
1791年	巴勃（J. Barber）設計出第一個燃汽渦輪機
1873年	布雷登（Brayton）推算出燃汽渦輪引擎的熱力循環

1.2.3　其他相關發明

在過去這一百多年以來，也出現了許多能讓引擎性能更加提升的發明，例如火星塞或是電子控制系統，可見表1-3。

表1-3 使性能提升的發明事件簿

1893年	德國人波細（Bosch）發明磁電機點火裝置
1898年	美國人發明火星塞
1928年	美國人發明汽油泵
1931年	美國人發明下吸式化油器
1956年	美國人本狄士（Bendix）首先發明電子控制汽油噴射器
1961年	美國人開始採用交流發電機
1963年	美國人開始採用半晶體點火系統
1965年	美國福特（Ford，即通用汽車公司）開始採用全晶體點火系統
1967年	美國通用汽車公司開始採用積體式（IC）調整器
1968年	德國波細（Bosch）完成電晶體控制汽油噴射器
1973年	美國通用汽車公司發表中央電腦控制汽車計畫
1975年	美國克萊斯勒公司推出電子計算機控制之電子稀薄燃燒系統（ELB），使引擎控制進入電腦化
1978年	美國克萊斯勒公司回饋訊號電子控制汽油噴射器

　　引擎在計算功率時，是以「馬力」為單位做計算，這單位是由英國的科學家瓦特（Watt）想出來的；瓦特經過長期的觀察，發現到一匹馬在一分鐘內大約可把220磅的煤拉高100英呎，也就是說一匹馬在一分鐘內可以作22000呎磅的功，但他認為馬在拉煤礦的時候多少有點不情願，於是他自己又把馬力數字提高了50%，最後做出的定義為：「馬力」為一匹馬在一分鐘內作33000呎磅的功。

　　「馬力」和「瓦特」這兩個單位可進行換算，1馬力等於746瓦特。

1.3 ┃ 引擎定義和分類

1.3.1 引擎的定義

　　「引擎」一詞其實是一個較為廣義的詞語，只要是可以將能量轉為機械能的裝置都能夠稱呼為引擎，而一般常講的汽車引擎是利用熱能轉為機械能來驅使汽車

動作，這種引擎又稱為「熱機」；依照燃燒的方式，又可分為內燃機和外燃機兩大類，而不管是哪一種引擎，都一定會具備一些基礎構造，見圖1-3：

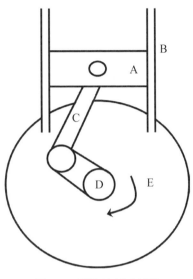

圖1-3　引擎的基礎構造

圖1-11中的各編號元件如下所示：

A. 活塞：上升時用來壓縮氣體。

B. 汽缸：活塞活動以及氣體燃燒轉換為動能的地方。

C. 連桿：連接曲桿和活塞，並將活塞的動能傳給曲桿。

D. 曲桿：接收活塞產生的動能，經由和連桿的組合，從而產生旋轉運動。

E. 飛輪：用來儲存產生的旋轉能量，並且讓整個產生動能的過程能夠順暢地進行。

1.3.2　內燃機和外燃機

汽車引擎在分成內燃機和外燃機後，又可以有不同的分類，由此可產生圖1-4的樹狀圖：

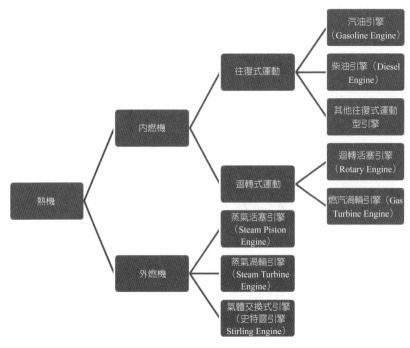

圖1-4　引擎分類的樹狀圖

1. 內燃機

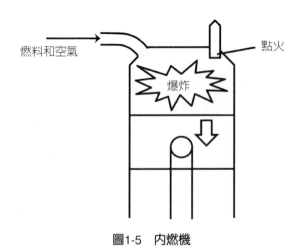

圖1-5　內燃機

內燃機的燃燒行為是在汽缸內部進行，經由燃燒時產生的爆發力直接推動活塞轉變為機械能，可分為往復式和迴轉式：

(1) 往復式內燃機

利用爆炸產生的爆發力使得活塞在汽缸內上下移動，進而帶動曲桿輸出動力。

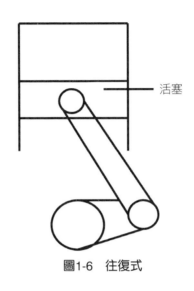

活塞

圖1-6　往復式

(2) 迴轉式內燃機

又稱轉子式，在汽缸內活動的並非是活塞而是一個三角形的轉子，使空間分成三個體積會改變的部分，相當於有三個汽缸，輸出動能較大，但油耗和造成的汙染也較大。

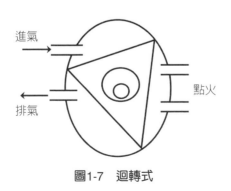

進氣

排氣

點火

圖1-7　迴轉式

2. 外燃機

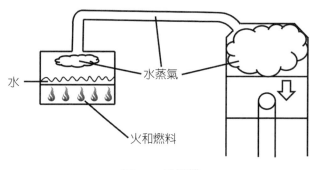

圖1-8　外燃機

跟內燃機相反，外燃機進行燃燒的地方是在汽缸外部，推動活塞的力則是來自於因燃燒而被加熱的某物體，其產生的反應可對活塞產生推力，可分為蒸汽式、蒸汽渦輪式和氣體交換式：

(1) 蒸汽式

就是所謂的蒸汽機，被加熱的是水，產生的水蒸氣則成為推動活塞來回運動的動力來源。

(2) 蒸汽渦輪式

運作原理和蒸汽式相同，但蒸汽推動的並非活塞而是渦輪，使得產生的機械能不需經過曲桿再轉換成旋轉能量，效率更好。

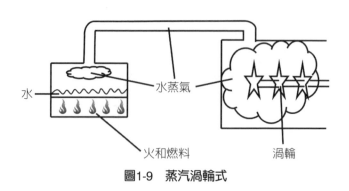

圖1-9　蒸汽渦輪式

(3) 氣體交換式

又稱爲史特靈引擎，被加熱的物體不是水而是氣體，氣體被密封在汽缸內，而且活動的活塞有兩個，經由加熱氣體產生熱脹冷縮的現象，使其推動活塞，經由移氣器改變氣體接觸的溫度區域，使氣體因膨脹或收縮帶動活塞，進而帶動曲桿。

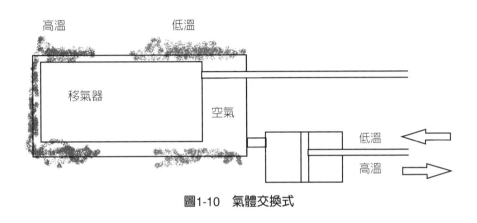

圖1-10　氣體交換式

1.4　引擎的運作過程

1.4.1　名詞說明

在了解引擎的運作過程前，有一些名詞必須事先了解：

1. 上死點（Top Dead Center, T.D.C）

活塞前進到最高的點，此時活塞的瞬間加速度爲零，且汽缸此時的容積最小。

2. 下死點（Top Dead Center, B.D.C）

活塞後退到最低的點，此時活塞的瞬間速度和在上死點時同樣爲零，並且汽缸此時的容積最大。

3. 行程（Stroke）

又名爲衝程，指的是上死點和下死點之間的距離，即爲活塞活動的範圍，當活塞位於行程中間時，速度會達到最大。圖1-19爲以上三個名詞的示意圖。

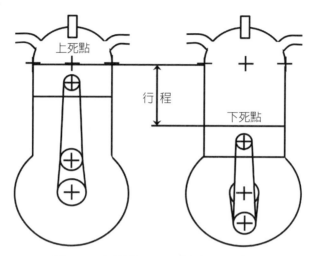

圖1-11　上死點、下死點和行程示意圖

4. 活塞位移容積（Piston Displacement Volume, P.D.V）

　　上死點和下死點之間的容積，數值等於行程距離乘上活塞的表面積，此數值決定此汽缸的排氣量（C.C或CM^3），整個引擎的排氣量則是由全部汽缸的排氣量總和決定。

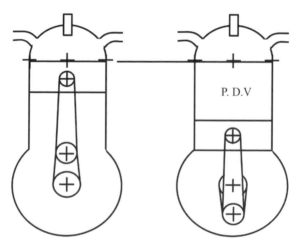

圖1-12　活塞位移容積示意圖

5. 燃燒室容積（Combustion Chamber Volume, C.C.V）

　　當活塞到達上死點時活塞上方剩餘的汽缸容積，又名爲汽缸頂部空隙，其值大約爲活塞位移容積的10%到15%。

6. 汽缸容積（Total Cylinder Volume, T.C.V）

　　當活塞位於下死點時，活塞上方的汽缸總容積，即爲活塞位移容積和燃燒室容積的總和。圖1-13爲燃燒室容積和汽缸容積的示意圖。

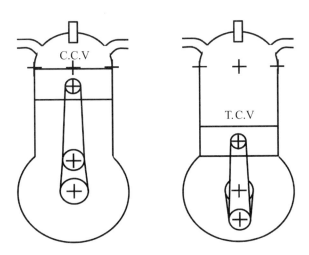

圖1-13　燃燒室容積和汽缸容積示意圖

7. 壓縮比（Compression Ratio, C.R）

　　汽缸內氣體被壓縮的程度，爲汽缸容積和燃燒室容積的比值；和引擎的性能有關，壓縮比越大，引擎的動力就越好。

1.4.2　往復式引擎

　　往復式引擎有兩種運作方式：四行程和二行程，如下所述：

1. 四行程引擎

　　之所以被稱做四行程，是因爲活塞在運作時，會以二上二下爲一個週期來輸出一次動力，這四次動作分別會有四個行程。

(1) 進氣行程

活塞在汽缸內自上死點向下行移動至下死點時，進氣門打開，將新鮮的空氣和汽油的混合氣吸入氣缸之內。

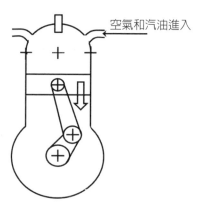

空氣和汽油進入

圖1-14　進氣行程

(2) 壓縮行程

進氣門和排氣門都關閉，活塞由下死點上行移動至上死點，將氣缸中的混合氣壓縮，將氣體體積縮小，以達到提高混合氣溫度（氣體在壓縮後會溫度上升的特性）的效果，從而有利於混合氣的燃燒。

混合氣

圖1-15　壓縮行程

(3) 動力行程

　　此時進氣門和排氣門都關閉，火星塞適時發出高壓電火花，將溫度很高的混合氣點燃，使其燃燒爆炸產生巨大的壓力，將活塞從上死點推至下死點，進而推動曲軸做功產生動力。

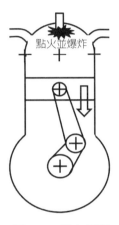

圖1-16　動力行程

(4) 排氣行程

　　活塞自下死點上行移動至上死點時，此時進氣門關閉，排氣門開啟，氣缸中已燃燒過的廢氣由活塞向上移動時經排氣門排放至大氣之中。

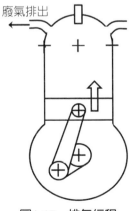

圖1-17　排氣行程

2. 二行程引擎

　　二行程引擎是將四行程引擎的動作在活塞一上一下中就完成。二行程引擎的活塞在因氣體燃燒而被推到下死點時，就會同時間進行排除廢氣和加入新氣體這兩個動作（圖1-18）；之後活塞要從下死點上升到上死點時，燃燒室內就會開始壓縮新氣體，並先行儲存空氣在曲桿部分（圖1-19）。

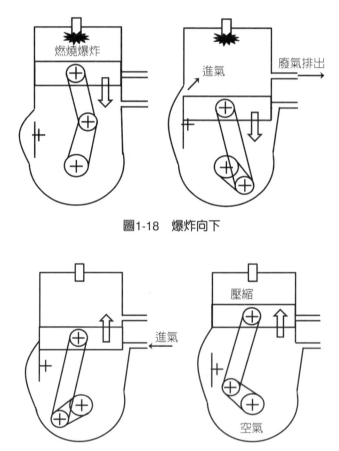

圖1-18　爆炸向下

圖1-19　上升壓縮

　　由於二行程引擎在排氣時會同時進行進氣，因此很容易會將進入的新空氣也一併排出，造成燃料的浪費和汙染，因此汽車引擎幾乎很少使用二行程引擎。

表1-4　四行程和二行程綜合比較

	四行程	二行程
1.結構	構造複雜，價格較高。	構造簡單，價格便宜。
2.體型	體積大，重量較重（單位馬力之重量大）。	重量較輕，體積較小。
3.運轉平穩	每四行程產生一次動力，動力不均、運轉不平穩，需多缸方可抵消。	動力次數多，引擎運轉平穩，馬力約為同排氣量四行程引擎的1.4倍～1.7倍。
4.耗油情況	較省油。	耗油率大。
5.進氣狀況和容積效率	進氣充分，廢氣排除乾淨，容積效率高。	進氣不充分，廢氣排除不乾淨，容積效率較低。
6.潤滑狀況	潤滑作用良好，曲軸箱潤滑可由機油直接來完成。	潤滑困難，曲軸箱潤滑需靠燃料混入機油來完成。
7.平均有效壓力	較高。	較低，因燃料混入機油，使辛烷值降低，故引擎之壓縮比不能提高。
8.最高轉速	各行程作用完全、確實，由低速至高速之速度變化範圍較大。	較低，因容積效率較低，故引擎負荷運轉之耐久性也較小。
9.汽缸狀況	汽缸結構上無進、排氣口，不易變形，且製造較容易。	因進、排氣口溫度不均，易使汽缸變形，且大汽缸口徑製造困難，故無法用於大馬力引擎。
10.啟動難易度	啟動較容易。	因燃料中加入機油，汽油點燃不易，使得啟動較困難。
11.排氣	排氣聲較小，燃燒較完全，汙染較小。	排氣聲音大，未燃燒氣體較多，汙染嚴重。
12.使用狀況	適合一般小型大馬力車輛。	適合小型小馬力車輛。

1.4.3　轉子式引擎

　　轉子式引擎又被稱為三角旋轉活塞發動機，是一種四行程的引擎，在橢圓形的燃燒室中放入一個三角形的轉子，這個三角形轉子將燃燒室分隔成三個獨立的區域（圖1-20），且採取偏心旋轉，使得這三個獨立區域的體積會隨著轉動改變，經

由體積的改變,得以做出四行程需要的進氣、壓縮、動力和排氣這四個行程,每一個區域都相當於一個汽缸,這樣一來就等於一個轉子中就有三個汽缸,動力比活塞式的引擎還要高,而且由於一開始就是旋轉運動,因此不需要使用曲軸改變運動方式,轉速可得到很高的提升;然而這三個獨立區域並非完全隔開,當器材耗損時就容易會發生漏氣問題,造成油耗和汙染。

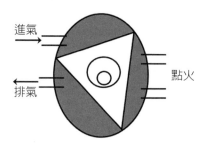

圖1-20　轉子式引擎中的獨立區域

參考文獻

1.　Andy Alter (2015)。Die Geschichte des Automobils。檢自:http://www.erft.de/schulen/gym-lech/2004/Auto/geschichte%20des%20automobils.htm

2.　CODECOGS (2014)。Internal Combustion Engine Cycles。檢自:http://www.codecogs.com/library/engineering/thermodynamics/machines/internal-combustion-engine-cycles.php

3.　Darton Environmental (2015)。Origins of Diesel。檢自:http://dartonrefuel.com/biodiesel.php

4.　DesTechWiki (2013)。Describe how the availability of new sources of power in the Industrial Revolution led to the introduction of mechanisation。檢自:http://www.ruthtrumpold.id.au/designtech/pmwiki.php?n=Main.Mechanization

5.　MPlus Geeks (2014)。理念和工藝交織的奇蹟製造者:詹姆斯‧瓦特。檢自:http://www.mplus.com.tw/article/494

6.　Peter Goossens (2007)。The Invention of the Internal Combustion Engine and Helicopter Development。檢自:http://www.helistart.com/HeliHistoryCombustionEngine.aspx

8. Physics Labs (2015)。Ideal Gas Laws and Heat Engines。檢自：http://www.andrews.edu/phys/wiki/
PhysLab/doku.php?id=141s14l10

9. Wiki (2015)。Étienne Lenoir。檢自：https://en.wikipedia.org/wiki/%C3%89tienne-Lenoir

10. Mega Pics (2012, June 28). C3H5N3O9'S Experiment ZR012! Revolutionary Wristwatch. Retrieved
from https://megpics.wordpress.com/2012/06/28/c3h5n3o9s-experiment-zr012-revolutionary-wrist-
watch-5/

11. 黃奕超（2015）。引擎簡介。清華大學動力機械系。

12. 曾玉泉（2006）。極速引擎的魅力——史特靈引擎（Stirling Engine）的介紹、製作與教學活動
設計。生活科技教育月刊，39，116-140。

第 2 章

引擎零件介紹

2.1　前言

在第一章中，我們提到了引擎的基本構造，但前面所述的只是一個引擎運作時的主要部分，實際上當然不會只有汽缸裡面的那些零件而已，為了讓活塞能夠正常運作，自然必須要有其他零件的幫忙。此外，引擎除了以運作原理和使用的油來分類之外，還會以引擎中汽缸的排列方式來分類；因為一個引擎不會只有一個汽缸，而太多的汽缸又會讓引擎的體積增加，使得汽車本體的體積必須要有所調整，因此汽缸的排列方式就成了引擎的一種特徵。

接下來將介紹引擎的整體構造和其中重要的零件，以及因汽缸排列方式而衍伸出的各項分類。

2.2　引擎零件

此節將會介紹引擎整體的構造以及一些重要的零件位置和其功能。

2.2.1　引擎整體構造

在圖2-1中，引擎外觀可分成以下幾個主要構造：搖臂室蓋（Rocker Cover）、汽缸蓋（Cylinder Head）、汽缸體（Cylinder Block）和油底殼（Sump）；此外，這四個構造之間會有墊片相連，分別是：引擎蓋墊片、汽缸蓋墊片、油底殼墊片。

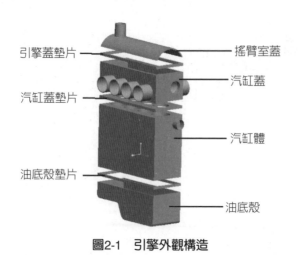

引擎蓋墊片　　　　　　　　搖臂室蓋

汽缸蓋墊片　　　　　　　　汽缸蓋

　　　　　　　　　　　　　汽缸體

油底殼墊片

　　　　　　　　　　　　　油底殼

圖2-1　引擎外觀構造

在圖2-2中，標示出引擎構造中的各種零件，其詳細名稱如下所示：

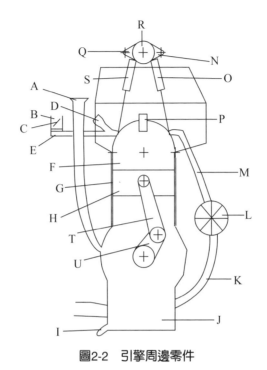

圖2-2　引擎周邊零件

A. 機油加注口　　　　　L. 渦輪增壓器

B. 進氣管　　　　　　　M. 排氣歧管

C. 節氣門　　　　　　　N. 排氣凸輪

D. 噴油器　　　　　　　O. 排氣門

E. 進氣歧管　　　　　　P. 火星塞

F. 燃燒室　　　　　　　Q. 進氣凸輪

G. 冷卻水套　　　　　　R. 凸輪軸

H. 活塞　　　　　　　　S. 進氣門

I. 放油塞　　　　　　　T. 連桿

J. 機油槽　　　　　　　U. 曲軸

K. 排氣管

2.2.2　引擎重要零件介紹

在2.1.1節中，我們已經了解引擎周邊有許多的零件，這些零件當中，有些可說是引擎的運作核心，在此將會對這些重要的零件進行更加詳細的介紹。

1. 凸輪軸（Camshaft）

凸輪軸是用來控制進氣門和排氣門的裝置，當突起部位接觸到氣門時，氣門就會打開，進行進氣或是排氣的動作，此外也會同時控制其他的機件，例如分電盤、汽油泵等；凸輪軸其中有一種類型被稱為高轉速凸輪軸或是高角度凸輪軸（High CAM），這種凸輪軸會讓氣門開啟的時間比原廠設計的時間長，使得進氣量增加，增加點火時的推力，進而增加馬力，但此方式會讓汽門的損耗速度變快。

圖2-3　凸輪軸

2. 曲軸（Crankshaft）

曲軸是用來將活塞產生的直線運動轉換成旋轉運動的零件，和活塞之間會有連桿相連接，其轉換的原理就像是平常騎自行車時一樣，腳的動作是連桿和活塞，而腳踏板就是曲軸。

引擎在進行四行程時，控制氣門的凸輪軸在一個週期中只要轉一圈，但曲軸卻必須轉兩圈，因此為了合拍，帶動凸輪軸的齒輪直徑會是曲軸的兩倍。

圖2-4　曲軸

3. 連桿（Connecting Rod）

　　連桿是連接活塞和曲軸之間的零件，連接活塞的一端為小端，連接曲軸的一端則稱為大端；在運轉時，小端會隨著活塞做直線往復運動，大端則跟著曲軸做個圓周運動，因此連桿會承受相當大的應力作用，為了增加強度，連桿的斷面會設計成H型；連桿的材質有白金屬（錫銻合金）、油膜承軸合金（銅鉛合金）等，最常使用的則為鋁合金。

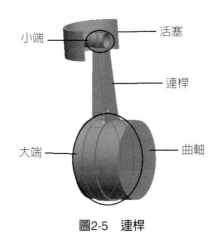

小端　　　　　　　活塞

連桿

大端　　　　　　　曲軸

圖2-5　連桿

　　大端和曲軸相接的部分會有縫隙，稱為油隙，油隙的大小需要經過設計，若是太小，曲軸會有卡住的危險，太大的話引擎的震動和噪音會增加。

4. 活塞（Piston）

　　活塞是和連桿相接，在汽缸中上下移動給予曲軸動力的重要零件，不但要承受爆炸時的強大壓力以及熱量，速度在往返運動時還會達到20m/S，因此對於材質和設計精度都有較為嚴格的要求，在材料上通常會以鋁合金製作，鋁合金具備以下特性：

(1) 比鋼或鑄鐵輕

(2) 具有良好的導熱性

(3) 有良好的強度，耐磨損

(4) 具有較高的熱膨脹係數

活塞的頂部由於會直接暴露在高溫中，跟底部相比熱膨脹的程度會比較大，為了彌補這方面的差異，活塞頂部的半徑會設計得比底部小；活塞的外圍會裝上活塞環，用來維持活塞和汽缸間的氣密性，防止漏氣和漏油，也能將活塞的熱量傳到汽缸壁上達到散熱效果；活塞的下部稱為活塞裙，用來讓活塞在運作時保持垂直狀態，同時能減少噪音和摩擦。

圖2-6　活塞

5. 汽門（Valve）

每一個汽缸都會有兩種汽門：用來讓新鮮空氣進入以提供燃料的進汽門，以及排除掉燃燒後產生的廢氣的排汽門。汽門的構造如圖2-8所示：

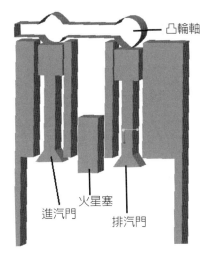

凸輪軸

火星塞

進汽門

排汽門

圖2-7　汽門

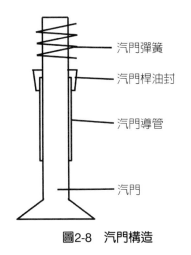

汽門彈簧

汽門桿油封

汽門導管

汽門

圖2-8　汽門構造

汽門導管是用於引導汽門在推進時的方向，以避免行進方向歪斜；汽門桿油封用於避免機油經由導管和滑動的部分流入到燃燒室；汽門彈簧則用於維持氣密狀態以防止漏氣。

在理論上，汽門的數量越多，引擎的性能就會越好；但汽門越多，設計的複雜度就會越大，不管是驅動方式還是燃燒室的構造都需要精密的安排，技術含量也會

提高，就結果而言會提高製造成本，維修時也會更加困難，因此現在最流行的是一個氣缸中，2進汽門與2排汽門的4汽門構造（圖2-9）。

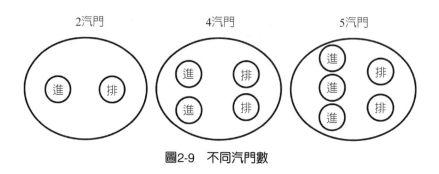

圖2-9　不同汽門數

6. 火星塞（Spark Plug）

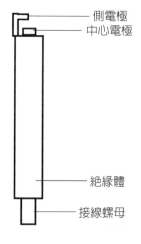

圖2-10　火星塞

　　火星塞是用於點燃燃燒室氣體產生爆炸的零件，火星塞除了有尺寸大小的差別之外，相同尺寸之間還有熱值的區別，熱值大的適用於運轉溫度較低的引擎，熱值小的則適用於運轉溫度較高的引擎；熱值若過高，引擎容易因溫度過高出現爆震，熱值若過低，引擎可能燃燒不完全。

　　將以上1.到6.的零件和汽缸組合後，會出現如圖2-11的組合圖：

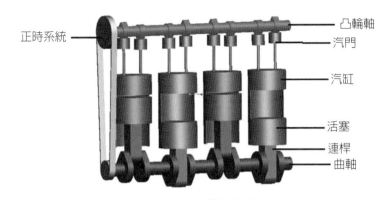

正時系統

凸輪軸
汽門
汽缸
活塞
連桿
曲軸

圖2-11　零件組合圖

在圖2-11的左側為正時系統，凸輪軸和曲軸以皮帶相連接，由於凸輪軸和曲軸的轉速不同，因此皮帶兩側的齒輪直徑會不同，以達到產生不同轉動速度的效果。

7. 飛輪（Fly Wheel）

飛輪是有一定質量的輪子，和曲軸相連接並同時轉動，因為質量夠大，在旋轉時能夠因慣性作用儲存轉動能量，以提供引擎在進行行程時的順暢轉動，使引擎平穩運轉。

8. 搖臂室蓋（Rocker Cover）

位於引擎最上層的構造，是一個油密蓋，可防止凸輪軸中的潤滑油外漏，圖2-12中被圈起來的地方就是用來加入潤滑油的加油口。

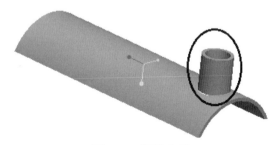

圖2-12　搖臂室蓋

9. 汽缸蓋（Cylinder Head）

　　汽缸蓋位於汽缸頂部，圖2-13中A的部分就是放入凸輪軸承軸的位置，B和C是進氣和排氣的孔，和活塞形成燃燒室，活塞在底部上下活動進行行程，由於會產生高溫，因此汽缸蓋會以鋁合金製作，重量輕並有著很好的散熱效果。

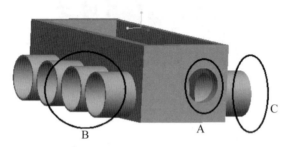

圖2-13　汽缸蓋

10. 汽缸體（Cylinder Block）

　　一般常講的汽缸體，嚴格來說應該指的是汽缸體加上曲軸箱，但由於這兩者是結合在一起的，因此就共同被稱作汽缸體；汽缸體是活塞進行往復運動的地方，通常以鑄鐵製造，具有強度大、耐磨耗的特性。

　　有些汽缸會裝上汽缸套作為活塞進行往復運動的導管，內壁鍍有多孔性鉻，使其有吸油性，提高了潤滑性、氣密性和耐磨性；其中又以汽缸套的外壁和冷卻水套的接觸有無，分為濕式和乾式，如圖2-15。乾式汽缸套雖然沒有冷卻水密封的問題，但散熱效果卻沒有濕式汽缸套好，且拆卸困難，成本也較高。

圖2-14　汽缸體

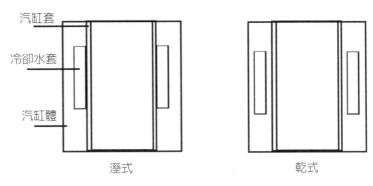

汽缸套

冷卻水套

汽缸體

溼式　　　　　　　　　　乾式

圖2-15　汽缸套的分類

　　雖然理論上來說，汽缸數越多引擎的動力就越大，但此時引擎需要的零件也會隨之增加，構造也更複雜，重量和製造成本也會跟著增加。

11. 油底殼（Sump）

　　油底殼位於引擎的最下方，是用來儲存潤滑用的機油並進行冷卻的地方。

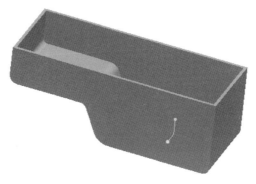

圖2-16　油底殼

2.3 | 引擎分類

2.3.1 引擎的動力過程

　　一個引擎中一定會有多個汽缸，而這些汽缸都有四行程的動作，但這些汽缸的動作不會是完全一致，例如不會都同時在進行排氣的動作，一定是其中有的排氣，有的做其他動作，如圖2-17中的四缸引擎的動作順序，在圖中可看出每一個汽缸各自在進行四行程中的一個過程；圖中的字代表著該汽缸將要進行的行程，像是第1步中的「點火」，就代表著該汽缸將進行點火行程。

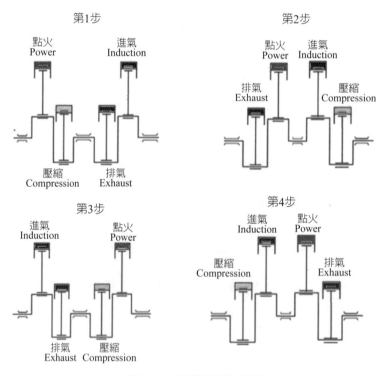

圖2-17　引擎的運作過程

2.3.2　汽門運作方式的分類

汽門依照運行方式的不同可分成如圖2-18的樹狀圖，其中I型頭是市面上最常見的種類，從其中又可以分出其他種類。

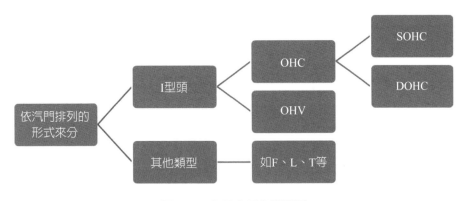

圖2-18　汽門分類的樹狀圖

1. I型頭

I型頭類型的進汽門和排汽門都放在汽缸蓋上，如圖2-18，而又可以凸輪軸的位置來分成OHV和頂置凸輪軸式兩種。

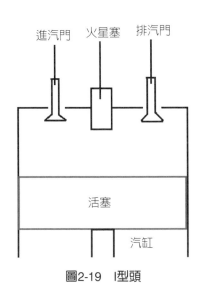

圖2-19　I型頭

(1) 頂置汽門式（Over Head Valve, OHV）

頂置汽門式中的凸輪軸會放在汽門的旁邊，和汽門之間會有搖臂相連接，如圖2-20所示；搖臂的動作類似於蹺蹺板，當凸輪軸突起的部分使右邊向上時，另一邊就會下降推動汽門。

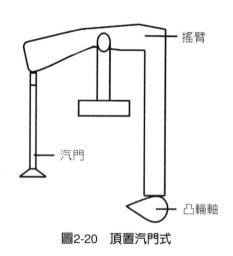

圖2-20　頂置汽門式

(2) 頂置凸輪軸式（Over Head Camshaft, OHC）

頂置凸輪軸式中的凸輪軸是位於汽缸蓋的上方，就像圖2-11那樣的擺放位置，而這裡面又可以分出兩種類型：一個凸輪軸控制所有汽門的單頂置凸輪軸（Single Over Head Camshaft, SOHC），和兩個凸輪軸分別控制進汽門和排汽門的雙頂置凸輪軸（Double Over Head Camshaft, DOHC）（圖2-21）。

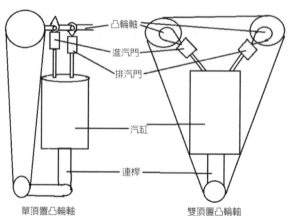

圖2-21　單頂置凸輪軸和雙頂置凸輪軸

2. L型頭

　　進汽門和排汽門並排在汽缸的一側，如圖2-22，無搖臂，雖然工作聲音小，但汽門易受高溫影響，進氣阻力大。

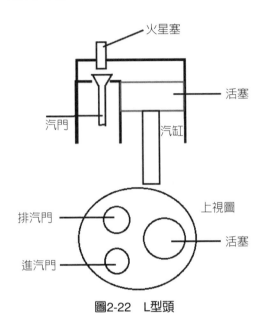

圖2-22　L型頭

3. F型頭

　　進汽門在汽缸上，排汽門則是在汽缸的一側，如圖2-23，由於構造複雜，現在已不再使用。

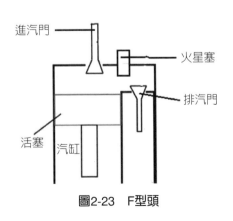

圖2-23　F型頭

4. T型頭

排汽門和進汽門分別在汽缸的兩側，如圖2-24，但因為構造複雜，現在已經不再使用。

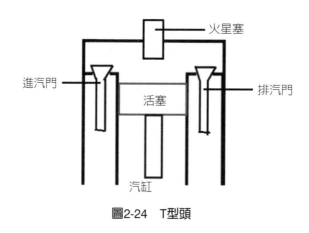

進汽門　　火星塞　　排汽門　　活塞　　汽缸

圖2-24　T型頭

2.3.3　汽缸排列方式的分類

一輛汽車中一定不會只有一個引擎，而這複數的引擎又會因排列的方式而衍生出不同的種類，像是常有人說「V8」，這就是其中一種汽缸排列方式，「V」就是排列方式，「8」則是汽缸的數量；汽缸的排列有很多種，以下列出最主要的幾種：

1. 直列式引擎

直列式引擎的縮寫是「L」，汽缸的排列方式很簡單，就是直接一個一個的排列出來，排的角度和平面都是同一個，圖2-25中的就是L8引擎，不過一般來說只有L4和L6而已，L4是最常用的；直列式引擎的體積小，穩定度高，燃料消耗小，但功率低，引擎的震動大。

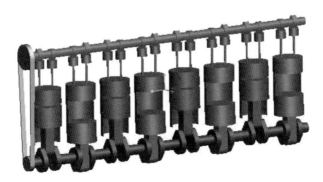

圖2-25　直列式引擎

直列式引擎常用於現今的小型車中，目前裝有此類引擎的有以下幾種車子：

(1) BMW F15。

(2) Toyota Supra。

(3) Toyota AE86。

(4) Honda S2000。

(5) Seat Ibiza。

(6) Mazda 6。

2. V型引擎

　　V型引擎是將複數的引擎以對稱的方式排列於曲軸兩側，形成一個V型結構，如圖2-26，利用此種排法可以縮短因汽缸數的增加而增長的引擎長度，有效縮短引擎整體的體積；擺放的角度依照汽缸數的不同有60、90、120度三種常見的角度，其中90度是最好的角度。V型引擎雖然節省空間，但重量會相對較重，容積效率也較低。

　　目前使用V型引擎的車子有以下幾種：

(1) CircuiTEK Infiniti G37 TT。

(2) Aston Martin Vantage V8 S。

(3) BMW M3 GTS V8。

(4) M-Benz C63 AMG V8。

(5) Audi RS4 V8。

(6) Ferrari 355 F1 Berlinetta。

圖2-26　V型引擎

3. W型引擎

　　W型引擎是以V型引擎為基礎，兩側的汽缸每一對都和前一對的汽缸錯開些微的角度；W型引擎的體積比V型引擎的體積更小，重量較輕，馬力較大，但結構複雜會造成成本的增加，在運作時亦會有很大的震動。

　　目前配有W型引擎大致上只有Volkswagen集團旗下的車子，像是Bentley的Continental GT Speed W12、Bugatti Veyron W16 Super Sport。

4. 水平對臥式引擎

　　水平對臥式引擎就像是將V型引擎的角度變為180度的擺放方法，如圖2-27，但結構和運轉方式卻不同；由於汽缸是水平放置的，因此其他的零件也都是水平配置，形成重心低的特色，且活塞運動是左右水平方向，也減少了震動的幅度，使得運行時的穩定度大大的提升。然而由於汽缸是放置於兩側，因此像是汽缸本體和汽缸蓋之類的零件就需要雙倍的量，構造也要有精密計算，造成製造成本和時間的增加。

　　目前使用此種引擎的車子有以下幾種：

(1) Subaru Impreza WRX STi。

(2) Porsche 997 GT2。

(3) Porsche Boxter Spyder。

圖2-27　水平對臥式引擎

參考文獻

1.　Andy Ao (2013)。6種Ferrari V8引擎聲浪，比卡車喇叭還嚇人！檢自：http://autozone.techbang. com/posts/301-6-ferrari-v8-engine-noises-and-scary-than-a-truck-horn

2.　Car Reviews (2015)。直列引擎、V型引擎、水平引擎。檢自：http://www.carreviews.com. tw/?p=65

3.　Car1.hk (2013)。認識W型引擎。檢自：http://www.car1.hk/news/w-engine-knowage/zh-tw/

4.　gm8817 (2010)。高凸輪軸的缺點！檢自：http://forum.jorsindo.com/forum.php?mod=viewthread& action=printable&tid=2223008

5.　kun (2009)。汽車引擎內部零件簡介：凸輪軸。檢自：http://cool3c.incar.tw/article/14425

6.　kun (2009)。引擎內部零件：汽門與汽門彈簧。檢自：http://cool3c.incar.tw/article/15627

7.　MBA智庫百科（2013）。西亞特汽車公司。檢自：http://wiki.mbalib.com/zh-tw/%E8%A5%BF %E4%BA%9A%E7%89%B9%E6%B1%BD%E8%BD%A6%E5%85%AC%E5%8F%B8

8.　r19870814 (2009)。汽車的心臟：引擎。檢自：http://home.gamer.com.tw/creationDetail. php?sn=421930

9. U-CAR Find your car (2015)。引擎詳論。檢自：http://classroom.u-car.com.tw/classroom-detail.asp?cid=40

10. Wiki (2013)。直列四缸引擎。檢自：https://zh.wikipedia.org/wiki/%E7%9B%B4%E5%88%97%E5%9B%9B%E7%BC%B8%E5%BC%95%E6%93%8E

11. 明報車網（2013）。寶馬第三代X5變在骨子裡。檢自：http://www.mingpaocanada.com/autonet/article.cfm?aid=935&cid=1&loc=van

12. 高中職資訊科技融入教學資源網（2015）。汽缸體說明。檢自：http://hsmaterial.moe.edu.tw/file/engi/car07/class/car07_03.html

13. 敬璽（2004）。與MAZDA6系出同門！2.3升MZR引擎提升Tribute戰力！檢自：http://mobile.autonet.com.tw/cgi-bin/file_view.cgi?a4040320040430

14. 張之杰（2008）。殺氣上身──Subaru Impreza WRX STI 2.5T試駕－U-CAR試車報告。檢自：http://roadtest.u-car.com.tw/8569.html

15. 陳慶峰（2015）。首搭3.8升375匹動力，Porsche新一代Boxster Spyder登場。檢自：http://news.u-car.com.tw/25865.html

16. 玹澔堂部落格（2008, April 24）。高角度凸輪軸簡介。檢自：http://redant1218.pixnet.net/blog/post/270009656-%E9%AB%98%E8%A7%92%E5%BA%A6%E5%87%B8%E8%BC%AA%E8%BB%B8%E7%B0%A1%E4%BB%8B

17. 低調的暴力美學（Driver驅動車業）（2014, July 30）。各有千秋之引擎型式大對決。檢自：http://nicalcheng.pixnet.net/blog/post/381922154-%E2%86%92%E5%90%84%E6%9C%89%E5%8D%83%E7%A7%8B%E4%B9%8B%E5%BC%95%E6%93%8E%E5%9E%8B%E5%BC%8F%E5%A4%A7%E5%B0%8D%E6%B1%BA%E2%86%90

18. 李振榮（2004）。引擎構造及功能。國立高雄第一科技大學。

19. 張豪（2001）。汽車引擎修護能力本位訓練教材──認識各種汽門機構。中華民國職業訓練研究發展中心。

第 3 章

各式引擎的安裝

3.1 │ 前言

　　進入到本章節，我們將帶大家進一步理解引擎的安裝，而由此我們將個別安裝直列式引擎、V型引擎和水平對臥式引擎三者。顧名思義，三者汽缸的排列方式各有風采，這也直接導致三者機構數量與安裝的不同。於是乎要了解各式引擎的安裝，我們必須先暫時了解各式引擎的運作方式。直列式就代表引擎的所有汽缸均排列在同一平面上，引擎代號大多以L或是I呈現。直列式引擎最大的特點在於直列引擎的曲軸和車輛傳動軸平行，可以減少一次的傳動方向轉換，不僅可以降低動力的損耗，同時也可以降低成本。不過直式引擎也不是完全沒有缺點，在汽缸保持在同一直線的情形下，受限於車體引擎室大小，可以對應的汽缸數不如V型及水平對臥等引擎來得多，而且引擎本身的功率較低，且引擎震動也會較大。

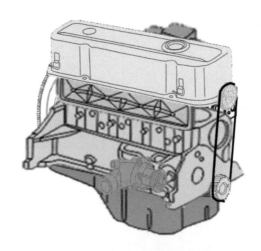

圖3-1　直列式引擎示意圖

　　再者，V型引擎是指活塞引擎的氣缸分列在曲軸的兩側，在該方向上呈現出V字形。這種排列方式相較於水平直線排列的設計，可以減少引擎的長度，高度和重量。 V型引擎的汽缸排列並非垂直於曲軸，而是有一個角度，兩排汽缸之間的角度取決於汽缸的數量以及運作順暢的考量而有不同，比較常見的角度包括60度與90度。

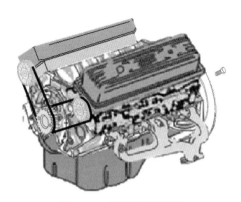

圖3-2　V型引擎示意圖

　　水平對臥引擎乃是根據複數的汽缸分成兩等分，以曲軸為中心呈現180度夾角而分列左右的形狀，因而得名水平對臥，水平對臥引擎最大的缺點是打造費時，製造成本相對較高。譬如同樣四汽缸的配置，直列型引擎的四缸呈直線排列，車廠在製造時只需一個汽缸本體、氣門上座、凸輪軸、汽門外蓋便能構成一具引擎的主要元件。然而水平對臥引擎必須將這些部件拆成左、右兩側，每一側兩汽缸就需要雙倍的汽缸本體、氣門上座、凸輪軸、汽門外蓋。正因周邊配件和引擎腳的安裝孔位不一樣，這些零件無法開發單模成對生產，非得花費更多開模成本來製造兩側不同的引擎組件才行。同時為了確保引擎工作效率和耐用度，進排氣角度、燃燒室氣流形狀、氣門結構等都必須經過精密的計算，增加了設計的困難度。

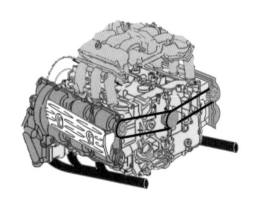

圖3-3　水平對臥式引擎示意圖

知道運動方式後，接著讓我們回頭檢索一下零件數量，而我們一律以六缸的規格來做出一些比較。以市面上普遍的直列式引擎來說，其通常只有四個汽缸，引擎上下半部會用到的大小零件數大約有124個，其中最大宗以活塞占48個、閥門占30個；若是Ｖ型引擎，以六缸引擎計算，一般會在195個上下，畢竟因為汽缸被區分為左右兩邊，無論凸輪軸、凸輪軸齒輪、鍊條、進排氣歧管等也都會隨之增加；而水平對臥引擎以六缸來計算，因為汽缸本體內尚有曲軸箱此類構建的新增，加上汽缸也是被分為兩邊，零件會比Ｖ型引擎再多一些，大約會在220個零件左右。

從零件的數量其實我們也大致能推測出三種不同引擎的複雜程度，而這樣的複雜程度隨之而來的也會對應在安裝與檢測上頭。以直列式引擎來說，則有10個安裝流程；接著Ｖ型引擎，將活塞、汽缸頭等分為左右兩邊，故而總體的安裝流程增加至則有18個安裝流程，與水平對臥引擎共有20個安裝流程相比，差距在於左右兩邊曲軸箱的安裝有所不同。

3.2　直列式引擎安裝

引擎的構造非常複雜，除卻主要運作得汽缸、凸輪軸等，外部也有諸多如感測器、油底殼等其他構件，也因此，關於直列式引擎安裝我們將會細分主要構件與其他構件的安裝，並依序說明其中的步驟。

3.2.1　下半部引擎之安裝

進行直列式引擎安裝，首先我們會先遇到關於曲軸、活塞與油底殼的安裝內容，本章節將帶領大家細究安裝的每個步驟之外，也會提醒大家要如何在安裝之前做出精確的檢查與清潔。

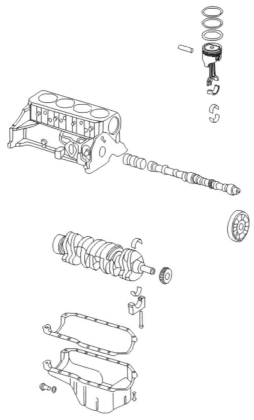

圖3-3　第一步驟所需之爆炸圖

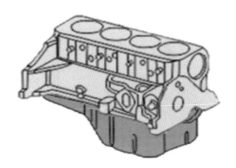

圖3-4　第一步驟完成圖

1. 第一步驟：安裝曲軸

　　引擎安裝的第一部，就是要將曲軸給放置進汽缸本體內，並利用軸承與螺絲固定，如此才方便後續汽缸與凸輪軸的安裝，至此我們會先精簡出幾個必作的檢查，再說明如何完成正確的安裝。

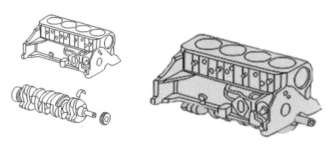

圖3-5　安裝前所需爆炸圖、安裝後完整圖

(1) 基礎檢查（曲軸、汽缸本體）

　　任何步驟要安裝前都需要進行簡單的檢查，而我們有兩項需要檢查的構建，分別是曲軸和汽缸本體。以下我們先統整了曲軸三個必要檢查的環節，分別是「①軸承表面檢查」、「②軸頸直徑與間隙撿查」、「③曲軸圓度檢查」，圖面可參考以下。

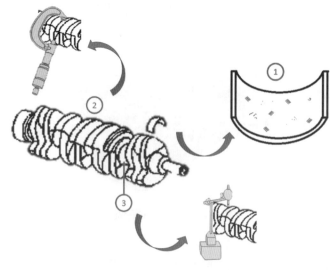

圖3-6　曲軸檢查的三個步驟

　　首先進行的是「①軸承表面檢查」，在安裝曲軸之前，先檢查曲軸軸承表面是否有小凹洞或者不平整的情況，然後再檢查軸承表面是否劃傷或變色，又或者材料是否有嵌入灰塵或碎屑。再者，我們需要「②軸頸直徑與間隙檢查」，首先要使用千分尺量測軸頸的規格，規格可與維修手冊對應。接下來會進行較為複雜的部分，可參考下圖。我們要將塑膠量絲黏到軸頸，再裝上軸承及軸承套，裝載的過程必將壓扁塑料，接著測量塑料被壓縮的寬度，將測量結果與維修手冊進行規格比較。通常被壓扁的塑料顯示不規則且超過標準尺。而類似的作法，有人是改用在軸頸塗上薄機油，再於軸承上貼上測量紙，看最後紙吸入多少油來判定間隙，越寬則間隙越小，反之亦然。最後的檢查，則是「③曲軸圓度檢查」，使用磁性撥號指示器測量圓度，而測量的對應規格都必須參閱維修手冊規格表作確認。

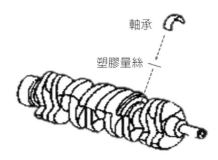

軸承

塑膠量絲

越寬表示間隙越小、越窄表示間隙越大

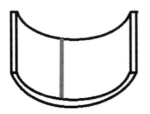

圖3-7　塑膠量絲使用法

　　檢查完曲軸後，接著我們得對汽缸本體進行簡單的檢視。得先使用壓縮空氣機吹乾整個汽缸，包括墊圈表面、冷卻液通道、油道及主軸承蓋都得吹乾。而後，再檢查氣缸壁有無過多的刮痕、裂縫。曲軸軸承有無裂縫、墊圈密封表面有無過多的划痕、油管油無阻塞、所有螺紋螺栓孔的螺紋有無損壞。

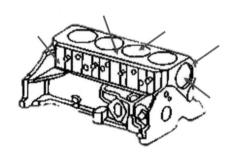

圖3-8　檢查汽缸本體有無磨損

(2) 安裝曲軸軸承和軸承蓋

　　檢查完畢後，就可以開始有安裝的內容。我們首先把汽缸本體給180度倒置，並裝上曲軸的下軸承，特別要注意的是，汽缸本體裝置下軸承的位置有個凹槽，是用來配合下軸承的突起處，當突起處卡進凹槽，下軸承就不會轉動。而後，就可再裝上曲軸。待曲軸裝置完成後，再依序裝置上軸承及上軸承蓋，上軸承的側面也會有凹槽，與曲軸軸頸上的突起部分做卡合使其不轉動。最後裝軸承套，其中得用螺栓鎖緊至標準緊度，共需10根螺栓。

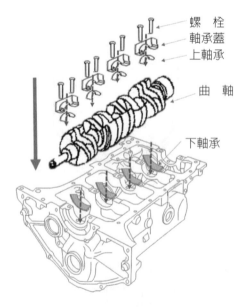

螺　栓
軸承蓋
上軸承
曲　軸
下軸承

圖3-9　裝上軸承與曲軸

2. 第二步驟：活塞安裝

完成第一步驟的引擎本體的安裝後，緊接著就要將活塞給裝置進汽缸本體內，在本步驟我們會有活塞和連桿的安裝，更進一步解析如何將曲軸與活塞間如何聯結。

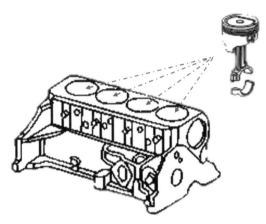

圖3-10　本步驟安裝目標

(1) 基礎檢查（活塞）

同樣的道理，活塞安裝之前也必須先行確認尺寸是否合置，經歸納，至少得完成三項檢驗，分別是「①活塞端部清潔」、「②活塞插銷直徑測量」、「③活塞環凹槽測量」，圖面可參考以後。

首先進行的是「①活塞端部清潔」，在此之前，可以先用厚薄規測量間隙，如果末端間隙超過標準值，則需選擇另一個活塞環。接著，若合乎標準，則安裝活塞及連桿，安裝前先用凹槽清潔器清潔活塞環槽。再者要完成「②活塞插銷直徑測量」，以此確保銷孔與活塞之間存有間隙，能保持自由滑動，此時要使用外徑千分尺測量活塞銷直徑，使用內徑千分尺測量活塞銷孔直徑。用活塞銷孔直徑減去活塞銷直徑，間隙不應該超過標準規格。最後是「③活塞環凹槽測量」，此時要預先將活塞環安裝在活塞上，並使用厚薄規在多個位置檢查間隙。第一道活塞環和環槽岸表面之間的間隙應符合標準規格。如果間隙大於規格，則更換活塞環。

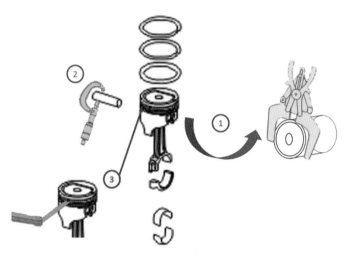

圖3-11　活塞檢查的三個步驟

(2) 組裝與安裝活塞

　　進行第二步驟前，我們可以再將接下來的組裝分為活塞本體的組合以及活塞與曲軸間的組合來檢視。先討論的是活塞本體的組合，這裡可以再細分兩者，其一、安裝活塞銷和連桿組件，其二、安裝活塞環，以下作詳細的解釋。

　　首先，安裝活塞銷和連桿組件需先潤滑活塞和銷孔連桿，並將活塞銷壓入活塞銷孔並連接，使用活塞銷安裝套裝。再者，若要將活塞環安裝到活塞上時，請使用環形擴鉗工具。並小心地將活塞環擴展得比活塞的外徑大一些。將油控環墊圈安裝在凹槽中。安裝下部控油環。控油環沒有方向標記，可以安裝在任何一個方向。使用活塞環鉗，下壓縮環有一個方向標記。這個標記必面向頂部活塞。下壓縮環也有一個斜面在面向活塞底部的邊緣上。使用活塞環鉗，安裝上部壓縮環。上壓縮環有一個方向標記。這個標記必面向頂部活塞。

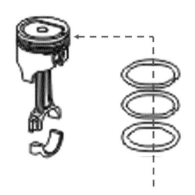

圖3-12　油控環墊圈安裝在凹槽

　　活塞組好之後，接著就要將活塞安裝至汽缸本體內。首先，我們得將活塞組件安裝到汽缸孔中，並使用活塞環壓縮器和連桿螺栓導向套件固定之，並用木錘柄輕輕敲擊頂部活塞。如此一來，將活塞環壓縮器會緊緊靠在引擎缸體上，直至完全鎖定活塞環進入汽缸孔。

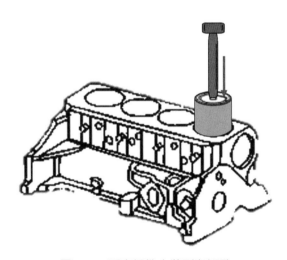

圖3-13　活塞組件安裝到汽缸孔

　　最後，是將活塞與曲軸固定，並將螺母均勻擰緊至45 lb‧ft。安裝完所有連桿軸承後，尚可輕敲每個連桿組件直至曲柄銷輕微平行，以確保它們保有間隙。

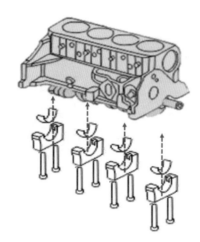

圖3-14　安裝連桿蓋和螺母

3. 第三步驟：油底殼安裝

　　第一階段的最後一個步驟，就是要完成油底殼的安裝，這次安裝步驟相對的簡單，我們現階段已有安裝好曲軸、活塞和凸輪軸的汽缸本體，接著就要使用少量密封劑抹在汽缸本體與油底殼墊片連接處，接著油底殼墊圈即可安裝上去，隨後也把油底殼給安裝好。最後，就是將螺母和螺栓安裝到油底殼上，此時依照不同的油底殼會有不一樣的數量，而直列式引擎排量若在2升以下，大概會需要16組螺母和螺栓。

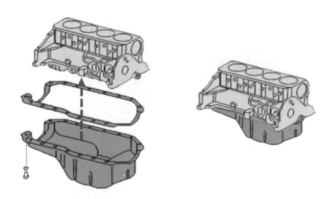

圖3-15　油底殼安裝前、安裝後

3.2.2 上半部引擎之安裝

　　完成引擎下半部的安裝之後，緊接著我們將進入引擎上半部的安裝，在此安裝裡頭，我們可以將步驟依序分為四項，分別為「閥門搖臂安裝」、「凸輪軸安裝」、「汽缸頭和汽缸搖臂安裝」及「歧管與火星塞安裝」。

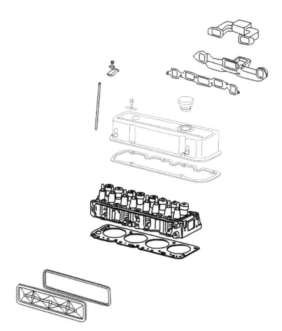

圖3-16　引擎上半部安裝爆炸圖

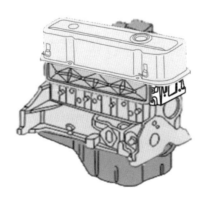

圖3-17　上半步引擎組裝完成

1. 第一步驟：閥門搖臂安裝

　　關於閥門搖臂和推桿安裝上述兩者的安裝確實與否，與個別汽缸內能否順利進行進氣和排氣密切相關，若搖臂或推桿無法動彈或鬆脫，則將導致汽油進到汽缸內無法和適量的空氣混合，最後導致燃燒不完全，更可能讓油垢黏著在汽缸體。

　　安裝前我們先認識一下要安裝的構件，我們會有以下幾項，首先是負責作為底座的汽缸頭，此構件會安裝在上一節的所安裝汽缸之上，也是承載搖臂等小構件的平台；緊接著，就是構件會使用到的閥門彈簧蓋進氣口、閥桿油護罩、閥門彈簧和閥桿油封，以下皆有圖作為表示。

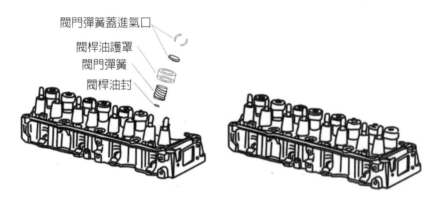

閥門彈簧蓋進氣口
閥桿油護罩
閥門彈簧
閥桿油封

圖3-18　閥門擺臂安裝前後

　　認識構件後，讓我們來解說安裝的流程。要安裝上述小構件前，首先我們得先使用搖臂式螺柱安裝器將螺柱鎖在汽缸頭上，並確認未有歪斜狀況，而後就可以依序裝上以下幾個構件，分別是閥桿油封、閥門彈簧、閥桿油護罩和閥門彈簧蓋進氣口。

　　接著使用閥門彈簧壓縮器將以上組件安裝在汽缸頭上，待上述安裝完之後，就能將閥門推桿插入閥門推桿插座中，再將汽門搖臂裝在閥門搖臂螺柱上，然後依序裝上汽門搖臂球，並鎖上汽門搖臂螺母，

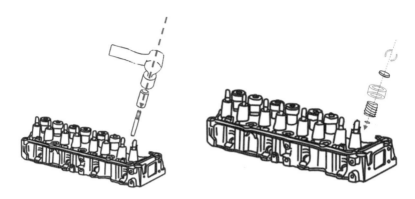

圖3-19　閥的構建安裝

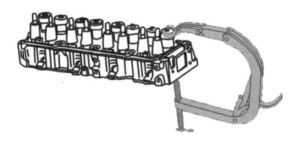

圖3-20　利用閥門彈簧壓縮器安裝

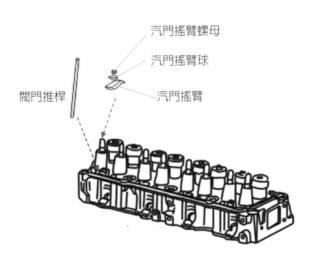

汽門搖臂螺母

汽門搖臂球

閥門推桿

汽門搖臂

圖3-21　安裝搖臂構建

當上述都安裝完畢後，搖臂的基礎安裝已經完成，我們只需要在最後將安裝推桿蓋墊圈及推桿蓋，再將螺絲鎖緊，就完成了閥門搖臂和推桿安裝。

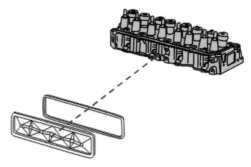

圖3-22　安裝墊圈與推桿蓋

2. 第二步驟：凸輪軸安裝

完成引擎下半部安裝後，進行的是引擎的上半部安裝，依據我們為讀者作的區分，首先進行的是凸輪軸給裝置上，在本步驟我們將說明安裝前的檢查項目，更進一步解析如何將凸輪軸安裝上汽缸頭座。

(1) 基礎檢查（凸輪軸）

同樣的道理，凸輪軸安裝之前也必須先行確認尺寸是否合置，經歸納，至少得完成項步驟，分別是「①檢查及清潔凸輪軸」、「②測量凸輪軸圓度」、「③測量凸輪軸錐度」，圖面可參考以後。

首先是「①檢查及清潔凸輪軸」，我們需要用溶劑清潔凸輪軸，並用壓縮空氣機吹乾凸輪軸，之後便可檢查凸輪軸軸承軸頸是否有劃痕或過度磨損，檢查的部分為「凸輪軸氣門挺桿凸角是否有劃痕或過度磨損？」、「凸輪軸固定板是否磨損？」。而後是「②測量凸輪軸圓度」、「③測量凸輪軸錐度」，考慮凸輪軸軸承需配合汽缸缸體，避免在缸體內鬆動，除了檢查凸輪軸軸承是否過度磨損，也要用千分尺和凸輪軸錐度測量器測量凸輪軸的圓度、錐度。如果測量不在規格內，則更換凸輪軸。

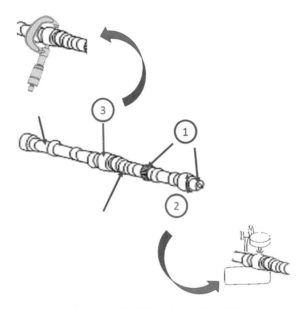

圖3-23 凸輪軸檢查的三個步驟

(2) 凸輪軸安裝

安裝凸輪軸相對安裝曲軸更為簡單，只要將凸輪軸放置上汽缸頭之上即可，通常會有固定的下軸承於汽缸頭供固定。待凸輪軸軸裝置完成後，再依序裝置上軸承及上軸承蓋，最後裝軸承套，得用螺栓鎖緊至標準緊度，共需8根螺栓。

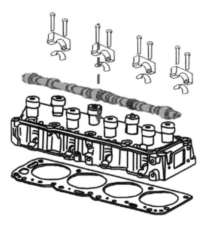

圖3-24 凸輪軸安裝步驟

3. 第三步驟：汽缸頭及汽門搖臂蓋安裝

經過第一步驟後，汽缸頭已然一體成型，既然如此，就得將其安置於引擎本體上，讓引擎上下半部完成合併。首先我們得放置汽缸蓋墊片並且對應正確的插銷孔，接著就可以裝上汽缸頭，放置成功後得用螺絲將汽缸頭和引擎本體鎖上。

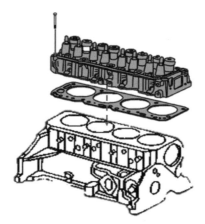

圖3-25　汽缸頭安裝到引擎本體上

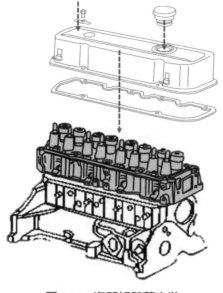

圖3-26　汽門搖臂蓋安裝

4. 第四步驟：歧管與火星塞安裝

到了最後一步驟，我們要將點火和進氣系統給統合，這時我們就要把進／排氣歧管與火星塞給安裝上剛剛已經組好的引擎。這部分的安裝並不難，首先我們必須將進氣／排氣歧管的墊圈先行安裝在上方氣缸蓋對應的插銷孔，並且用螺絲將進／排氣歧管給鎖上，在這裡必須要注意墊圈是對應正確的歧管，有些引擎的進氣歧管和排氣歧管有些距離，所以連帶著墊圈也有兩片，本示意圖則是使用一片作為展示。最後，將安裝火星塞裝上，位置可以在引擎上半部找到，會有專門給火星塞安裝的孔，裝上後確保有被鎖緊，即完成本系列安裝。

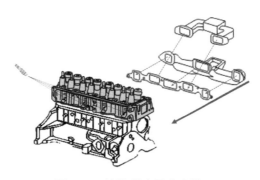

圖3-27　歧管與火星塞安裝

隨著引擎上下半部合體之後，為避免搖臂外漏造成鏽蝕，所以最後必須幫它們另外裝上個蓋子，而對此，應先安裝汽門搖臂蓋墊圈，再接著安裝汽門搖臂蓋，最後螺絲鎖緊則能完成安裝。

3.2.3 周邊零件安裝

到了第三階段，基本引擎的安裝皆已完成，安裝步驟剩下一些比較重要的構建就可以到尾聲了。

1. 曲軸鏈輪及凸輪軸鏈輪安裝

由於曲軸和凸輪軸在引擎運動中得互相連動，我們必須安裝鏈輪確保彼此連動確實是互相的。安裝之前，我們照慣例得先檢查鏈輪的輪齒和安裝槽有無磨損，確

認沒有問題後，即可將將曲軸鍵輪安裝到曲軸鍵槽中，過程得使用曲軸鏈輪安裝器安裝曲軸鏈輪。

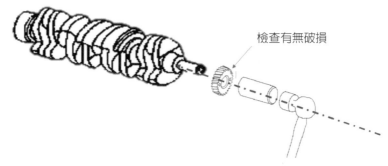

檢查有無破損

圖3-28　安裝曲軸鏈輪

安裝凸輪軸鏈輪步驟也差不多。安裝之前，我們照慣例得先檢查鏈輪的輪齒和安裝槽有無磨損，確認沒有問題後，即可將將凸輪軸鏈輪安裝到凸輪軸鍵槽中，過程得使用凸輪鏈輪安裝器安裝曲軸鏈輪。

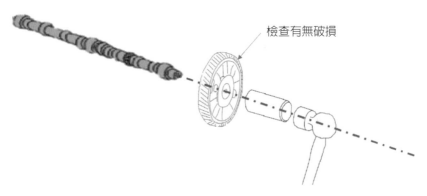

檢查有無破損

圖3-29　安裝凸輪軸鏈輪

最後，為了使彼此連動可以成真，裝上鍊條。

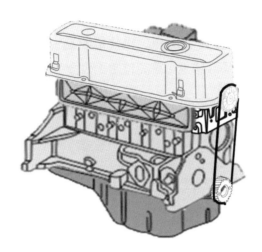

圖3-30 安裝完鏈輪與鏈條

2. 安裝引擎飛輪

安裝引擎飛輪得先檢查鏈輪的輪齒有無磨損，確認沒有問題後，即可將飛輪安裝到曲軸尾段，過程中必須將飛輪螺栓一一和汽缸本體結合，並鎖至標準緊度。

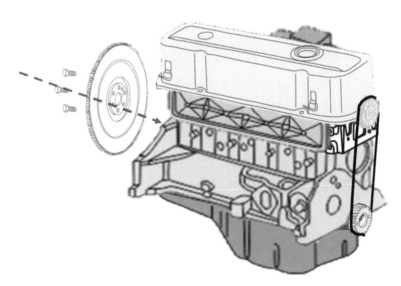

圖3-31 安裝引擎飛輪

3. 安裝水泵

　　安裝前，需檢查水泵是否有磨損，以及構建是否符合引擎標準規格。檢查後，將水泵和墊圈放在引擎缸體上，確認位置正確後，即可利用水泵螺栓將水泵撐緊。

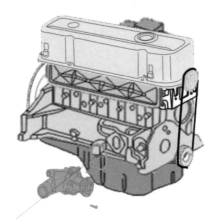

圖3-32　安裝水泵

3.3　V型引擎安裝

　　引擎的構造非常複雜，除卻主要運作的汽缸、凸輪軸等，外部也有諸多如感測器、油底殼等其他構件，也因此，關於V型引擎安裝我們將會細分主要構件與其他構件的安裝，並依序說明其中的步驟。

3.3.1 下半部引擎之安裝

　　進行V型引擎安裝，首先我們會先遇到關於曲軸、活塞、凸輪軸與油底殼的安裝內容，本章節將帶領大家細究安裝的每個步驟之外，也會提醒大家要如何在安裝之前做出精確的檢查與清潔。

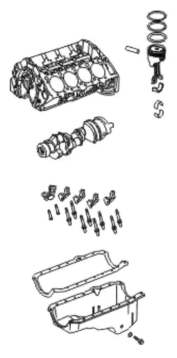

圖3-33　第一步驟所需之爆炸圖

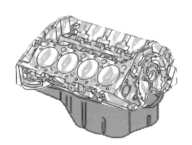

圖3-34　下半部組裝完成圖

1. 第一步驟：安裝曲軸

　　引擎安裝的第一部，就是要將曲軸給放置進汽缸本體內，並利用軸承與螺絲固定，如此才方便後續汽缸與凸輪軸的安裝，至此我們會先精簡出幾個必作的檢查，再說明如何完成正確的安裝。

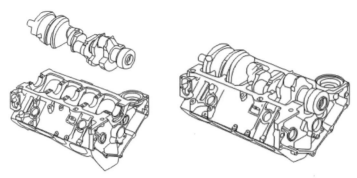

圖3-35　安裝前所需爆炸圖、安裝後完整圖

(1) 基礎檢查（曲軸、汽缸本體）

　　任何步驟要安裝前都需要進行簡單的檢查，而我們有兩項需要檢查的構建，分別是曲軸和汽缸本體。以下我們先統整了曲軸三個必要檢查的環節，分別是「①軸承表面檢查」、「②軸頸直徑與間隙撿查」、「③曲軸圓度檢查」，圖面可參考如下。

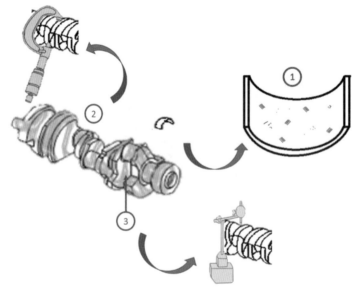

圖3-36　曲軸檢查的三個步驟

　　首先進行的是「①軸承表面檢查」，在安裝曲軸之前，先檢查曲軸軸承表面是否有小凹洞或者不平整的情況，然後再檢查軸承表面是否劃傷或變色，又或者材料是否有嵌入灰塵或碎屑。再者，我們需要「②軸頸直徑與間隙撿查」，首先要使用千分尺量測軸頸的規格，規格可與維修手冊對應。接下來會進行較為複雜的部分，可參考下圖。我們要將塑膠量絲黏到軸頸，再裝上軸承及軸承套，裝載的過程必將壓扁塑料，接著測量塑料被壓縮的寬度，將測量結果與維修手冊進行規格比較。通常被壓扁的塑料顯示不規則且超過標準尺。而類似的作法，有人是改用在軸頸塗上薄機油，再於軸承上貼上測量紙，看最後紙吸入多少油來判定間隙，越寬則間隙越小，反之亦然。最後的檢查，則是「③曲軸圓度檢查」，使用磁性撥號指示器測量圓度，而測量的對應規格都必須參閱維修手冊規格表作確認。

軸承

塑膠量絲

越寬表示間隙越小、越窄表示間隙越大

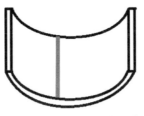

圖3-37　塑膠量絲使用法

　　檢查完曲軸後，接我們得對汽缸本體進行簡單的檢視。得先使用壓縮空氣機吹乾整個汽缸，包括墊圈表面、冷卻液通道、油道及主軸承蓋都得吹乾。而後，再檢查氣缸壁有無過多的刮痕、裂縫。曲軸軸承有無裂縫、墊圈密封表面有無過多的划痕、油管油無阻塞、所有螺紋螺栓孔的螺紋有無損壞。

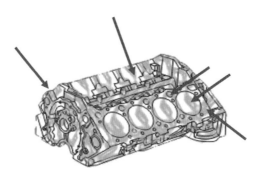

圖3-38　檢查汽缸本體有無磨損

(2) 安裝曲軸軸承和軸承蓋

　　檢查完畢後，就可以開始有安裝的內容。我們首先把汽缸本體給180度倒置，並裝上曲軸的下軸承，特別要注意的是，汽缸本體裝置下軸承的位置有個凹槽，是用來配合下軸承的突起處，當突起處卡進凹槽，下軸承就不會轉動。而後，就可再裝上曲軸。待曲軸裝制完成後，再依序裝置上軸承及上軸承蓋，上軸承的側面也是會有凹槽，與曲軸軸頸上的突起部分做卡合使其不轉動。最後裝軸承套，其中得用螺栓鎖緊至標準緊度，共需10根螺栓。

2. 第二步驟：活塞安裝

　　完成第一步驟的引擎本體的安裝後，緊接著就要將活塞給裝置進汽缸本體內，在本步驟我們會有活塞和連桿的安裝，更進一步解析如何將曲軸與活塞間如何聯結。

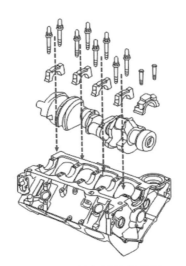

圖3-39 裝上軸承與曲軸

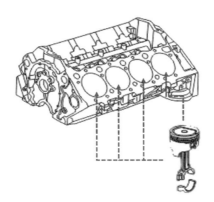

圖3-40 本步驟安裝目標

(1) 基礎檢查（活塞）

同樣的道理，活塞安裝之前也必須先行確認尺寸是否合置，經歸納，至少得完成三項檢驗，分別是「①活塞端部清潔」、「②活塞插銷直徑測量」、「③活塞環凹槽測量」，圖面可參考以後。

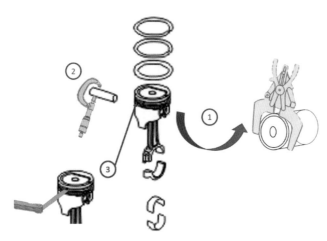

圖3-41　活塞檢查的三個步驟

　　首先進行的是「①活塞端部清潔」，在此之前，可以先用厚薄規測量間隙，如果末端間隙超過標準值，則需選擇另一個活塞環。接著，若合乎標準，則安裝活塞及連桿，安裝前先用凹槽清潔器清潔活塞環槽。再者要完成「②活塞插銷直徑測量」，以此確保銷孔與活塞之間存有間隙，能保持自由滑動，此時要使用外徑千分尺測量活塞銷直徑，使用內徑千分尺測量活塞銷孔直徑。用活塞銷孔直徑減去活塞銷直徑，間隙不應該超過標準規格。最後是「③活塞環凹槽測量」，此時要預先將活塞環安裝在活塞上，並使用厚薄規在多個位置檢查間隙。第一道活塞環和環槽岸表面之間的間隙應符合標準規格。如果間隙大於規格，則更換活塞環。

　　(2)組裝與安裝活塞

　　進行第二步驟前，我們可以再將接下來的組裝分為活塞本體的組合以及活塞與曲軸間的組合來檢視。先討論的是活塞本體的組合，這裡可以再細分兩者，其一、安裝活塞銷和連桿組件，其二、安裝活塞環，以下作詳細的解釋。

　　首先，安裝活塞銷和連桿組件需先潤滑活塞和銷孔連桿，並將活塞銷壓入活塞銷孔並連接，使用活塞銷安裝套裝。再者，若要將活塞環安裝到活塞上時，請使用環形擴鉗工具。並小心地將活塞環擴展得比活塞的外徑大一些。將油控環墊圈安裝在凹槽中。安裝下部控油環。控油環沒有方向標記，可以安裝在任何一個方向。使

用活塞環鉗，下壓縮環有一個方向標記。這個標記必面向頂部活塞。下壓縮環也有一個斜面在面向活塞底部的邊緣上。使用活塞環鉗，安裝上部壓縮環。上壓縮環有一個方向標記。這個標記必面向頂部活塞。

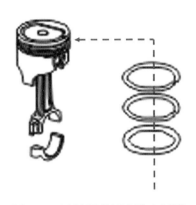

圖3-42　油控環墊圈安裝在凹槽

　　活塞組好之後，接著就要將活塞安裝至汽缸本體內。首先，我們得將活塞組件安裝到汽缸孔中，並使用活塞環壓縮器和連桿螺栓導向套件固定之，並用木錘柄輕輕敲擊頂部活塞。如此一來，將活塞環壓縮器會緊緊靠在引擎缸體上，直至完全鎖定活塞環進入汽缸孔。

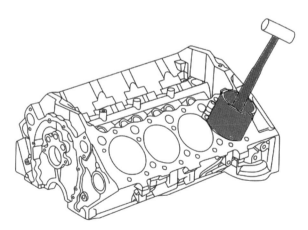

圖3-43　活塞組件安裝到汽缸孔

最後，是將活塞與曲軸固定，第一次先將螺母擰緊至標準緊度，然後再將螺母擰緊到標準角度（通常為70度）。安裝完所有連桿軸承後，尚可輕敲每個連桿組件直至曲柄銷輕微平行，以確保它們保有間隙。

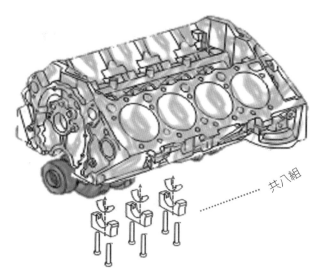

共八組

圖3-44　安裝連桿蓋和螺母

3. 第三步驟：油底殼安裝

第一階段的最後一個步驟，就是要完成油底殼的安裝，這次安裝步驟相對的簡單，我們現階段已有安裝好曲軸、活塞和凸輪軸的汽缸本體，接著就要使用少量密封劑抹在汽缸本體與油底殼墊片連接處，接著油底殼墊圈即可安裝上去，隨後也把油底殼給安裝好。最後，就是將螺母和螺栓安裝到油底殼上，此時依照不同的油底殼會有不一樣的數量。

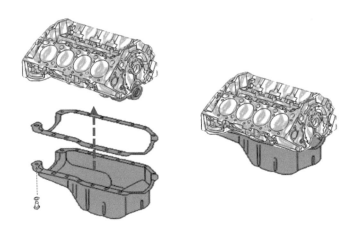

圖3-45　油底殼安裝前、安裝後

3.3.2 上半部引擎之安裝

完成引擎下半部的安裝之後，緊接著我們將進入引擎上半部的安裝，在此安

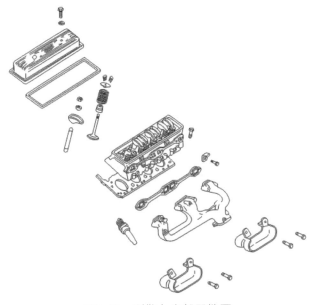

圖3-46　引擎上半部零件圖

裝裡頭，我們可以將步驟依序分爲三項，分別爲「閥門搖臂安裝」、「凸輪軸安裝」、「汽缸頭安裝」及「歧管與火星塞安裝」。

圖3-47　引擎上半部安裝後

1. 第一步驟：閥門搖臂安裝

誠如前述，閥門搖臂和推桿安裝上述兩者的安裝確實與否，與個別汽缸內能否順利進行進氣和排氣密切相關。現在讓我們來解說安裝的流程。要安裝構件前，首先我們得先使用搖臂式螺柱安裝器將螺柱鎖在汽缸頭上，並確認未有歪斜狀況，而後就可以依序裝上以下幾個構件，分別是閥桿油封、閥門彈簧、閥桿油護罩和閥門彈簧蓋進氣口。

圖3-48　閥的構建安裝

接著使用閥門彈簧壓縮器將以上組件安裝在汽缸頭上，待上述安裝完之後，就能將閥門推桿插入閥門推桿插座中，再將汽門搖臂裝在閥門搖臂螺柱上，然後依序裝上汽門搖臂球，並鎖上汽門搖臂螺母。

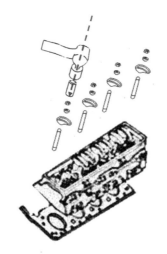

圖3-49　利用閥門彈簧壓縮器安裝

2. 第二步驟：凸輪軸安裝

完成上一節的引擎下半部後，緊接著就要將汽門、凸輪軸等裝置給安裝進汽缸本體內，在本步驟我們將說明安裝前的檢查項目，更進一步解析如何將安裝。

(1) 基礎檢查（凸輪軸）

同樣的道理，凸輪軸安裝之前也必須先行確認尺寸是否合置，經歸納，至少得完成項步驟，分別是「①檢查及清潔凸輪軸」、「②測量凸輪軸圓度」、「③測量凸輪軸錐度」，圖面可參考如後。

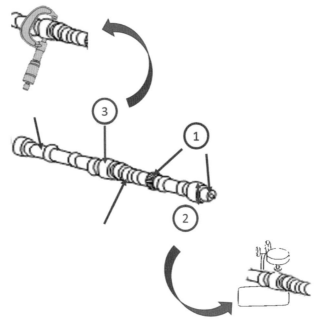

圖3-50　凸輪軸檢查的三個步驟

　　首先是「①檢查及清潔凸輪軸」，我們需要用溶劑清潔凸輪軸，並用壓縮空氣機吹乾凸輪軸，之後便可檢查凸輪軸軸承軸頸是否有划痕或過度磨損，檢查的部分為「凸輪軸氣門挺桿凸角是否有划痕或過度磨損？」「凸輪軸固定板是否磨損？」而後是「②測量凸輪軸圓度」、「③測量凸輪軸錐度」，考慮凸輪軸軸承需配合汽缸缸體，避免在缸體內鬆動，除了檢查凸輪軸軸承是否過度磨損，也要用千分尺和凸輪軸錐度測量器測量凸輪軸的圓度、錐度。如果測量不在規格內，則更換凸輪軸。

(2) 凸輪軸安裝

　　安裝凸輪軸相對安裝曲軸更為簡單，只要將凸輪軸放置上汽缸頭之上即可，通常會有固定的下軸承於汽缸頭供固定。待凸輪軸軸裝置完成後，再依序裝置上軸承及上軸承蓋，最後裝軸承套，得用螺栓鎖緊至標準緊度，共需8根螺栓。

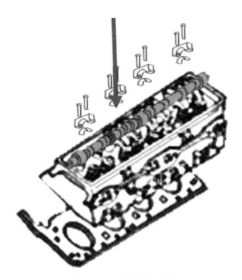

圖3-51　凸輪軸安裝

3. 第三步驟：汽缸頭安裝

　　先放置汽缸蓋墊片並且對應正確的插銷孔，接著裝上汽缸頭，並且用螺絲將汽缸頭和引擎本體鎖上。先安裝氣門搖臂蓋墊圈，接著安裝氣門搖臂蓋，再用螺絲鎖緊。

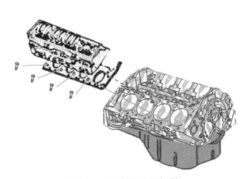

圖3-52　汽缸頭安裝

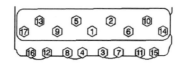

圖3-53　對應的螺絲孔

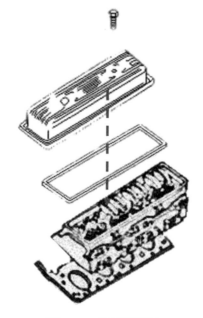

圖3-54　用螺絲鎖緊

4. 第四步驟：進氣／排氣歧管及火星塞安裝

接著安裝火星塞並且鎖緊。再將進氣／排氣歧管墊圈安裝在上方氣缸蓋對應的插銷孔。並且用螺絲將近／排氣管鎖上。

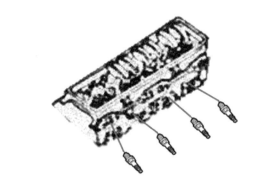

圖3-55　安裝火星塞

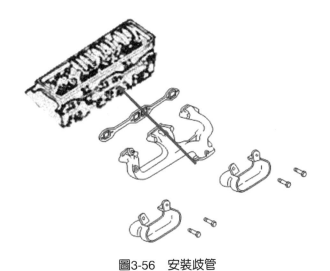

圖3-56　安裝歧管

3.3.3 引擎周邊安裝

　　到了第三階段，基本引擎的安裝皆已完成，安裝步驟剩下幾些比較重要的構建就可以到尾聲了。

1. 曲軸鏈輪及凸輪軸鏈輪安裝

　　由於曲軸和凸輪軸在引擎運動中得互相連動，我們必須安裝鏈輪確保彼此連動確實是互相的。安裝之前，我們照慣例得先檢查鏈輪的輪齒和安裝槽有無磨損，確

認沒有問題後，即可將曲軸鏈輪安裝到曲軸鍵槽中，過程得使用曲軸鏈輪安裝器安裝曲軸鏈輪。

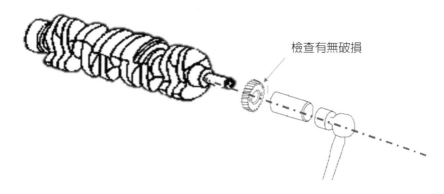

檢查有無破損

圖3-57　安裝曲軸鏈輪

安裝凸輪軸鏈輪步驟也差不多。安裝之前，我們照慣例得先檢查鏈輪的輪齒和安裝槽有無磨損，確認沒有問題後，即可將將凸輪軸鍵輪安裝到凸輪軸鍵槽中，過程得使用凸輪鏈輪安裝器安裝曲軸鏈輪。

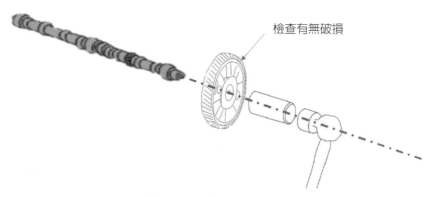

檢查有無破損

圖3-58　安裝凸輪軸鏈輪

最後，為了使彼此連動可以成真，裝上鍊條。

圖3-59　安裝完鏈輪與鏈條

2. 安裝引擎飛輪

　　安裝引擎飛輪得先檢查鏈輪的輪齒有無磨損，確認沒有問題後，即可將飛輪安裝到曲軸尾段，過程中必須將飛輪螺栓一一和汽缸本體結合，並索至標準緊度。

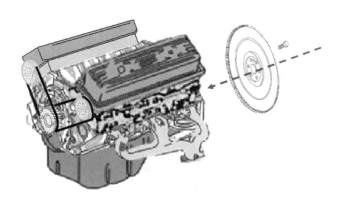

圖3-60　安裝飛輪

3.4 ｜ 水平對臥式引擎安裝

　　相較於直列式引擎和V型引擎，水平對臥式引擎的汽缸運動角度更大（180

度），所需要的零件和安裝方式也理所當然的更複雜，本節即是要解剖其中的細項，並與前兩者安裝內容作出比序。

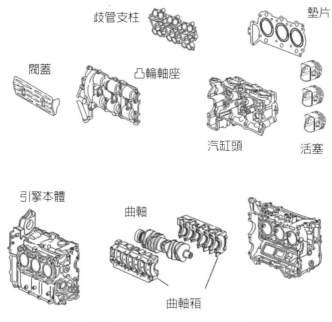

圖3-61　引擎安裝所需之爆炸圖

3.4.1 引擎核心之安裝

　　水冷式引擎沒有上下之別、僅有左右之分，故而，安裝第一階段不再以上半部或下半部區分，而以引擎核心與引擎外圍來區別。而進一步比較起前兩類引擎，其往往係將曲軸與引擎本體結合，而後再將油底殼給裝置，水平對臥引擎並非如此，曲軸是改裝載於曲軸箱內。

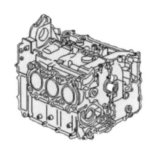

圖3-62　引擎核心安裝完成圖

1. 第一步驟：安裝曲軸

引擎安裝的第一步，就是要將曲軸給放置進曲軸箱內，並進一步討論如何將活塞與曲軸箱內的曲軸固定，為後續的汽缸安裝作預備，依照慣例，本節會先闡述必作的檢查，再說明如何完成正確的安裝。

(1) 基礎檢查（曲軸、曲軸箱）

任何步驟要安裝前都需要進行簡單的檢查，而我們有兩項需要檢查的構建，分別是曲軸和汽缸本體。以下我們先統整了曲軸三個必要檢查的環節，分別是「①軸承表面檢查」、「②軸頸直徑與間隙撿查」、「③曲軸圓度檢查」，圖面可參考如下。

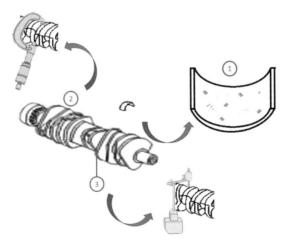

圖3-63　曲軸檢查的三個步驟

　　首先進行的是「①軸承表面檢查」，在安裝曲軸之前，先檢查曲軸軸承表面是否有小凹洞或者不平整的情況，然後再檢查軸承表面是否劃傷或變色，又或者材料是否有嵌入灰塵或碎屑。再者，我們需要「②軸頸直徑與間隙檢查」，首先要使用千分尺量測軸頸的規格，規格可與維修手冊對應。接下來會進行較為複雜的部分，可參考下圖。我們要將塑膠量絲黏到軸頸，再裝上軸承及軸承套，裝載的過程必將壓扁塑料，接著測量塑料被壓縮的寬度，將測量結果與維修手冊進行規格比較。通常被壓扁的塑料顯示不規則且超過標準尺。而類似的作法，有人是改用在軸頸塗上薄機油，再於軸承上貼上測量紙，看最後紙吸入多少油來判定間隙，越寬則間隙越小，反之亦然。最後的檢查，則是「③曲軸圓度檢查」，使用磁性撥號指示器測量圓度，而測量的對應規格都必須參閱維修手冊規格表作確認。

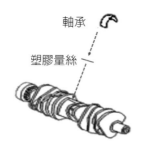

越寬表示間隙越小、越窄表示間隙越大

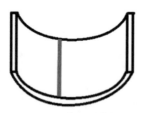

圖3-64　塑膠量絲使用法

　　檢查完曲軸後，接我們得對曲軸箱進行簡單的檢視。得先使用壓縮空氣機吹乾整個曲軸箱，而後，再檢查曲軸放置處等多處有無過多的刮痕、裂縫。另外，也得注意曲軸箱內部的曲軸軸承有無裂縫、所有螺紋螺栓孔的螺紋有無損壞。

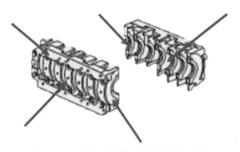

圖3-65　檢查曲軸箱本體有無磨損

(2) 安裝曲軸與曲軸箱

　　檢查完畢後，就可以開始有安裝的內容。從引擎正面（需安裝正時皮帶那
面）區分，可把曲軸箱分為左右之別。對此，首先會先將右曲軸箱給倒放，並且
將軸承裝置上右曲軸箱的曲軸放置處。而理所當然的，曲軸箱安裝軸承的位置有
個凹槽，是用來配合軸承本身的突起處，當突起處卡進凹槽，軸承就可以避免曲軸
產生不規則轉動。在此要提醒的是，此步驟並不一定適用各式車款，例如保時捷
（Porsche）的曲軸箱就無軸承的設計，而速霸陸（Subaru）的水平對臥引擎卻有
此設計。而當軸承安裝完畢後，此時就可將曲軸放入軸承上，並將左曲軸箱也連袂
裝置於上。

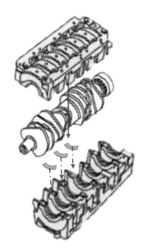

圖3-66　曲軸曲軸箱安裝

　　緊接著，安裝者得在左曲軸箱鎖上單邊螺栓，這個零件是用來讓左右兩個曲軸箱給完整固定所用，上下兩排各需6根，共需12根單邊螺栓，依據維修手冊的規劃將螺絲鎖至標準僅度，並確保有完整鎖進曲軸箱內，就可以準備安裝活塞。

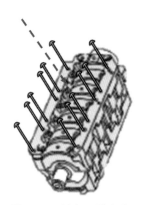

圖3-67　鎖上單邊螺栓

2. 第二步驟：活塞安裝

　　完成第一步驟的曲軸與曲軸箱的安裝後，緊接著就要將活塞、汽缸壁和曲軸給完成聯結，在本步驟我們會有活塞和連桿的安裝，更進一步解析如何將曲軸與活塞間如何聯結。

(1) 基礎檢查（活塞）

　　同樣的道理，活塞安裝之前也必須先行確認尺寸是否合置，經歸納，至少得完成三項檢驗，分別是「①活塞端部清潔」、「②活塞插銷直徑測量」、「③活塞環凹槽測量」，圖面可參考以下。

　　首先進行的是「①活塞端部清潔」，在此之前，可以先用厚薄規測量間隙，如果末端間隙超過標準值，則需選擇另一個活塞環。接著，若合乎標準，則安裝活塞及連桿，安裝前先用凹槽清潔器清潔活塞環槽。再者要完成「②活塞插銷直徑測量」，以此確保銷孔與活塞之間存有間隙，能保持自由滑動，此時要使用外徑千分尺測量活塞銷直徑，使用內徑千分尺測量活塞銷孔直徑。用活塞銷孔直徑減去活塞銷直徑，間隙不應該超過標準規格。最後是「③活塞環凹槽測量」，此時要預先將

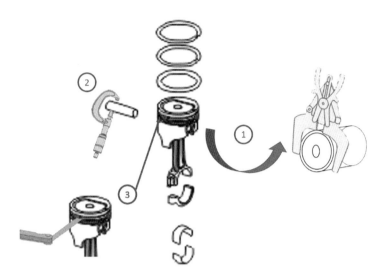

圖3-68　活塞檢查的三個步驟

活塞環安裝在活塞上，並使用厚薄規在多個位置檢查間隙。第一道活塞環和環槽岸表面之間的間隙應符合標準規格。如果間隙大於規格，則更換活塞環。

(2) 組裝與安裝活塞及汽缸頭

進行第二步驟前，我們可以再將接下來的組裝分為活塞本體的組合以及活塞與曲軸間的組合來檢視。先討論的是活塞本體的組合，這裡可以再細分兩者，其一、安裝活塞銷和連桿組件，其二、安裝活塞環，以下作詳細的解釋。

首先，安裝活塞銷和連桿組件需先潤滑活塞和銷孔連桿，並將活塞銷壓入活塞銷孔並連接，使用活塞銷安裝套裝。再者，若要將活塞環安裝到活塞上時，請使用環形擴鉗工具。並小心地將活塞環擴展得比活塞的外徑大一些。將油控環墊圈安裝在凹槽中。安裝下部控油環。控油環沒有方向標記，可以安裝在任何一個方向。使用活塞環鉗，下壓縮環有一個方向標記。這個標記必面向頂部活塞。下壓縮環也有一個斜面在面向活塞底部的邊緣上。使用活塞環鉗，安裝上部壓縮環。上壓縮環有一個方向標記。這個標記必面向頂部活塞。

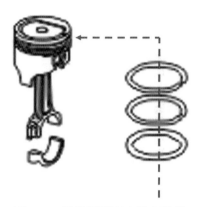

圖3-69　油控環墊圈安裝在凹槽

　　活塞組好之後，接著就要將活塞與曲軸箱給聯結。這時候我們有完整一組活塞，而連桿組件尚未鎖緊。此時即要將活塞兩構件分別從曲軸箱的左右兩邊各別放進曲軸箱內與曲軸相合，舉例來說，若要安裝右側三組活塞，則將活塞本體從右方裝入曲軸箱內的曲軸，而活塞下半部從左方裝入曲軸箱內的曲軸，兩者相合再鎖上。同理，左側的活塞安裝亦是如此。

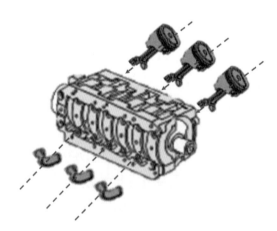

圖3-70　活塞組件安裝到曲軸箱

　　而後，活塞和曲軸互相固定，這時得將活塞放入汽缸本體內，汽缸本體本身就有三個孔負責放置活塞，對應且放入即可，不必鎖上任何螺絲。以此步驟將左右共

六個活塞放置進對應的引擎本體，即完成活塞安裝。

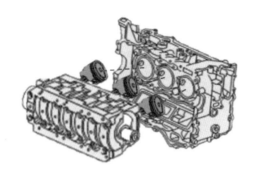

圖3-71　活塞組件安裝到汽缸本體

3.4.2 引擎外圍之安裝

　　完成引擎核心的安裝之後，緊接著我們將進入引擎外圍的安裝，在此安裝裡頭，我們可以將步驟依序分為三項，分別為「閥門與搖臂蓋安裝」、「凸輪軸安裝」、及「歧管與火星塞安裝」。

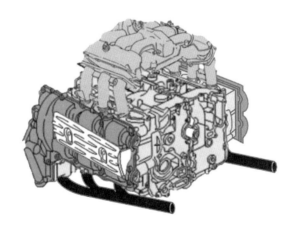

圖3-72　引擎外圍之安裝

1. 第一步驟：閥門與搖臂蓋安裝

本次使用的構建與直列式等引擎沒有太大的差異，所以讓我們直接來解說安裝的流程。要安裝閥門之前，我們需要先將汽缸本體給添上墊片，並且在墊片上裝上雙邊螺絲，而後才能將汽缸頭給安置於上。

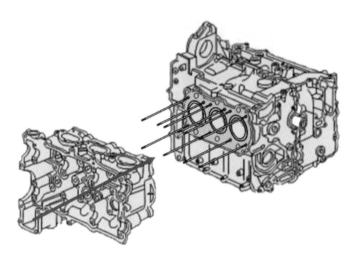

圖3-73　安裝墊片與汽缸頭

要安裝構件前，首先我們得先使用搖臂式螺柱安裝器將螺柱鎖在汽缸頭上，並確認未有歪斜狀況，而後就可以依序裝上以下幾個構件，分別是閥桿油封、閥門彈

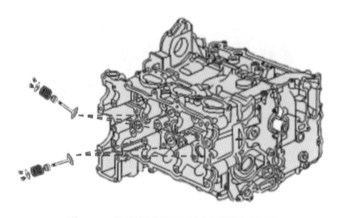

圖3-74　安裝進氣閥和排氣閥進汽缸頭

簧、閥桿油護罩和閥門彈簧蓋進氣口。一般來說，一個汽缸只會有一組進氣閥和排氣閥，共計兩個閥，而保時捷911系列是個特例，每個汽缸就會有兩組進氣閥和排氣閥，一共會有四個閥。

當閥門安裝完之後，則可以安裝歧管支柱於上，此構建是用以確保進氣歧管和排氣歧管能正確進入閥門內，這部分的固定得用螺絲將歧管支柱和汽缸頭給栓上。

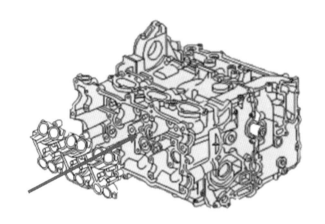

圖3-75　歧管支柱安裝

2. 第二步驟：凸輪軸安裝

完成引擎下半部安裝後，進行的是引擎的上半部安裝，依據我們為讀者作的區分，首先進行的是凸輪軸給裝置上，在本步驟我們將說明安裝前的檢查項目，更進一步解析如何將凸輪軸安裝上汽缸頭座。

(1) 基礎檢查（凸輪軸）

同樣的道理，凸輪軸安裝之前也必須先行確認尺寸是否合置，經歸納，至少得完成項步驟，分別是「①檢查及清潔凸輪軸」、「②測量凸輪軸圓度」、「③測量凸輪軸錐度」，圖面可參考如後。

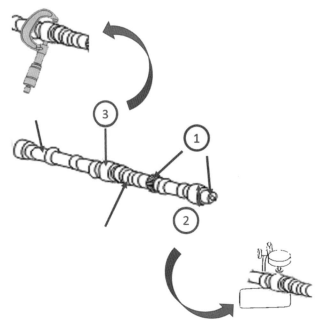

圖3-76 凸輪軸檢查的三個步驟

首先是「①檢查及清潔凸輪軸」,我們需要用溶劑清潔凸輪軸,並用壓縮空氣機吹乾凸輪軸,之後便可檢查凸輪軸軸承軸頸是否有划痕或過度磨損,檢查的部分爲「凸輪軸氣門挺桿凸角是否有划痕或過度磨損?」、「凸輪軸固定板是否磨損?」。而後是「②測量凸輪軸圓度」、「③測量凸輪軸錐度」,考慮凸輪軸軸承需配合汽缸缸體,避免在缸體內鬆動,除了檢查凸輪軸軸承是否過度磨損,也要用千分尺和凸輪軸錐度測量器測量凸輪軸的圓度、錐度。如果測量不在規格內,則更換凸輪軸。

(3) 凸輪軸安裝

安裝凸輪軸相對安裝曲軸更爲簡單,只要將凸輪軸放置上汽缸頭之上,而後再將凸輪軸座放上即可,通常會有固定的下軸承於汽缸頭供固定。待凸輪軸軸裝置完成後,再依序裝置軸承及軸承蓋,最後裝軸承套,得用螺栓鎖緊至標準緊度,一個凸輪軸共需10根螺栓,而一邊三組汽缸需要兩組凸輪軸,故而需20根螺栓。

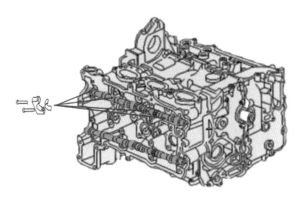

圖3-77　凸輪軸安裝步驟

當凸輪軸固定後，就可以把凸輪軸座給安裝上去，用螺絲固定，一共需要6根螺絲。固定後，凸輪軸的安裝就大功告成。

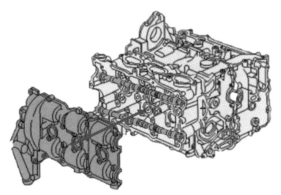

圖3-78　安裝凸輪軸座

3. 第三步驟：歧管與火星塞安裝

　　到了最後一步驟，我們要將點火和進氣系統給統合，這時我們就要把進 / 排氣歧管與火星塞給安裝上剛剛已經組好的引擎。這部分的安裝並不難，先談火星塞。火星塞安裝的位置可以在凸輪軸座找到，上頭會有專門給火星塞安裝的孔，而數量來說，汽缸會有固定的火星塞，通常是一個汽缸配一個火星塞，裝上後確保有被鎖緊，即完成安裝。

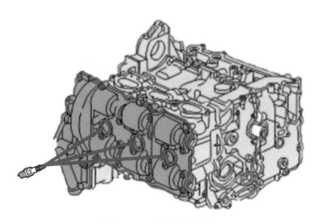

圖3-79　火星塞安裝

　　最後，我們必須將進氣／排氣歧管的墊圈先行安裝在上方氣缸蓋對應的插銷孔，並且用螺絲將近／排氣歧管給鎖上，而水平對臥引擎的進氣歧管通常置於引擎上方，而排氣歧管置於下方，有獨立兩根。安裝完成後，就完成全系列的安裝。最後，要將閥蓋給安裝上凸輪軸座，確保本系列的安裝完成。

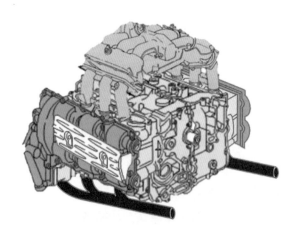

圖3-80　進氣和排氣歧管安裝

3.4.3 周邊零件安裝

　　到了第三階段，基本引擎的安裝皆已完成，安裝步驟剩下幾些比較重要的構建就可以到尾聲了。

1. 曲軸鏈輪及凸輪軸鏈輪安裝

　　由於曲軸和凸輪軸在引擎運動中得互相連動，我們必須安裝鏈輪確保彼此連動確實是互相的。安裝之前，我們照慣例得先檢查鏈輪的輪齒和安裝槽有無磨損，確認沒有問題後，即可將將曲軸鏈輪安裝到曲軸鍵槽中，過程得使用曲軸鏈輪安裝器安裝曲軸鏈輪。

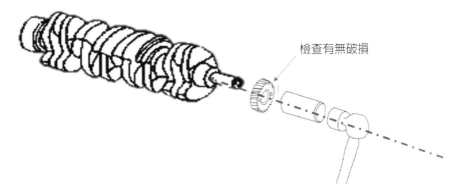

檢查有無破損

圖3-81　安裝曲軸鏈輪

　　安裝凸輪軸鏈輪步驟也差不多。安裝之前，我們照慣例得先檢查鏈輪的輪齒和安裝槽有無磨損，確認沒有問題後，即可將將凸輪軸鏈輪安裝到凸輪軸鍵槽中，過程得使用凸輪鏈輪安裝器安裝曲軸鏈輪。最後，為了使彼此連動可以成真，裝上鍊條。

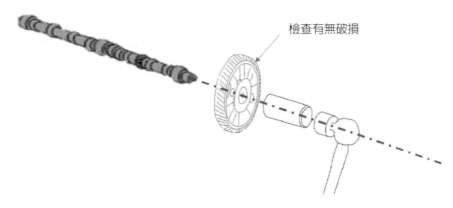

檢查有無破損

圖3-82　安裝凸輪軸鏈輪

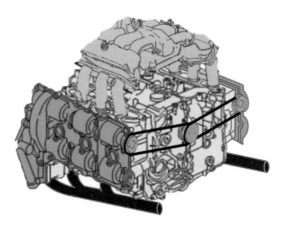

圖3-83　安裝完鏈輪與鏈條

2. 安裝引擎飛輪

　　安裝引擎飛輪得先檢查鏈輪的輪齒有無磨損，確認沒有問題後，即可將將飛輪安裝到曲軸尾段，過程中必須將飛輪螺栓一一和引擎本體結合，並鎖至標準緊度。

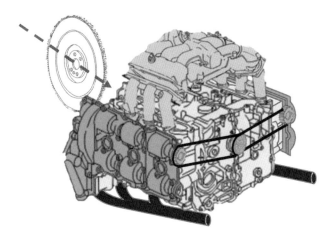

圖3-84　飛輪安裝

參考文獻

1.　Toyota Motor Sales.Toyota Camry Owners Manual.1st ed.OM33A86U (2015).

2.　Brain Tobin Engine Mechanical Service Manual.Policy Framework. pp.6-1~6-159 (April, 2001).

3.　Adrain Streather. Porsche 993 The Essential Companion. 1st ed. Veloce Publishing (March 5 ,2006).

第 **4** 章

供油系統
（機械式引擎）

4.1　前言

　　引擎依據年代的演進可陸續分爲機械式引擎與電子式引擎，而本章將從機械式引擎的供油系統開始介紹。供油系統爲汽車內部系統運作不可或缺的一部分。汽油引擎燃料系統需能適時、適量的提供引擎所需要之空氣與汽油，並使汽油能充份汽化，與空氣混和成適當比例之混合氣，以配合引擎在各種環境下操作之需要，並符合經濟省油的原則。

4.2　汽油的性質與廢氣處理

　　工業革命後，汽車市場供需的急劇增加，人類對於汽油之需求量隨之增多。於此，原油所能提煉之汽油比率變得十足重要，而一般原油在提煉下大約只有40%能轉成汽油。而原油可藉由高分子碳氫化合物在高溫時的裂解，產生小分子諸如汽油等產物；同時，小分子的碳氫化合物亦可聚合成分子較大的汽油。除去原油本來內含比例的汽油，經由上述裂解與聚合後，可使得原油產出的汽油量達到70%。爾後爲了提高汽油的品質，使其在引擎內燃燒時能有較好的效果。還發展出許多不同的煉油過程，包含將鏈狀碳氫化合物環狀化，而形成環狀烴，再將環狀烴脫氫（Dehydrogenation）而成爲芳香烴。

4.2.1　汽油基本成分性質

　　汽油屬於爲石油蒸餾產物之一，主要成分爲碳氫化合物，一般沸點介於攝氏15度到270度之間。汽油多由五個至十個碳混合而成，而組成汽油之碳氫化合物的構造分別有石臘烴（亦稱作鏈狀烴）、環狀烴（Naphthenes）以及芳香烴（Aromatics）。其中以石臘烴爲構成汽油之主要成分。

　　應用在內燃機內的汽油，必須保持在壓縮過程不自動燃燒。汽油抗爆震的能力按辛烷值量度。要增加汽油中的辛烷值，其中一種方法爲加入四乙基鉛，但是對人體有害，且會損壞控制排氣汙染的觸媒轉化器。

表4-1　汽油與其他碳氫化合物比較

性質	丙烷	汽油	一般油	甲醇
密度	0.55	0.84	0.84	0.8
熱質（MJ/Kg）	48	44	42.5	20
辛烷質	100	90	——	105
化學成分	82%C 18%H_2	85%C 15%H_2	88%C 11.5%H_2 0.5%S	38%C 12%H_2 50%O_2
空氣燃燒比	15.5	14.8	14.9	6.5
碳排放（Kg/Kg）	3.04	3.2	3.2	1.4

註：

1. 熱值：一單位數量的燃料完全燃燒時產生的熱量。

2. 辛烷值：指汽油在引擎內燃燒的爆炸程度指標，以正庚烷的情形最嚴重，定義其辛烷值爲0；異辛烷（圖4-2）爲100。

1. 辛烷質

辛烷值是決定汽油抗爆震性的重要指標，而引擎的壓縮比將決定需要使用多少辛烷值的汽油。當引擎在壓縮行程中，油氣體積變小，其壓縮比率越大。當壓力越大且溫度越高，容易使汽油產生燃燒。若火星塞尚未點火，油氣就產生自燃，則在動力行程中會產生火焰衝擊，導致引擎的爆震，是故，我們將汽油對於此現象的抗爆震程度指標稱之爲辛烷值，汽油所含的辛烷值越高，亦代表著抗爆震程度越高。

由於現代引擎設計不斷進步，汽車的設計逐漸偏向以縮小引擎體積且讓引擎壓縮比增加，以提高單位體積產生之馬力。因此，低辛烷值的汽油逐漸無法滿足現代車款引擎所需，否則，行車的爆震現象將屢現，致使車體壽命縮減，影響駕駛人之安全。如今，高壓縮比的引擎更需要的是高辛烷值的汽油，以此耐高壓與高溫，如此駕駛性能及引擎才可避免損害。

2. 空燃比

空燃比，顧名思義即是空氣與燃料的重量混合比，一般定義爲$AFR = \dfrac{m_{air}}{m_{fuel}}$，一般空氣的比例如表4-2：

表4-2　空氣含氧與氮之比例

比較標準	空氣中所含氧	空氣中所含氮	氧與氮成分比	空氣與氧成分比
體積	20.8%	79.1%	3.8：1	4.8：1
重量	23.0%	76.9%	3.33：1	4.33：1

　　理論上來講，化學計量空燃比混合的空氣可以和燃料正好完全燃燒完畢。但這實際上並不可能發生，因為缸內燃燒過程極短，如果以6000 Rev/min的發動機來說，從火星塞點火到空氣、燃料完全混合，燃燒時間僅僅只有4到5毫秒而已。

　　然而，如果在高負荷狀態下使用化學計量空燃比，其高溫導致混合氣爆炸（即爆震現象），產生的高溫高壓將可能使發動機部件嚴重損毀。因此實際上化學計量空燃比只用在低負荷狀況下。在需要大扭矩的情況下，則使用較低的空燃比以降低燃燒溫度，防止爆震和汽缸頭過熱。所以，引擎在各種狀況時，空氣與汽油的混合比例都會有所不同，如表4-3所示：

表4-3　引擎空燃比

引擎各種情況	混合比
冷車啟動	8～10：1
怠速	11～12.5：1
中速	13～15：1
高速	12.5～13.8：1
全負荷	11～13：1
加速時增濃	1～1.1：1

然而汽油燃燒後所產生的廢氣可能有：

(1) CO：主要是混合比過濃，缺乏氧氣，燃燒不完全所造成。

(2) HC：火焰猝熄形成之未燃燒油氣，其可能原因為混合比過濃、汽缸壁溫度過低、火焰速度太慢、點火不良，或油箱及曲軸箱之吹漏氣排出。

(3) NO_x：燃燒溫度過高，超過氮氣（N_2）之氧化活性極限而使與氧結合。

(4) Pb化合物：含鉛汽油之產物，現已改為使用無鉛汽油。

對於廢氣的排放量，表4-4為基本限制，圖4-1則為空燃比與廢氣排放量之關係圖。

表4-4 排氣量標準

	CO	HC	HC + NO$_x$	NO$_x$	PM
汽油	1.0	0.1	—	0.08	—
柴油	0.5	—	0.3	0.25	0.025

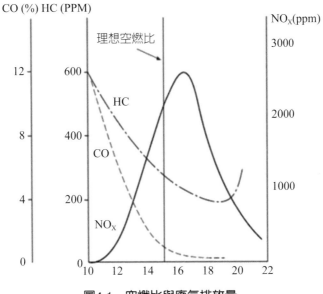

圖4-1 空燃比與廢氣排放量

3. 廢氣處理

各國對於汽車廢氣均有不同規範，而在世界趨向環保的方向下，廢氣的處理越顯重要。對於廢氣處理，通常會利用安裝於汽車內的廢氣排放系統，以鉑、鈀及銠等貴金屬做為觸媒，利用催化機制減少有害廢氣，以利環境保護，可見圖4-2。

通常處理方式會依各種不同的廢氣，用不同的催化劑處理：

(1) 鉑（Platinum）：在300°C下，鉑可以使CO氧化成CO_2；HC氧化成CO_2和H_2。

(2) 銠（Rhodium）：可以使NO_x還原成N_2。

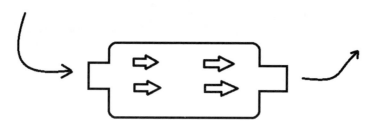

圖4-2　廢氣經由觸媒轉化器轉成無害氣體

4.3　供油系統簡介

4.3.1　供油系統概述

　　一般來說，供油系統的結構組成會因用途而有所不同，但基本上則大致相同，是由各分支的供油系統、油泵及過濾器等部分組成（詳見圖4-3）。供油系統的存在，是為了使汽油引擎燃料系統能適時、適量的提供引擎所需要之空氣與汽

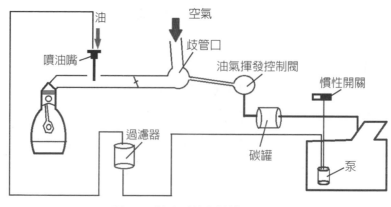

圖4-3　供油系統主結構圖

油，並使汽油能充份汽化，與空氣混和成適當比例之混合氣，以配合引擎在各種環境下操作之需要，並符合經濟省油的原則。

4.3.2　裝置介紹

1. 油箱（The Fuel Tank）

油箱通常是指飛機或汽車上用以裝燃料的容器，同時也是液壓系統中儲存液壓油或液壓液的專用容器，由於裝填燃料的緣故，油箱內部表面的防腐處理要特別留意。油箱可分為開式油箱和閉式油箱兩種。油箱必須有足夠大的容積，方可填裝燃油。另外，油箱的吸油管及回油管應插入最低液面以下，以防止吸空和回油飛濺產生氣泡，並且，吸油管和回油管之間的距離要盡可能地遠些，大多數的油箱會在兩者之間設置隔板。最後，為了保持油液清潔，油箱應有周邊密封的蓋板，蓋板上裝有空氣濾清器。油箱依材質分類有三大類：鋼製、鋁合金製、塑膠製。

2. 慣性開關（Inertia Switch）

慣性開關在汽車供油系統中是用來關掉幫浦，以防止汽油外漏的開關。

3. 過濾器（Filters）

過濾器的功用是用於防止汙染物進入系統，致使系統中的零件受到破壞。若是過濾器產生淤塞，引擎就會失去動力、影響燃油幫浦輸出、增加磨耗。

下列為汽油過濾器的運作步驟，可參考圖4-4：

(1) 發動機工作時，燃油在汽油泵的作用下，經過進油管進入濾清器的沉澱杯中。

(2) 此時容積變大，流速變小，比油重的水及雜質顆粒便沉澱於杯的底部。

(3) 輕的雜質隨燃油流向濾芯，清潔完成的燃油從濾芯的微孔滲入濾芯的內部。

(4) 過濾後經油管流出。

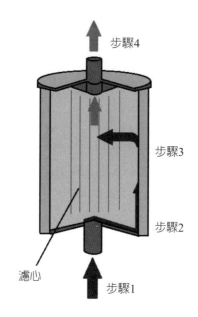

步驟4

步驟3

步驟2

濾心

步驟1

圖4-4　汽油過濾器內部

4. 汽油幫浦（Fuel Pump）

　　汽油幫浦，又稱作泵，它就像供油系統的心臟一樣。其等級差異在於每小時能泵出的汽油量為幾公升，L/H數值愈高代表能對應的馬力越高，相對體積也會比較大。泵是利用裡面的渦輪旋轉產生的離心力，將引進來的流體以輻射的方式送出去，並達到加壓的效果，藉此將油箱中的油送到引擎中。

　　下列為汽油幫浦的運作步驟：

(1) 利用加壓將汽油導入油管內。

(2) 使油管內的壓力保持一定，不會在高轉速負載時降低。

(3) 傳送電子訊號給中央處理器。

(4) 從單向閥出油。

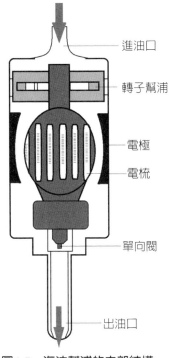

進油口

轉子幫浦

電極

電梳

單向閥

出油口

圖4-5 汽油幫浦的內部結構

5. 壓力控制閥（Pressure Regulator）

汽油壓力調節器眞空閥由眞空管和進汽歧管連接。眞空吸力壓向彈簧向上，汽油壓力會因眞空吸力而減少，此時進汽歧管眞空吸力增加，所以能讓汽油管內的壓力與進汽歧管的壓力差永遠保持一定值。因此汽油管內之壓力會依進汽歧管中之眞空度而有所不同。引擎的眞空度大小會改變噴油嘴的噴油量，當噴油嘴下方進汽歧管眞空大時，噴油量會增多，此處就是由汽油壓力調節器眞空閥來調節控制的。

汽油壓力調節器有一金屬外殼，藉由膜片將其分成兩室：彈簧室和燃油室。下列爲汽油壓力調整閥的工作步驟：

(1) 若預測之燃油壓力超過時，膜片會壓向壓力彈簧，緊靠膜片之活門會打開回流開關，多餘之汽油則會回流至油箱。

(2) 若燃油壓力未超過，則膜片便不會開啓彈簧，油便無法回油至回油箱。

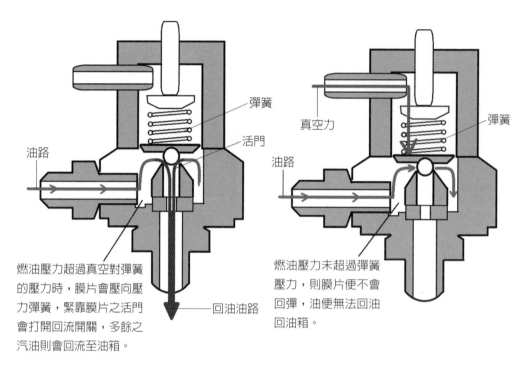

彈簧

真空力

彈簧

活門

油路

油路

燃油壓力超過真空對彈簧
的壓力時，膜片會壓向壓
力彈簧，緊靠膜片之活門
會打開回流開關，多餘之
汽油則會回流至油箱。

回油油路

燃油壓力未超過彈簧
壓力，則膜片便不會
回彈，油便無法回油
回油箱。

圖4-6　壓力調節器的內部結構

6. 碳罐（Carbon Canister）

　　碳罐一般裝在汽油箱和發動機之間。由於汽油是一種易揮發的液體，在常溫下燃油箱經常充滿蒸氣，燃料蒸發排放控制系統的作用是將蒸氣引入燃燒，並防止揮發到大氣中。這個過程中起重要作用的是活性碳罐貯存裝置。

　　因為活性碳有吸附功能，當汽車運行或熄火時，燃油箱的汽油蒸氣通過管路進入活性碳罐的上部，新鮮空氣則從活性碳罐下部進入活性碳罐。發動機熄火後，汽油蒸氣與新鮮空氣在罐內混合並貯存在活性碳罐中，當發動機啟動後，裝在活性碳罐與進氣歧管之間的燃油蒸發淨化裝置的電磁閥門打開，活性碳罐內的汽油蒸氣被吸入進氣歧管參加燃燒。

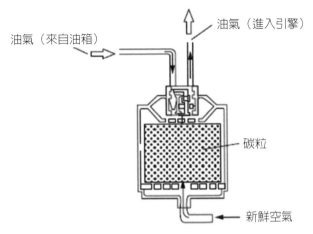

圖4-7　碳罐的内部結構

7. 回油（Fuel Return）

為了使燃油通道保持適當的油量，故在不催油門的情況下需要將多餘的油引回油箱中。

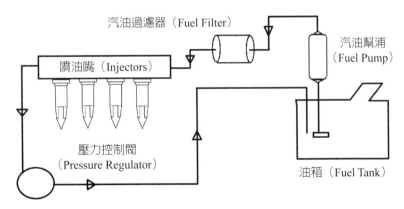

圖4-8　回油系統的基本結構

4.4　化油器原理與流程

供油對於汽車系統的重要性在4.3.1節已經詳述，從圖4-9、4-10可以清楚看出供油系統的發展，其中包括最一開始1890年代所開展的的化油器，而後到1970年代轉為同樣是機械式運作的K式噴射系統，再到電子式D式、L式噴射，最後才發展到現在的電腦式噴射系統。其中，每一次的變革都讓汽車所需要的油量更為精確。

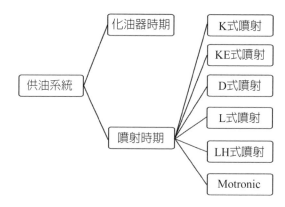

圖4-9　供油系統發展

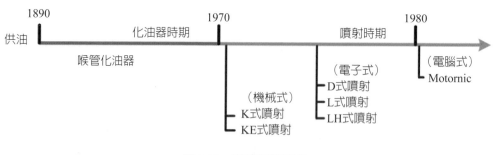

圖4-10　供油系統演進

4.4.1　化油器的原理

化油器是早期供油系統不可或缺的裝置，化油器最主要的功用，是控制進入進氣歧管的燃料流量，並且將燃料與空氣正確混合。從圖4-14可以看出，空氣進入歧

管後，流經化油器會將燃油一併給帶出，混合成油氣，而後進入氣缸內進行燃燒。

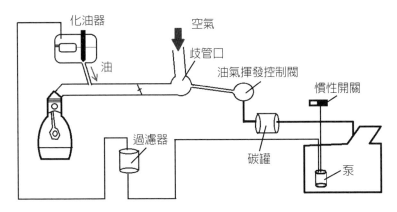

圖4-11　化油器時代的供油系統結構圖

1. 化油器的文氏管原理

　　化油器的運作原理，主要是利用「文氏管（Venturi）效應（圖4-12）」將燃油吸入化油器內與空氣混合，供引擎燃燒。什麼是文氏管效應呢？依據流體力學中的「白努利定律」，在連續固定的流場中，每當流體流速增加時，則流體的壓力會下降。而文氏管效應就是利用流體（空氣亦是流體）流速增加所產生的低壓吸力，而將燃油吸入空氣中。在化油器中，空氣流經口徑較窄的喉部被加速，因加速產生的低壓會將燃油吸出與空氣混合。簡言之，整理以下兩點：

　　(1) 文氏管斷面積大時：空氣流速慢，壓力大，真空小噴油量少。

　　(2) 文氏管斷面積小時：空氣流速快，壓力小，真空大噴油量大。

2. 常見的化油器設計

　　常見的化油器設計，是將燃油送至化油器浮筒室中儲存，當節流閥板開啓時，燃油會因文氏管效應而從主油孔讓燃油被吸至空氣流道中，除此之外，還有怠速控制系統來控制怠速及低負荷的燃油供應；副文氏管系統則在引擎油門全開時將油氣增濃；加速泵會在突然用力踩下油門時，給予引擎更多的燃料好維持正確的燃燒，以提供即時的加速性；阻風門在冷車啓動時，會擋住大部分的空氣進入化油器，以提供較濃的油氣，使引擎能正常啓動。簡單說，燃油經幫浦抽至浮筒室預

備，再利用文氏管的原理，進氣歧管內空氣流速快時吸力越強，則供油量越多。燃油與空氣混合之後，再送至汽缸內做燃燒。

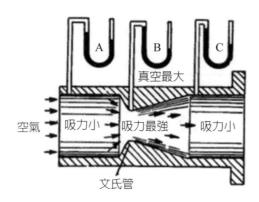

圖4-12　文氏管原理

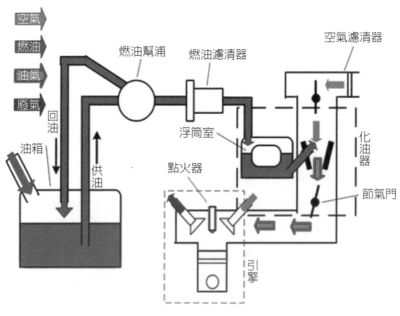

圖4-13　化油器式供油流程圖

　　雖然化油器的成本低、可靠度高，而且維修、保養容易，但由於化油器幾乎都是以機械方式供油，其供油精準度已無法應付嚴苛的環保法規，所以這幾年市售的新型汽車，已不再使用化油器。

4.4.2　油路分類與介紹

1. 浮筒室油路

　　化油器發展的後期，由於汽車越趨強調精準的需求，雖然它無法像電子噴油嘴一樣直接控制噴油量的多寡，但依然可仰賴機械結構上的設計來改變油料的輸出量。

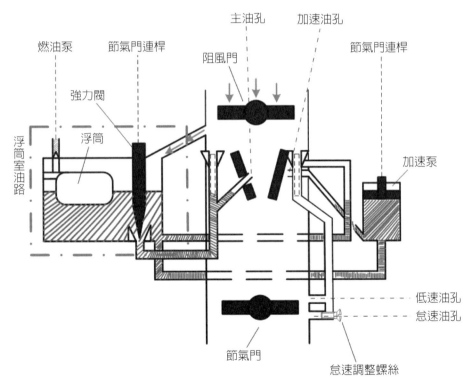

圖4-14　浮筒室油路分析

　　利用浮筒室保持油面高度的方法為運用浮筒室的一端連結來自汽油泵的油路，並用一針閥來控制油料進出的開關，如圖4-15(a)，當油料不足時，浮筒便會隨著液面降低而下降，帶動後方連桿，針閥開啟，汽油便可進入浮筒室。而當油料不斷進入浮筒室，則如圖4-15(b)，浮筒便隨著液面升高而上升，到足夠後，針閥便會關閉進油孔。

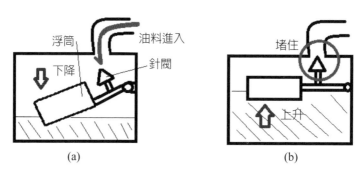

(a)　　　　　　　　　　　　　　　(b)

圖4-15　浮筒室的原理

2. 低速、怠速油路

　　在低速或怠速時，空氣由低速空氣嘴進入，利用文氏管的原理將燃油吸出，送至低速油孔及怠速油孔，其中怠速油孔的供油量多寡可由怠速螺絲來調配。接著與節氣門邊緣漏入的空氣混合，成為較濃的混合氣送入汽缸。

3. 主油路

　　主油路供給汽車在行駛時引擎中、高速所需之燃料，故又稱高速油路。主空氣嘴進入之空氣會在主油路與汽油先行混合，可促使汽油之霧化，再經由文氏管效應，霧化之油氣便會被帶入進氣歧管中，送往汽缸內燃燒。

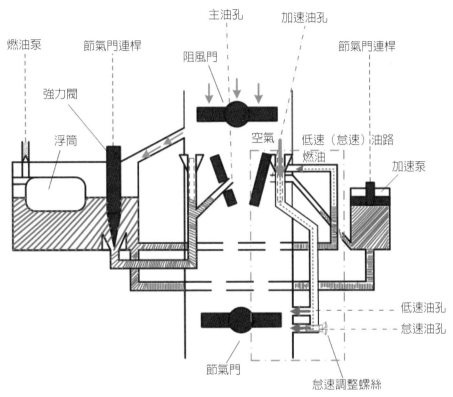

燃油泵

節氣門連桿

強力閥

浮筒

主油孔

阻風門

加速油孔

節氣門連桿

空氣

低速（怠速）油路

燃油

加速泵

低速油孔

怠速油孔

節氣門

怠速調整螺絲

圖4-16　低速、怠速油路

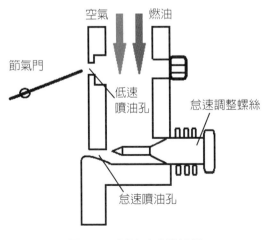

空氣

燃油

節氣門

低速
噴油孔

怠速調整螺絲

怠速噴油孔

圖4-17　低速噴油孔細部

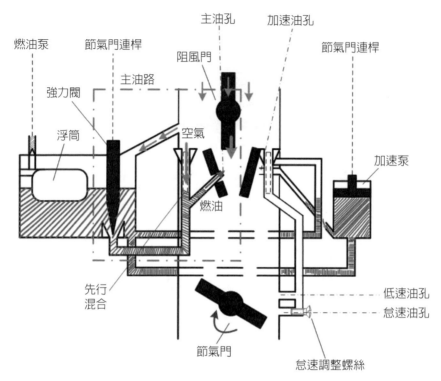

圖4-18　主油路

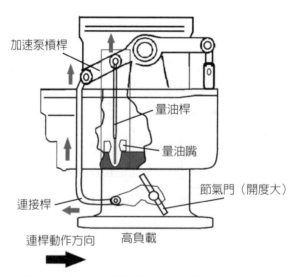

圖4-19　強力閥連桿動作流程（節氣門開度大）

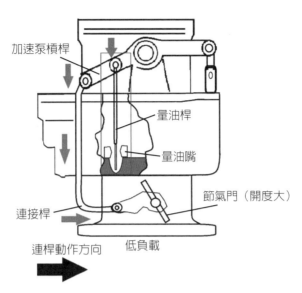

圖4-20　強力閥連桿動作流程（節氣門開度小）

在主油路中的強力閥（也稱量油桿），可以控制主油路進油量的大小。引擎在中速、高速輕負載運轉時，強力閥開度小，供油量小；而引擎在爬坡、負重、超車時，負載較大，需要較濃的混合氣，此時強力閥開度大提供大量的汽油。節氣門開度小時，連桿將量油桿下壓，桿徑較大的部分在主油嘴中，限制了出油量的多寡；節氣門開度大時，連桿將量油桿上提，桿徑較小的部分在主油嘴中，此時出油量大，以適應高負載的駕駛情形（見圖4-21）。

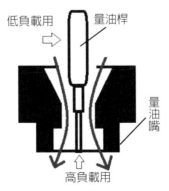

圖4-21　量油桿的動作

4. 加速油路

加速油路的作用在於節氣門突然大開時，提供額外油量，使混合氣變濃。

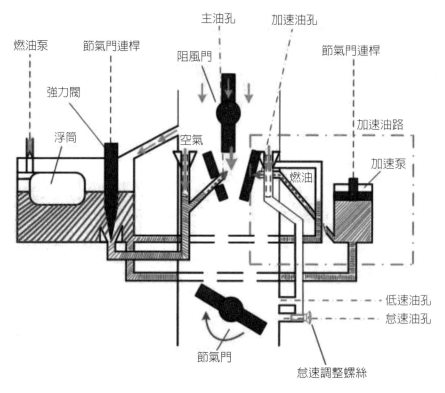

圖4-22 加速油路

瞬間踩下踏板時，節氣門大開，因為空氣的質量較輕，其流量可以迅速增大，所以此時將會有大量的空氣進入化油器中；但是汽油因為質量較空氣為重，流量的增加速度較慢，需稍待一段時間，主噴油嘴才能依照比例而增加汽油；故在踩下踏板瞬間，會有混合氣變稀、引擎運轉停滯甚至回火放炮的現象。

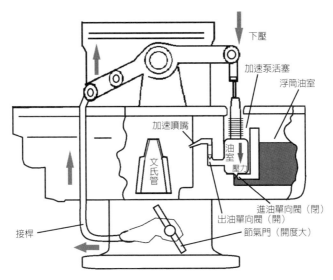

圖4-23 加速幫浦動作流程（踩下踏板）

　　踩下踏板時，節氣門連桿上移，泵活塞總成被壓下，泵缸中的油壓增加，將單向進油閥關閉，同時將單向出油閥推開，此時汽油便可從泵缸中經出油閥及加速泵噴油嘴，噴入進氣歧管中與空氣混合。

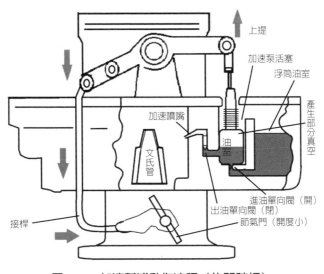

圖4-24 加速幫浦動作流程（放開踏板）

放開踏板時，節氣門連桿下移，泵彈簧協助將泵柱塞總成向上推，柱塞下方的泵缸內產生部分眞空，大氣壓力將浮筒室的汽油，壓經單向進油閥，進入泵缸中，此時出油閥關閉。

4.5 化油器歷史

簡單來說，化油器是將空氣和燃料混和的裝置，燃燒主要由燃料和氧氣兩個部分，最早的功能性內燃機是使用易燃的氣體，例如氫氣與煤氣。在1795年Robert Street是第一個使用松節油和雜酚油來當蒸汽引擎燃料的人，而Samuel Morey在他的實驗中發現松節油與空氣混合時的氣體是具有爆炸性的，1825年Samuel Morey跟Eskine Hazard發明了雙缸的引擎並且設計出第一個化油器，這個發明讓他們取得英國專利號NO.5402，此引擎跟現代引擎一樣有兩個汽缸與一個化油器，但不同的是，汽缸產生的爆炸並沒有直接產生動力，爆炸期間只有將氣體從汽缸排出，再用水冷卻汽缸，冷卻的過程造成汽缸眞空，再由大氣壓力來驅動活塞，造成當時引擎轉換的效率並不理想，所幸發現松節油當燃料的潛力，從此之後始混合系統基本都使用松節油或煤油來當作燃料。然而這種情況在1833年出現變化，柏林大學的EilhardtMitscherlich教授使用熱裂解來分解苯甲酸，實驗生出的氣體我們稱爲Faraday's烯烴氣體，而他將此氣體稱作苯，這也是汽油的前身。

4.5.1 未使用白努力效應

William Barnett設計出第一個汽油化油器，這項發明讓他在1838年獲得專利號NO.7615，這專利擁有兩種早期內燃機的關鍵發明，一是利用動力壓縮的方式來混和空氣與燃料；二是利用點火裝置將汽缸中的油氣混合物點燃，這期間設計出的化油器主要分成兩種，一種爲wick carburetor，另一則是surface carburetor，然而第一個用在汽車上的是wick carburetor，這種化油器利用油燈原理吸取燃油，然後將燈芯暴露在發動機流動的空氣中，使空氣和燃料揮發氣體混合；相比之下surface carburetors使用引擎排出的氣體來加熱燃料，使燃油蒸氣正好在燃油表面上方，來達成空氣與燃料的混合。

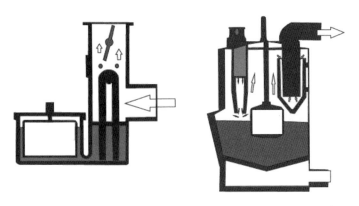

圖4-25　wick carburetor（左）和surface carburetor（右）

　　1882年Siegfried Marcus在柏林申請了一項關於brush carburetor的專利，燃油與空氣透過快速旋轉的方式結合成油氣混合物，由驅動皮帶輪驅動圓刷，圓刷在刷動油槽內部的燃料形成霧化燃料，再將霧化的燃料排入引擎的通道入口做油氣供給。而brush carburetor的發明維持了將近11年的主導地位。

4.5.2 用白努力效應

　　Nikolaus August Otto自1860年就一直努力的尋找更好的引擎燃料，於1885年成功找出更好的碳氫燃料（酒精／汽油），後來研發出第一款採用四衝程原理的汽油引擎，配備一個surface carburetors和Nikolaus August Otto自己設置的電子點火裝置，且在安特衛普世博會上獲得了最高的讚譽和深刻的認可。這種設計後來由Deutz的Otto & Langen公司長期大量銷售。

　　同年，1885年Carl Benz安裝了一個surface carburetor在他設計的第一個「專利汽車」，這是第一款專為商業生產設計的汽油驅動車，裝載了954cc單缸四衝程引擎，此車型將燃油槽的燃料蒸發後再傳入氣缸中，將原先設計的化油器添加一顆浮球，以浮球的高度來決定燃油的進給，使燃油可以自動保持在同一個高度，且在1879年除夕首次使用在引擎內運行。

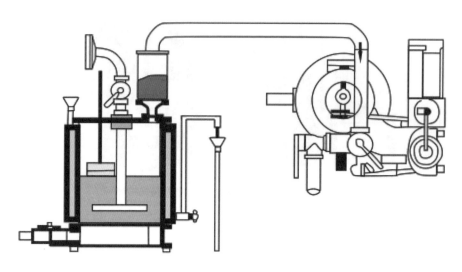

圖4-26 surface carburetors搭配點火裝置

1893年Wilhelm Maybach發表jet-nozzle carburetor，這個化油器可以讓燃料從噴嘴噴到擋板表面上，讓燃料以錐形的型態分布。

圖4-27 jet-nozzle carburetor結構原理

　　自1906-1907年以Claudel Carburetor和François Bavery的化油器設計作為靈感，這兩者設計都對化油器的演化造成很大的影響，將兩者設計結合變為ZENITH化油器，其中包含兩個噴射器，一個用於濃縮混合物另一則用於稀釋，再將混合物以適當的比例來調整引擎的速度和負載。同一時期Mennesson和Goudard設計的化油器專利也因在SOLEX品牌下變得世界聞名，之後又產生更多化油器的新設計。像是 SUM、CUDELL、FAVORIT、ESCOMA和格拉澤茲都小有名氣，而SOLEX化油器也被許多有名的汽車品牌使用，例如Rolls-Royce Motors、Citroën、Volvo跟Volkswagen，除此之外像是Porsche、 BMW、Alfa Romeo和Mercedes Benz也都有使用，Solex化油器在許多歐洲汽車製造商廣泛使用並獲得了亞洲的Mikun認可。

4.5.3 化油器的種類

1. 化油器的分類

　　化油器之種類甚多，幾乎各廠牌之化油器均有獨特之處，一般以文氏管構造、進器方式、文氏管數目及作用分為下列數種：

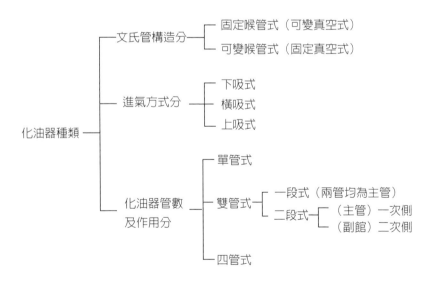

圖4-28　化油器種類樹狀圖

單以文氏管構造及可分為：固定喉管式及可變喉管式，固定喉管式如圖下，文氏管之斷面積不變，以文氏管處不同之真空度來控制器油的輸出量，大部分化油器屬於此種。可變喉管式如圖下，此類化油器之真空度幾乎不變，文氏管之斷面積及油嘴口徑可以變動，以配合進入不同空氣量來適應引擎需要。

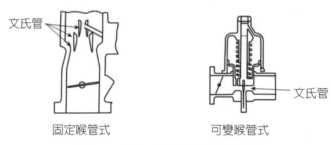

文氏管

文氏管

固定喉管式　　　　可變喉管式

圖4-29　固定喉管式與可變喉管式

化油器另以進氣方式分劃可分為：下吸式（Down Draft）、橫吸式（Horizontal Draft）及上吸式（Up Draft）。下吸式如圖4-30(a)，為一般固定喉管式化油器使用最多之方式，空氣由上向下流動，將汽油吸入，構造較簡單、安裝容易，使用廣泛。橫吸式如圖4-30(b)，為一般可變喉管式化油器使用最多之方式，空氣橫向流動，將汽油吸上。上吸式如圖4-30(c)，空氣由下邊進入向上方流動，將汽油吸入，其優點為浮筒發生溢流時，汽油較不會大量進入汽缸。對於大多數的量產化油器引擎來說，化油器採橫吸式設計會比下吸式來的好，因為橫吸式能使混合油氣直接進入汽缸中燃燒，而不必像下吸式化油器放在汽缸上方，混合油氣在進氣歧管內必須先往下再轉向90度之後才能進入汽缸內，當然這是對一般的直列式引擎來說。如果是V型汽缸或者是水平對臥引擎，那就應該選擇下吸式化油器，因為這兩種引擎型式是需要安裝置頂的下吸式化油器，這樣油氣才是走最短最直接的路徑進入汽缸內。

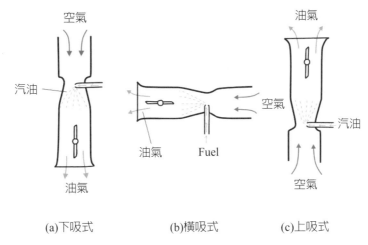

(a)下吸式   (b)橫吸式   (c)上吸式

圖4-30　化油器進器方式

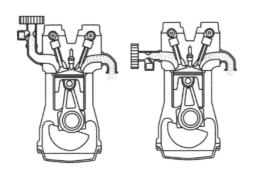

圖4-31　直列式引擎與下吸、橫吸式化油器之組合

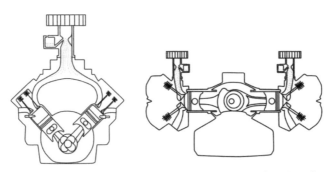

圖4-32　V型引擎、水平對臥引擎與下吸式化油器之組合

2. 固定喉管式化油器

以單管式化油器做為探討要點，其構造如圖下，為適應引擎各種狀況需要有六個油路：浮筒室油路（Float Chamber Circuit）、怠速及低速油路（Idle and Low Speed Circuit）、主油路（Main Circuit）、加速油路（Accelerating Circuit）、強力油路（Power Circuit）及始動油路（Starting Circuit）。

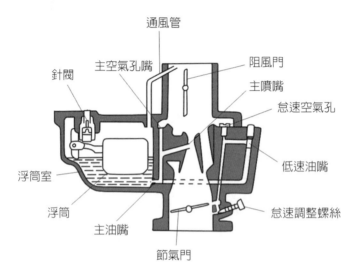

圖4-33　單管式化油器構造

其中怠速及低速油路是供應引擎在怠速空轉及低速時所需之油汽，並與主油路配合，以供應從低速過渡到高速時所需之混合汽。高速時本油路停止供油。節氣門完全關閉時，即引擎怠速空轉時，汽油從浮筒室經低速油嘴至低速油道，與低速空氣嘴及低速噴油孔進入的空氣混合，從怠速噴油孔噴出，再與節氣門邊緣漏入的空氣再混合，成為較濃的混合汽進入汽缸中。

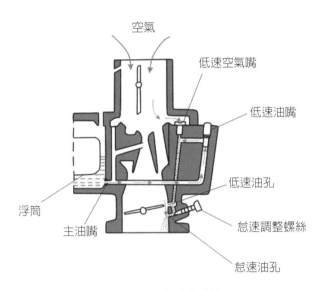

空氣

低速空氣嘴

低速油嘴

低速油孔

怠速調整螺絲

怠速油孔

浮筒

主油嘴

圖4-34　怠速之狀態

　　節氣門從完全關閉位置逐漸開大時，低速噴油孔亦開始噴油，如圖下，稍後主油路的主噴油嘴亦開始噴油，直至節氣門開至大約1/4位置以上，亦即主噴油嘴的噴油量可使引擎平穩運轉時，怠速及低速二噴油孔方才停止噴油。

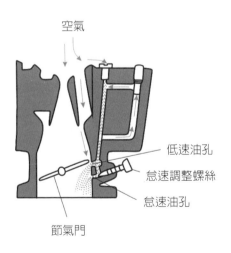

空氣

低速油孔

怠速調整螺絲

怠速油孔

節氣門

圖4-35　低速之狀態

　　主油路則供給平時器車行駛時引擎中、高速所需之燃料，如下圖，包刮主油嘴（Main Jet）、主空氣嘴（Main Air Bleed Jet）、主噴油嘴（Main Nozzle）。節氣門打開相當角度以上時，空氣之流速增加，在文氏管喉部產生之真空逐漸增強。浮筒室內之汽油經主油嘴計量後，在主油道中與主空氣嘴進入之空氣先混合，再從主噴油嘴噴出。

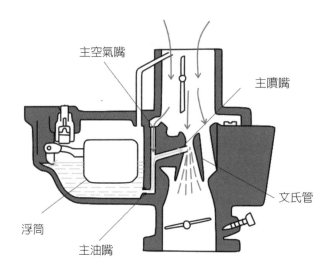

主空氣嘴

主噴嘴

文氏管

浮筒

主油嘴

圖4-36　主油路之構造

3. 可變喉管式化油器

　　可變喉管式化油器，文氏管處之空氣速度幾乎保持一定，吸入空氣量隨真空及文氏管的開口面積而改變。此種化油器構造較簡單，過去僅Morris及Austin車廠使用SU型化油器，Triumph、Jaguar車廠使用思隆巴格（Stromberg）可變喉管式化油器，日本Honda各型車使用凱興（Keihin）可變喉管式化油器，Ford汽車公司於1977年以後，也有部分車型採用摩托克拉福（Motorcraft)VV型可變喉管式化油器。

　　可變喉管式化油器係由下列各部分所組成：真空活塞、吸力室、浮筒油路、文氏管控制系統、主油路、啟動裝置、節氣門。主油路系統供給怠速、低速、高速、

強力等油路之作用，因此構造較簡單。但目前有些化油器亦有低速、加速、強力等
油路以提高引擎性能。如圖下為SU行可變喉管式化油器之構造，吸力室（Suction
Chamber）中之真空活塞（Vacuum Piston）上下移動時，改變進入之空氣量，真空
活塞底部相連之量油針亦隨活塞上下移動，改變燃料之噴出量。

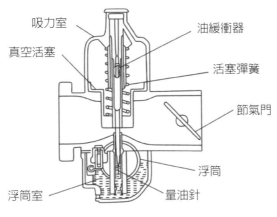

圖4-37　可變喉管化油器

　　當引擎開始運轉時，汽缸內的活塞下行產生低壓（部分真空），因真空室與
化油器喉管相通，故其壓力相同。大氣壓力將活塞上推，即真空室的「吸力」把活
塞「吸」起，因此有更多的空氣能夠進入汽缸，活塞重量與彈簧彈力及真空吸力平
衡時，活塞位置即保持不動。當節氣門打開，喉管處之真空增加，活塞即被大氣壓
力壓向上，使更多的空氣能夠進入，於是真空度減少，活塞便下降少許，因活塞下
降，阻礙空氣進入真空度又再增加，活塞又上升。如此真空吸力與活塞位置互相作
用直到取得平衡，支撐活塞不使下墜為止。

　　總之，節氣門在每一不同程度的開啟時，活塞即做不同程度的升降，以控制喉
管的大小，但真空吸力始終與活塞重量及彈簧彈力取得平衡，而保持喉管處之真空
度一定。故我們稱這種化油器為「固定真空式」化油器。如圖上所示，為SU型可
變喉管式化油器在各種不同情況下之作用。

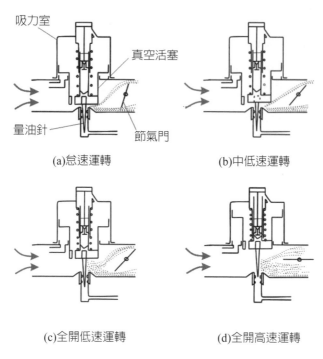

(a)怠速運轉   (b)中低速運轉

(c)全開低速運轉   (d)全開高速運轉

圖4-38　SU行可變喉管式化油器

4.6　機械噴射系統（**K-Jetronic**）原理與流程

　　燃料系統採用汽油機械噴射的方式，是現代汽油引擎的主流。與化油器式燃料系統相比，汽油引擎採用機械噴射系統，具有讓供油更加穩定的優點，使車子穩定度大大提高。過去車輛均採用化油器，然而化油器的油仰賴的是空氣流速，儘管根據流速不同會有不同的油量，但也不盡然準確。採用機械噴射供油系統後，最大優點就是燃油供給之控制十分精確，讓引擎在任何狀態下都能有正確的空燃比，讓引擎保持運轉順暢。

1. 發明者

　　發明機械噴射系統的人是德國的Robert Bosch（1861～1942），K-Jetronic的「K」代表德文「Kontinuierlich」，意思是Continue，也就是中文「連續」的意

思。因此，我們又將機械噴射簡稱為「K噴」。

2. 原理簡介

上世代的化油器設計（圖4-11），主要是將燃油送至化油器浮筒室中儲存，當節流閥板開啓時，燃油會因文氏管效應而從主油孔讓燃油被吸至空氣流道中。而現今已發展至機械式的噴射系統，為強調精準，不再由化油器進行供油。

K式噴射系統和化油器最大的不同，在於化油器是利用文氏管定理，空氣流經化油器而將燃油帶出化油器；K式噴射系統雖然同樣需要靠空氣流量的大小進行噴油，然而不同的是，它屬於一種液壓結構，空氣進入歧管後，空氣流量板被推動，同時帶動空氣流量感測板，空氣流量感測板會將燃油分配器的栓塞往上抬，燃油內的燃油通道就會變大，最後將油調整與分送至噴油嘴，為一種機械式運作（詳見圖4-39）。

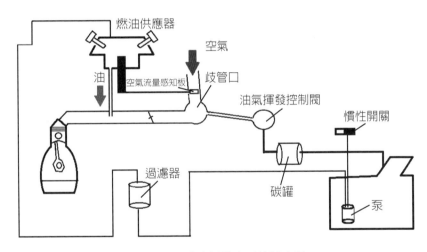

圖4-39　K式噴射供油系統對應圖

3. 工作流程簡介與優缺點

K式噴射系統（圖4-40）的工作流程可分為二，分別是油路與空氣。首先是油路，燃油泵會將油箱內的燃料提出，經油過濾後分配到燃油分配器內，再視情況分配至各輔助元件。接著，空氣自進氣歧管經過空氣流量感測板，其流量多寡將牽

動燃油分配器內的栓塞，栓塞上升程度又決定燃油通道大小，藉此讓燃油分配器分配適當的燃油流量。而後，燃油噴出，與歧管內空氣兩者混合成油氣。

當踩下油門時，節氣門大開，吸入的空氣量會很大，這將使得流量板升至最高，大量的汽油被送至噴射器中，以供給引擎的負荷。對於燃油分配器而言，當空氣流量大，空氣板就會推開燃油分配器內的栓塞開始噴油。反之，怠速狀態時空氣流量小，使流量板只會上升一點高度，讓較少的汽油流到噴油器中。

(1) K式噴射系統優點：結構簡單、成本低廉、易於檢修、性能穩定、可靠性高。

(2) K式噴射系統缺點：操縱靈敏度與精確性差（但比化油器好）。

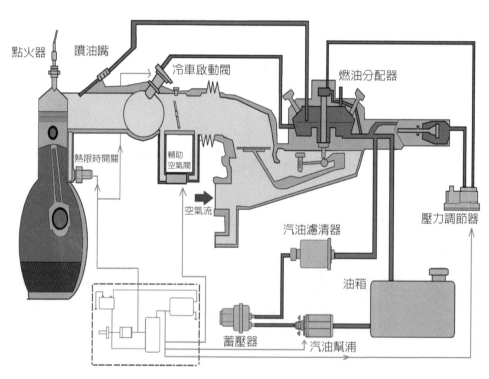

圖4-40　K式噴射系統

參考文獻

1. 中國石油油品購買部（2015）。無鉛汽油——95 or 92。檢自：http://new.cpc.com.tw/division/mb/product_text.aspx?id=10

2. U-CAR Find your car (2015)。供油系統。檢自：http://classroom.u-car.com.tw/classroom-detail.asp?cid=43

3. 台昕電機工業股份有限公司（2015）。商品櫥窗。檢自：http://www.taishing.com.tw/chinese/supplier.htm

4. Nukeperformance (2015)。How does a Fuel Pressure Regulator work?檢自：http://www.nukeperformance.com/technical-info/fuel-pressure-regulator-faq/

5. Wiki (2015)。辛烷值。檢自：https://zh.wikipedia.org/wiki/%E8%BE%9B%E7%83%B7%E5%80%BC

6. Wiki (2015)。Robert Bosch。檢自：https://en.wikipedia.org/wiki/Robert_Bosch

7. Mecatechnic (2015)。pieces_Porsche_996。檢自：http://www.mecatechnic.com/fr-FR/pieces_Porsche_996.htm

8. 蔡政梁（2009）。慈幼工商汽車科汽車學講義。檢自：http://car.ssvs.tn.edu.tw/%E6%95%99%E5%AD%B8%E6%AA%94%E6%A1%88/%E5%99%B4%E5%B0%84%E5%BC%95%E6%93%8E/LH%E7%87%83%E6%96%99%E5%99%B4%E5%B0%84%E7%B3%BB%E7%B5%B1_1.htm

第 5 章

基本電路控制
（機械式引擎）

5.1 | 前言

本章將詳細討論第三章噴射系統內的運作，本章主旨為探討其基本的電路與控制原理，自結構、理論介紹到各式噴射的運作方式，以此熟悉噴射系統的基本運作方法。

5.2 | 重要元件介紹

在前面有提到過控制電路的部分，其最主要的功用為開啟燃油幫浦及開啟啟動馬達以發動引擎。介紹控制電路之前將會先介紹兩個重要的元件：點火開關與繼電器。

5.2.1 點火開關

介紹控制電路前，先說明一下點火開關的位置。點火開關上，分別有著Lock、Off、Acc、On和Start等位置，各位置均有不同功能（圖5-1）：

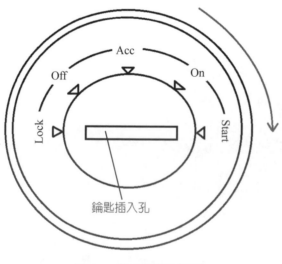

圖5-1　點火開關示意圖

1.在「Lock」位置時，是作爲方向盤定位鎖之用。一般車鑰匙放到這個檔位時就等於鎖死了方向盤，方向盤不能有太大的活動。

2.在「Off」位置時，可切斷點火系統低壓電路。

3.在「Acc」位置時，可以接通收音機、儀表板等其他電器電源，但空調不能使用。

4.在「On（IG）」位置時，可以接通點火系統低壓電路。除了啟動機，其餘的基礎設備都是開著的，可以爲方向盤解鎖、使用空調，但空調無製冷效果，因爲此時壓縮機未啟動，只有鼓風機運轉，吹出來的是自然風。正常行車時鑰匙會處於On狀態，這時全車所有電路都處於工作狀態。

5.在「Start（ST）」位置時，可接通燃油幫浦電源，發動引擎。當以Start發動汽車後，發動機會啟動，開始耗油，車子開始運作、空調開始製冷。Start檔是發動機啟動檔位，啟動後會自動恢復正常狀態，也就是On檔。

5.2.2　繼電器

繼電器也稱電驛，是一種電子控制器件，它具有控制系統（又稱輸入迴路）和被控制系統（又稱輸出迴路），通常應用於自動控制電路中，實際上它是用較小的電流去控制較大電流的一種「自動開關」。故在電路中起著自動調節、安全保護、轉換電路等作用。

表5-1　繼電器的分類

按輸入信號的性質分	按工作原理分
電壓繼電器	電磁式繼電器
電流繼電器	感應式繼電器
時間繼電器	電動式繼電器
溫度繼電器	電子式繼電器
速度繼電器	熱繼電器
壓力繼電器	光繼電器

1. 常見繼電器構造

電磁繼電器一般是由鐵芯、線圈、銜鐵、觸點簧片所組成，可見圖5-2。

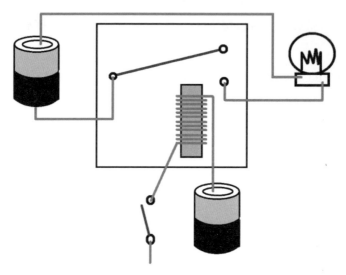

圖5-2　常見繼電器構造

2. 繼電器的動作流程

繼電器的動作流程十分簡單，可參照圖5-3、5-4閱讀。在繼電器線圈兩端加上一定的電壓，線圈中就會流過一定的電流，從而產生電磁效應，銜鐵就會在電磁力的作用下克服簧片彈力，向鐵芯移動。當斷電後，電磁力消失，銜鐵回復原來的樣子。至於電磁力產生的是吸力還是斥力取決於線圈的繞法，如原本是吸力，將線圈反向繞，就會變斥力。

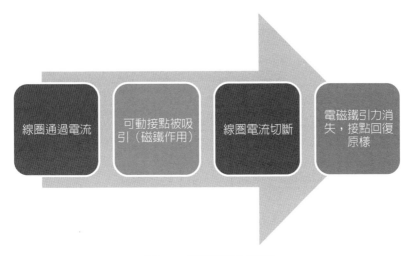

圖5-3　繼電器動作流程

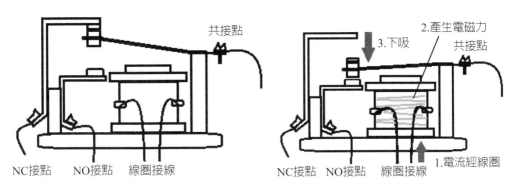

圖5-4　通電前與通電後的繼電器

3. 一般常見車用繼電器

　　車用繼電器顧名思義就是汽車中使用的繼電器，該類繼電器切換負載功率大，抗衝、抗振性高，由於汽車中的電源多用12V，所以線圈電壓也大都設計為12V。以下有幾種常見的車用繼電器，見表5-2：

表5-2　常開、常閉與複合型繼電器的比較

常開型繼電器（圖5-5）	常閉型繼電器	複合型繼電器（圖5-6）
四個端子：87、86、30、85	四個端子：87a、86、30、85	五個端子：87、86、30、85、87a
30接電瓶電源、86接繼電器線圈正極端、87接繼電器輸出端、85接接地	30接電瓶電源、86接繼電器線圈正極端、87a接繼電器輸出端、85接接地	30接電瓶電源、86接繼電器線圈正極端、87接繼電器常開輸出端、87a接繼電器常閉輸出、85接接地

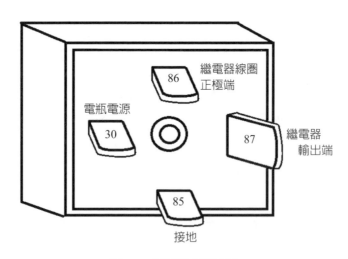

圖5-5　車用常開繼電器

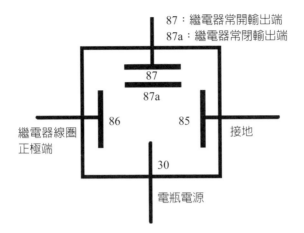

87：繼電器常開輸出端
87a：繼電器常閉輸出端

繼電器線圈
正極端

接地

電瓶電源

圖5-6　車用複合型繼電器

5.3　K式噴射系統（K-Jetronic）

K式噴射系統（K-Jetronic）又稱機械式燃油噴射系統，在此將詳細介紹此系統內部各零件。

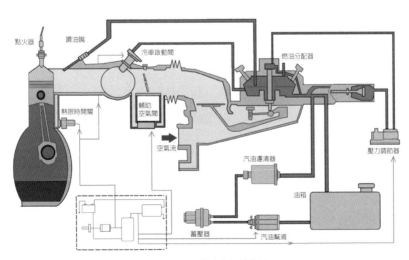

圖5-7　K式噴射系統圖

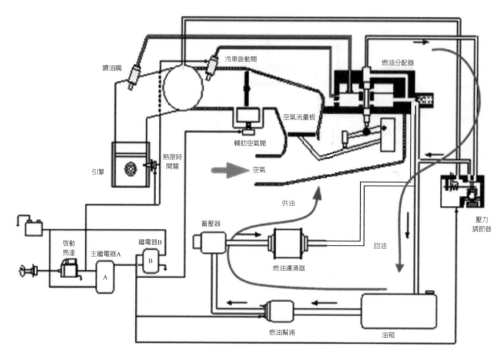

圖5-8　K式噴射油路、空氣圖

5.3.1　系統元件介紹

1. 輔助空氣閥

　　在冷車或汽車尚未到達工作溫度時，藉由依附進氣歧管旁的旁通道，增加空氣的流量以穩定怠速或增加怠速，常見有四種：

　　(1) 怠速螺絲

　　調整螺絲的開度（手動），決定空氣流量進入旁通道的多寡。

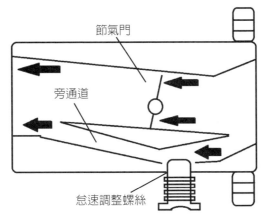

圖5-9　怠速螺絲調整空氣進氣量

(2) 石蠟式輔助空氣閥

　　石蠟式輔助空氣閥，顧名思義就是利用石蠟受熱的膨脹與否來控制輔助空氣通道的啓閉。石蠟體會根據引擎工作水溫膨脹，頂住前方的空氣閥門往前挪動（圖5-10、圖5-11），藉以控制旁支通道的開口大小，因而決定空氣最後的流量。

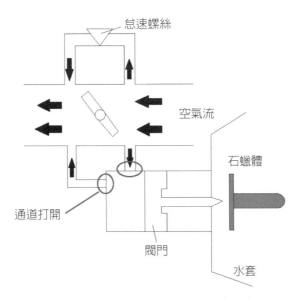

圖5-10　石蠟體未受熱，空氣通道開啓

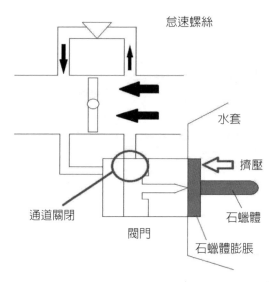

圖5-11 石蠟體受熱，空氣通道關閉

(3) 熱偶片式輔助空氣閥

熱偶片在此類型的空氣輔助閥扮演非常重要的角色，其中的原理是利用二種或二種以上具有不同膨脹係數之金屬片焊合一起，每當溫度改變時，金屬片就會因膨脹係數的不同而使其產生不同方向的彎曲。

此類的輔助空氣閥是由扇形閥、熱偶片和電熱線所構成，當引擎冷時，空氣孔道不會被空氣閥門（扇型閥）阻擋，空氣能順利流入歧管。而當毋需怠速時，引擎啟動後數分鐘，電熱線會變熱，熱偶片受熱彎曲頂起空氣閥門，輔助空氣孔道將因此關閉。

(4) 直動式電磁閥（ON/OFF Vaccum Switch Valve）

直動式電磁閥的運作原理是利用電磁鐵的原理來控制閥體運動，進而控制空氣進出。以下可以簡單區分為兩個步驟：

通電（圖5-13）：電磁線圈將閥體向左拉，空氣通道開啟。

斷電（圖5-14）：失去電磁力，彈簧將閥體推回原位，空氣通道關閉。

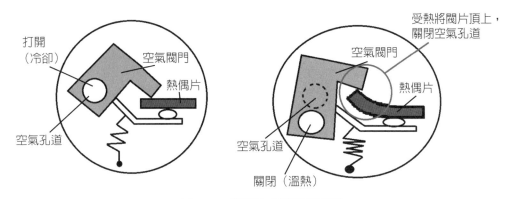

圖5-12　熱偶片式輔助空氣閥

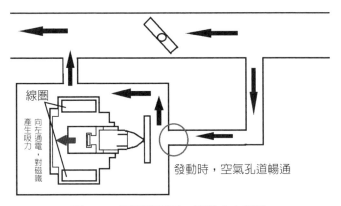

圖5-13　電磁閥通電，閥體向左移動

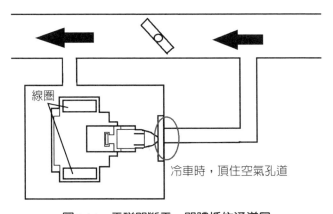

圖5-14　電磁閥斷電，閥體抵住通道口

2. 冷車啟動閥（Cold Start Valve）

冷車啟動閥是在冷引擎時將額外燃油噴入，讓引擎更好啟動的裝置，熱時間開關控制中間的電磁線圈以達控制噴油時間之目的；至規定溫度時，熱時間開關斷路，完全停止噴油。

3. 熱時間開關（Thermo-time Switch）

熱時間開關由接點、熱偶片和電熱線構成，開關之接點由引擎冷卻水溫和電熱線控制其關閉，電熱線的作用在控制最大噴射時間，以免造成混合氣過濃引擎不能啟動；冷引擎啟動時，電流由啟動電源經冷車啟動閥電磁線圈至熱時間開關之接點，電磁閥通電後產生磁力，將柱塞吸引，燃油連續噴入進氣歧管內（圖5-15）。

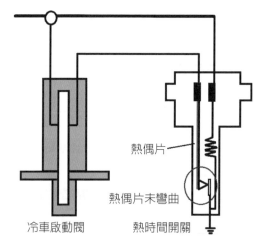

熱偶片
熱偶片未彎曲
冷車啟動閥　　熱時間開關

圖5-15　通電，熱時間開關開啟（熱電偶未彎曲）

接著，過一段時間後（約8秒），電熱線發熱使熱偶片彎曲（圖5-16），接點分開，電流中斷，停止噴油；引擎溫熱後，引擎溫度已使熱偶片彎曲，接點分開，故熱引擎啟動時冷車啟動閥將不再噴油。

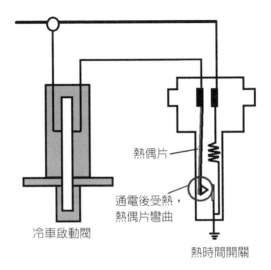

熱偶片

通電後受熱，
熱偶片彎曲

冷車啟動閥

熱時間開關

圖5-16　熱電偶受熱彎曲，熱時間開關關閉

4. 空氣流量感測器（Air Flow Sensor）

　　當燃油進入燃油分配器後，控制噴射油量的多寡得由控制柱塞的行程決定，而此行程的多寡又是根據空氣流量感測器所決定。

　　空氣流量感測器由感測板和連桿機構所組成，以連桿之一端為支點做上下運動；當空氣推動感測板及連桿，使燃油分配器內的控制柱塞做相對上下運動，感測板會因速度的不同讓感測板上升幅度產生變化。

　　引擎空轉及低速時，感測板開的幅度小，相對控制柱塞行程亦小，只有少量油進入噴油器。引擎在高速行駛時，感測板開的幅度增加，相對較多量之燃油進入噴油器。

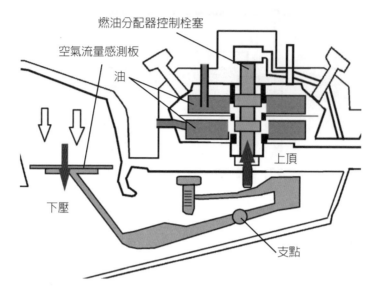

圖5-17　空氣流量感測板和燃油分配器之運作

5. 燃油分配器（Fabricated Fuel Rail）

　　燃油分配器，又稱燃油導軌或者油軌，是一種機械裝置，安裝在進氣歧管上、位於噴油器處，它的主要功能是保證提供足夠的燃油流量並均勻地分配給各缸的噴油器，同時實現各噴油器的安裝和連接。燃油分配器主要由下列兩個部分組成。

(1) 燃油控制器（Fuel Control Unit）

　　燃油控制器是依空氣流量感測板之位置而計量各缸噴油量的裝置，柱塞筒上有著與汽缸數相同之細長計量槽，柱塞上下運動時，可改變計量槽的開度進而控制噴油量（圖5-18）。

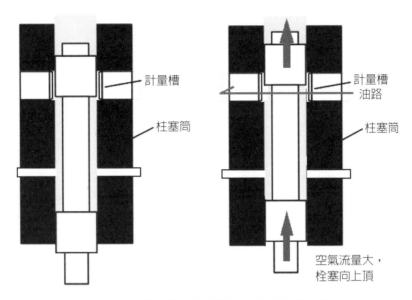

圖5-18　栓塞的上下移動決定油的進出多寡

(2) **壓力調節閥**（Pressure Regulator Valve）

壓力調節閥，又稱作差壓閥（Different Pressure Valve），用以調節輸送到噴油器的壓力，使經計量槽後的燃油油壓保持一定，其構造是以鋼質膜片把燃油分配器分作上下兩室，下室通入主油道壓力，上室有控制彈簧與差壓閥，下室燃油經柱塞計量槽流入上室產生油壓，彈簧張力可以補償其油壓使上下兩室燃油壓力相同。

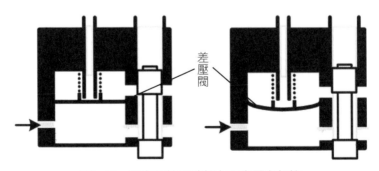

圖5-19　壓力調節閥確保上下室壓力相等

5.3.2 電路作用流程

　　K型噴射的控制電路中，依照引擎的情況，可將控制電路分為：引擎冷車啟動電路、引擎熱車啟動電路、引擎正常運作電路、引擎熄火停止電路，以下將詳加敘述。

1. 引擎冷車啟動電路

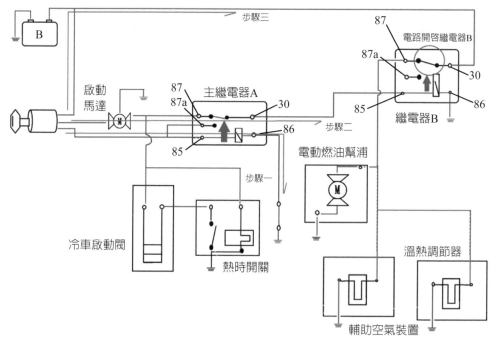

圖5-20　引擎冷車電路圖

　　步驟一：

　　當鑰匙開啟時，切到點火開關中IG的位置，此時電流從電池經過點火開關流至主繼電器A的85號接腳，形成通路，使主繼電器內的簧片因電磁相斥的力量而往上打，與87號接腳相連接。此時尚未有空氣流入，流量板感測器開關保持連結。一部分的電流會流至冷車啟動閥，讓冷車啟動閥提供一部分的供油。

步驟二：

此時再將鑰匙切換到ST啟動開關發動引擎，電流便從電池經由ST開關流至啟動馬達，啟動馬達發動，帶動引擎曲軸旋轉。電流再經由主繼電器A內的87號接腳流至電路開啟繼電器B中，而電路開啟繼電器B通路後便將簧片向上打，與其87接腳相連接。

步驟三：

電路開啟繼電器B中的87號接腳接通後，這時候電流便可從電池中流出，經過電路開啟繼電器B而送至燃油幫浦內，提供燃油輸出。

2. 引擎熱車啟動電路

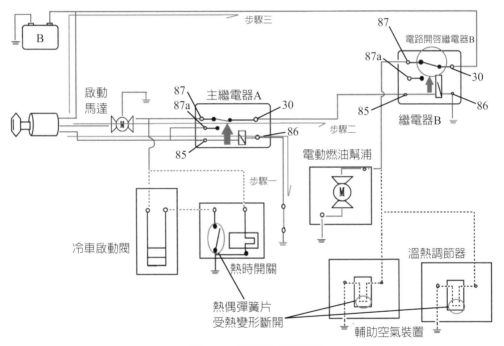

圖5-21　引擎熱車電路圖

步驟一：

將引擎熄火後再次開啟，電流同樣由電池流至點火開關IG再到主繼電器A中

的85號接腳,最後流至空氣感測板。主繼電器A通路將簧片向上打與87號接腳相連接。

步驟二:

將點火開關切到ST的位置發動引擎,電流流至主繼電器A的87號接腳使之通路將簧片向上打。並且使電路開啟繼電器B將簧片往上打,接通30號到87號接腳。

步驟三:

電流從電路開啟繼電器B中流入,使燃油幫浦作用。

注意:因為是熱車啟動,這時「熱時間開關」、「輔助空氣裝置」、「溫熱調節器」中的熱偶簧片因為之前引擎發動的熱而變形斷開,故電流不會流過。

3. 引擎正常運作電路

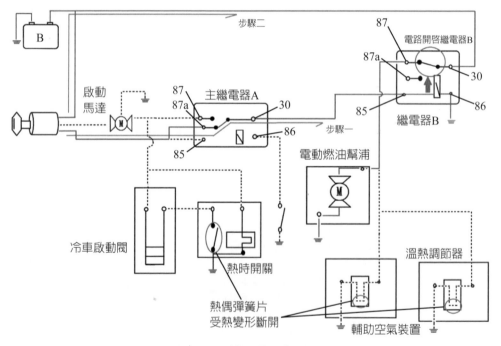

圖5-22　引擎正常運作電路圖

步驟一：

引擎啟動之後，鑰匙彈回點火開關IG，因爲引擎正在運轉，因此有空氣流入，流量板感測器因空氣流入衝開形成斷路，主繼電器A不作用，使內部簧片回復向下的狀態，所以電流改由87a號接腳流入電路開啓繼電器B。

步驟二：

電流一樣經由電路開啓繼電器B流至燃油幫浦中。因爲此時引擎已達正常工作溫度，故熱時開關、輔助空氣裝置、溫熱調節器內部的簧片都因受熱變形而斷開，形成斷路。

4. 引擎熄火停止電路

引擎熄火，其實也就是啟動開關單純只切到IG時的電路狀態。

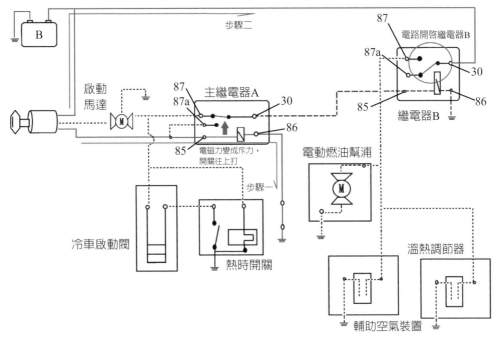

圖5-23　引擎熄火電路圖

步驟一：

電火開關切到IG的位置，電流使主繼電器A通路，因此簧片向上打，但此時開關不切到ST的位置，所以電路開啓繼電器B不會通路。

步驟二：

因爲電路開啓繼電器B斷路，所以簧片回復向下的狀態與87a號接腳相連接，燃油幫浦斷路，停止供油。

5.4　其他噴射系統介紹

知悉了K式噴射系統後，此小節將陸續爲大家介紹噴射系統的演進與各式噴射系統的不同。從圖5-24可以看到，最早一開始汽車所採取的是純粹的機械噴射系統（亦即上一章所提及之化油器），而後進階到1960年代後期則發展出了本章所提的K式噴射系統，於此同時期，屬於電路控制的D式噴射和L式噴射也同時發展。發展至今，大多的汽車已採用電腦噴射系統。

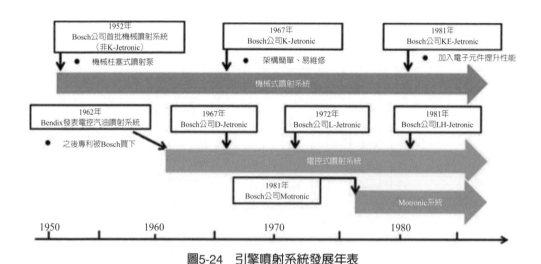

圖5-24　引擎噴射系統發展年表

5.4.1　D式噴射系統（D-Jetronic）

　　D-Jetronic的D一字及代表德文的Druck，也就是眞空的意思，最重要的就是多使用了空氣流量計（進氣歧管壓力感測器），另外在輔助的空氣通道部分則增加了一輔助空氣閥門（怠速步進電機控制）。

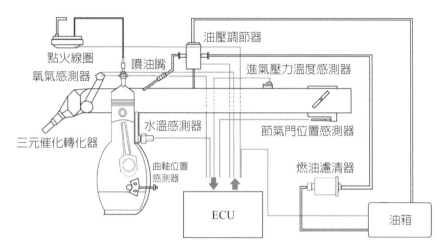

圖5-25　D式引擎噴射系統示意圖

　　與機械噴射不同的地方是，D式噴射已加入了微電腦，根據各個感測器回傳的訊號來決定噴油量的大小。與機械式噴油比較之下D式噴射增加了節氣門位置感測器、水溫感測器、氣溫感測器等。

5.4.2　L式噴射系統（L-Jetronic）

　　1972年，爲了提升電子噴射引擎控制的精準度，Bosch發表了L式噴射，是以D式噴射爲基礎下去改良的版本。「L」即代表德文的「Luft」（空氣的意思），相較於D式噴射的「Druck」（眞空），可以知道兩者的差異在於一個是以進氣管內壓力作爲噴油依據，另一個則是以翼板式空氣流量計作爲噴油依據。感測器方面則比D式噴射多了一個含氧感測器。

5.4.3 電腦噴射系統（Motronic）

　　Motronic是將「點火」、「噴油」兩系統合併，由電腦來控制。電腦內部已經儲存了引擎在各種運轉狀況下的噴射量，及在各轉速、負荷、節氣門位置與噴射量為基礎的最佳點火時期。為了要使電腦更能精準的掌控車子行駛中的狀態，與L式噴射相比增加了不少的感測器，其中比較重要的有凸輪位置感測器、爆震感測器、速度感測器、溫度感測器。

1. Motronic與L式噴射的差異

　　(1) 取消了傳統分電盤的配置，每個汽缸都有獨立點火的火星塞，再根據電腦回傳的信號來控制點火時間。

　　(2) 取消了冷車啟動閥，用引擎溫度為依據，來控制主噴油嘴的噴油。

　　(3) 空氣流量的計量方面用了精準性更高的熱線式，甚至是卡門渦流式的空氣流量器。

2. Motronic的優點

　　車輛行駛中，各感測器會將所偵測到的訊號送回電腦中，與電腦內已經儲存的噴射量與點火時期模式相比對，處理後，控制引擎去點火與噴油，因為擁有更多感測器所提供的訊息，所以相較於前面的幾代噴射系統，Motronic的控制系統更能掌握最佳噴油量與最佳的點火時機。

　　(1) 能穩定控制怠速。

　　(2) 改善冷車不易啟動的問題。

　　(3) 採用含氧感測器與觸媒轉換器降低排氣的汙染量。

　　以下為電子控制單元（ECU）中感測器與輸出之間的關係：

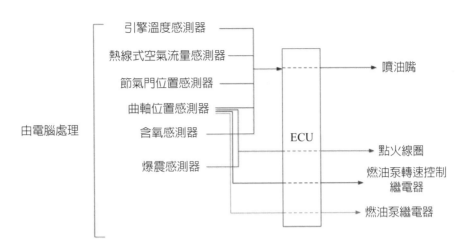

註：本圖箭號僅表示對應關係，並不等同於實際線路

圖5-26　電腦噴射的運作簡圖

5.4.4　各式噴射系統代表車款

表5-3　各噴射系統代表車款

噴射系統	代表車款
K-Jetronic	Porsche 911S 1975 Porsche Carrera Coupe 3.0 1977
D-Jetronic	Porsche 914 Volkswagon Type III Notchback 1970 Rambler Rebel AMC (USA)
L-Jetronic	BMW 733 Porsche 924 Alfa Romeo Veloce 1984
Motronic	Porsche Carrera 4 Porsche Carman R Mini Cooper S

表5-4　各車系噴射系統使用時間表

車系	化油器時期	K-Jetronic時期	D-Jetronic時期	L-Jetronic時期	Motronic時期
德國 Porsche	～1950年 Porsche 356	1967年開始 Porsche 911S	1967年開始 Porsche 914	1972年開始 Porsche 924	1977年開始 Porsche Carrera 4
美系 Ford	～1960s Ford Escort	1968年開始 Taunus M-series	1976年開始 Ford Taunus	1976年開始 Ford Cortina	1982年開始 Ford Sierra
日系 Toyota	～1960s Corona	1965年開始 Corolla	X	X	1980s Corona Mark II

參考文獻

1. 台灣WIKI（2015）。點火開關。檢自：http://www.twwiki.com/wiki/%E9%BB%9E%E7%81%AB%E9%96%8B%E9%97%9C

2. 維基百科（2015）。繼電器。檢自：https://zh.wikipedia.org/wiki/%E7%BB%A7%E7%94%B5%E5%99%A8

3. SmithBrotherService (2013)。Smith Brother's Diesel Service。檢自：Http://www.SmithBrotherService.com

4. 百度汽車百科（2015）。燃油分配器。檢自：http://baike.baidu.com/view/4086196.htm

5. 鄭飛龍教學網站（2008）。TERCEL怠速控制系統檢測。檢自：https://www.google.com.tw/url?sa=t&rct=j&q=&esrc=s&source=web&cd=1&cad=rja&uact=8&ved=0CB0QFjAAahUKEwi1j5XexfPIAhWJpZQKHelBB58&url=http%3A%2F%2Fam.ssvs.tn.edu.tw%2Fteacerhfile%2F%25E9%2584%25AD%25E9%25A3%259B%25E9%25BE%258D%25E6%2595%2599%25E5%25AD%25B8%25E7%25B6%25B2%25E7%25AB%2599%2F%25E6%2580%25A0%25E9%2580%259F%25E6%258E%25A7%25E5%2588%25B6%25E7%25B3%25BB%25E7%25B5%25B1%25E6%25AA%25A2%25E6%25B8%25AC.doc&usg=AFQjCNHOUvfqpKPNHFMVMBqEAyFZgwjZJg&sig2=HJjegnk4SodcjB_lKgxHQ

6. 李芳瑜、戴明鳳（2013）。認識各種溫度計。檢自：http://content.edu.tw/vocation/chemical_engineering/tp_ss/content-wa/wchm3/wpage3-1.htm

7. 蔡政梁（2009）。慈幼工商汽車科汽車學講義。檢自：http://car.ssvs.tn.edu.tw/%B1%D0%BE%

C7%C0%C9%AE%D7/%A8T%A8%AE%A4%B8%A5%F3%B0%CA%B5e/%BC%F6%B0%B8%
A4%F9%A6%A1%AA%C5%AE%F0%BB%D6.swf

8. 高雄應用科技大學（2009）。直動式電動閥。檢自：http://www2.kuas.edu.tw/prof/mau/www/
complete/element/control/direction/direct-solenoid/direct-solenoid.htm

第 **6** 章

基本電學與機械
點火系統介紹

6.1 　前言

當汽車發動，由空氣與燃料形成之混合油氣，漫漫長地自進氣閥門到了活塞的腔室後，引擎此時若要發動則需將燃料轉為能量，這時便是點火系統發揮的時刻。簡言之，點火系統是用於點燃燃料—空氣混合的系統。無論是機械式或電子式的點火，引擎都需仰賴這樣點燃的過程產生爆震，活塞才能轉化為機械能產生上下運動。本章將詳細介紹點火系統的流程與重要元件。

6.2 　基本電學介紹

由於點火系統的運作方法是電路導通來進行點火，是故，進入點火系統前，本節將對一些基礎的電路學做介紹，以利後續點火系統的理解。以下將各自介紹：電動勢、電阻、電容等基本電路元素（圖6-1），並輔以題目讓讀者釐清概念。

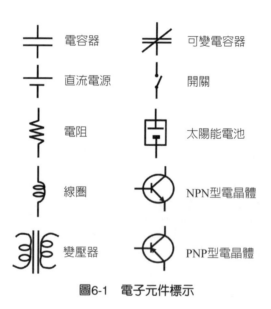

圖6-1　電子元件標示

1. 電動勢（Electromotive Force）

電動勢（縮寫為emf）表徵一些電路元件供應電能的特性，這些電路元件稱為「電動勢源」，能夠產生電動勢的電動勢源主要分為三種：

(1) 化學性：太陽能電池、燃料電池。

(2) 磁性：直流發電機、交流發電機。

(3) 熱：用於溫度測量的熱電裝置。

2. 電阻（Resistance）

電阻是指一個物體對於電流通過的阻礙能力，以方程式定義為：

$$V = I \times R$$

其中，R為電阻，V為電壓差，而I為通過的電流。另外，對於一物體而言，物體的電阻與其材料所含的電阻率、長度成正比，與截面面積成反比。

實際實驗使用的電阻為了標示電阻大小，大多會採取用色碼標示，電阻值其單位為歐姆（圖6-2）。色碼A為其數值的第一位數。色碼B為其數值的第二位數。色碼C為其倍率，若數字為c，其倍率為c。色碼D若存在，則其表示數值的誤差範圍，若沒有色碼D，其誤差範圍為20%。

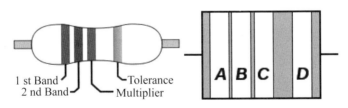

圖6-2　電阻色碼

（圖片來源：Wikipedia）

表6-1　電阻的顏色代碼

	第一環	第二環	第三環	第四環
	第一位數	第二位數	乘數	誤差值
黑	0	0	10^0	x
棕	1	1	10^1	±1%
紅	2	2	10^2	±2%
橙	3	3	10^3	x
黃	4	4	10^4	x
綠	5	5	10^5	±0.5%
藍	6	6	10^6	x
紫	7	7	10^7	x
灰	8	8	10^8	x
白	9	9	10^9	x
金	0.1	0.1	x	±5%
銀	0.01	0.01	x	±10%
無	x	x	x	±20%

例題一

　　下圖有一電路，其連接一24伏特的電源，同時電路間串聯兩個電阻，請求出總電阻爲多少，並算出該電路的電流。

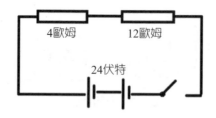

4歐姆　　　12歐姆

24伏特

解答：

R = 4Ω + 12Ω = 16Ω

V = IR = 24V → I = 24/16 = 1.5A

例題二

　　下圖有一電路，其連接24伏特的電源，同時並聯兩個電阻，分別為6歐姆與12歐姆。請求出總電阻為多少，電流為多少？

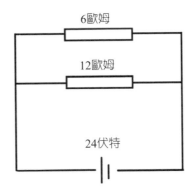

解答：

$$\frac{1}{R} = \frac{1}{R_1} + \frac{1}{R_2} \rightarrow R = \frac{R_1 R_2}{R_1 + R_2}$$

$R = (12 \times 6)/(12 + 6) = 4\Omega$

$I = V/R = 24/4 = 6A$

3. 測量電流和電壓

　　測量電流的安培計（Ammeter）使用串聯的方式，測量電壓的伏特計（Voltmeter）使用並聯方式，如圖6-3。

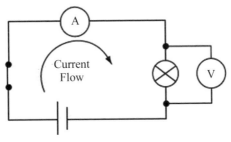

圖6-3　安培計和伏特計測量方法

163

4. 電容

電容是一種臨時儲存電力的裝置，是由互相平行，以空間或介電質隔離的兩片金屬薄板構成。在電子線路中，電容用來存儲和釋放電荷以充當濾波器，平滑輸出脈動信號。小容量的電容在高頻電路中使用，如收音機；大容量的電容是作濾波和存儲電荷用。

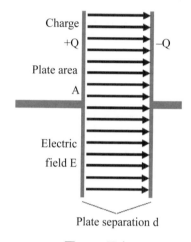

圖6-4　電容

（圖片來源：Wikipedia）

假設兩片導板分別載有負電荷與正電荷（圖6-4），所載有的電荷量分別為 +Q、−Q，兩片導板之間的電勢差為V，則這電容器的電容為

$$C = \frac{Q}{V}$$

假設平行板電容器的兩片導板的面積都是A，間隔距離為d，電容的介質率為 ε，則電容為

$$C = Q/V = \varepsilon A/d$$

例題三

一個電路內有兩個電容，一個電容爲8μF，另一者爲4μF，請問(a)並聯(b)串
聯在一起的總電容爲多少？

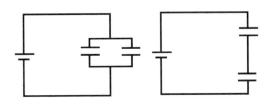

解答：

(a) $C = 8 + 4 = 12μF$

(b) $C = \dfrac{8 \times 4}{8+4} = \dfrac{32}{12} = 2.67μF$

一般而言，電容並聯的目的是增加儲存的總能量。大電容使用介電係數大的材
料，效率高但是高頻信號衰減厲害，小容量的電容就具備了很好的高頻性能，但對
低頻信號的阻抗大。爲了讓高、低頻信號都能很好的通過，就會採用一個大電容並
聯一個小電容，兩者就可以兼顧。實際應用上，常串聯數個較低電壓電容器，來取
代高電壓的電容器。

5. 感應電壓原理

(1) 電流磁效應

在十九世紀前，電和磁被認爲是兩種獨立的現象，彼此毫無關係。1820年，
丹麥物理教授厄斯特（Hans Christian Ørsted）在上課時，意外地發現一條通有電流
的導線，竟然使附近的磁針產生偏轉，即載流導線的周圍會產生磁場，這就是電流
的磁效應，顯示電和磁有密切的關係。隨後安培（André Marie Ampère）深入研究
電流的磁效應，並且建立了電流和所生磁場之間的數量關係。電流的磁效應是物理
史上的重大發現。

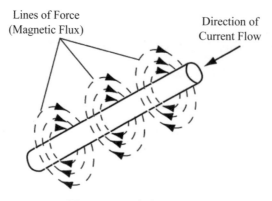

圖6-5　通電會產生磁場

　　在一線圈中，通電或斷電的瞬間因為有磁場的改變，便會產生感應電壓，我們稱為「感應電動勢」。我們將自感應係數寫作L1，可得到下列公式：

$$L_1 = \frac{N1\varphi1}{I1}(H)$$

N1為線圈匝數　　φ1(Wb)為磁通量
當磁通量隨著電流改變而產生變化量時，亦可寫成：

$$L_1 = N1\frac{d\varphi}{dI}(H)$$

(2) 冷次定律（Lenz's Law）

冷次定律是指，當一磁場增加或減少，線圈將產生一相對抗的磁場（圖6-6）。其所產生的感應電壓，我們可以化為以下公式：

$$E = -N\frac{d\varphi}{dt}$$

E為感應電壓　　dφ 為磁通量（磁場強度）
dt為單位時間　　N為線圈匝數

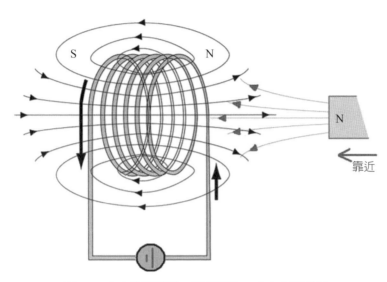

圖6-6　向左磁場增強，線圈產生一向右相抗磁場

　　要證實冷次定律我們可以做個簡單的實驗：將鋁鐵自鋁管中丟出呈自由落體，鋁管視同為感應線圈，會產生感應電動勢及感應電流，此感應電流會產生抵抗磁鐵落下的磁場，使落下的速度比起未經鋁管的落下速度慢。

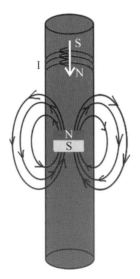

圖6-7　冷次定律實驗

6.3 點火系統簡介

　　點火系統是以數千伏特以上之高壓電跳過火星塞間隙產生火花，此火花點燃壓縮的混合油氣，形成一火焰核，再迅速的擴大並波及整個燃燒室產生快速的燃燒，此時氣體迅速膨脹，推動活塞，產生動力。

　　一般的引擎必須依賴高壓電火花來點燃混合油氣，使引擎能運轉，所以除了柴油引擎之外，其他的引擎都必須有一個點火系統來輔助混合油氣點燃。

6.3.1 點火系統分類

　　點火系統是汽車引擎發動不可或缺的一個重要環節，汽油引擎若要獲得動力必須利用點火系統產生強烈的火花，將汽缸中被壓縮後的混合油氣引燃，使汽缸內迅速燃燒膨脹，以產生一極高之壓力將活塞推下才可生成。所以我們可以這麼說，點火系統的功用是在產生高壓電火花，以點燃汽缸內被壓縮之混合氣體。

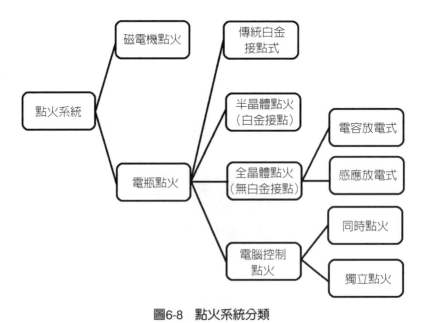

圖6-8　點火系統分類

註：半晶體式點火與全晶體式點火最主要的差別在於有無白金接點的使用。

　　而若將產生點火的方式逐一做區分的話，可以參考圖6-8。點火系統可粗分爲使用磁電機點火或是電瓶點火，而電瓶點火又可以細分爲傳統白金式、半晶體、全晶體，上述區分條件爲點火方式的不同。最後爲求點火時間精準，電瓶點火最後發展出使用電腦判斷。

　　歷史的縱軸上，點火系統的進程也可分爲機械時期、電子時期與電腦時期（圖6-9）。

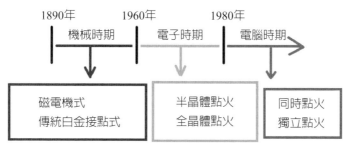

圖6-9　點火系統歷史

6.3.2　點火系統的起源

　　環顧歷史，最早的引擎點火裝置可追溯到德國人Robert Bosch（1861～1942）於1893年所發明的磁電機系統。該系統利用發電機原理產生高壓電，有著「不需要電源」及「火花隨著引擎轉速變強」的優點，但是磁電機時常因爲發動引擎時的火花微弱造成啟動困難，現代的汽車多已不採用。

　　接著，西元1908年美國人Charles Kettering發明電瓶點火系統，原理爲使用點火線圈之電磁感應以產生高壓電。其因爲性能相對發電機原理可靠，引擎更容易啟動，因此過去60年的汽車之點火裝置幾乎都使用此種引擎。

6.3.3　重要元件介紹

　　點火系統最基本的組成如圖6-10，我們可以分爲五個部分，由左至右分別爲：
1.電源：電瓶、點火開關。

2.高壓電產生器：點火線圈。

3.點火控制器：分電盤內的白金接點、其他斷電開關和分火頭，上述元件將根據點火順序將電送至對應的火星塞。

4.放電器：即火星塞，使高壓電跳過電擊間隙以產生火花。

以上元件我們將在後續用白金接點式點火系統中作詳細的介紹。

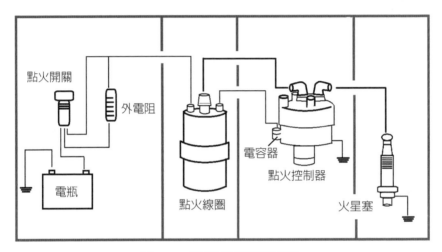

圖6-10　點火系統的基本元件

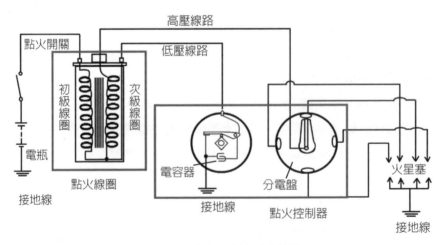

圖6-11　傳統白金接點式結構

1. 點火線圈（Ignition Coil）

　　點火線圈又稱發火線圈，它的功用如同變壓器，可將電瓶中12V的電壓轉變為足以跳過火星塞間隙的25000V的高電壓。

　　變壓器的運作原理是應用法拉第電磁感應定律，使電壓升高或降低的裝置，變壓器通常包含兩組或以上的線圈，主要用途是升降交流電的電壓。

　　變壓器兩方之間的電流或電壓比例，取決於兩方電路線圈的圈數。圈數較多的一方電壓較高但電流較小，反之亦然。兩方的電壓比例相等於兩方的線圈圈數比例，亦即電壓與圈數成正比。以算式表示如下：

$$V_s = V_p \times \frac{N_s}{N_p}$$

　　另外，主副線圈中的電流按照線圈圈數成反比，如下式：

$$I_s = I_p \times \frac{N_p}{N_s}$$

　　是故，點火線圈外表有兩個低壓線頭（標有+、−接線符號），及一個高壓線頭。而點火線圈內部則有一低壓線圈（Primary Circuit Windings），又稱初級線圈，及一組高壓線圈（Secondary Circuit Windings），又稱次級線圈。低壓線圈的匝數較少，大約為200～300圈，其兩端分接於兩個低壓線頭上。高壓線圈匝數約為20000～30000圈，與低壓線圈相差約為100倍，而其一端接於低壓線圈之一頭，另一端於高壓線頭上連結分火頭，構造如圖6-12所示。

　　所以，當低壓線圈通電的瞬間所產生的自感電壓大約為12V，高壓線圈因為變壓器原理，將會因為線圈數量差了100倍而產生100倍左右的感應電壓，大約是1200V的電壓（圖6-13）。

$$E_2 = E_1 \times \frac{N_2}{N_1}$$
$$= 12 \times \frac{20000}{200}$$
$$= 1200$$

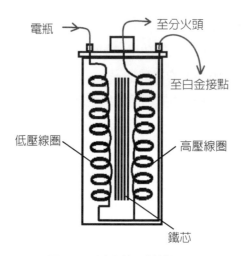

電瓶

至分火頭

至白金接點

低壓線圈

高壓線圈

鐵芯

圖6-12　點火線圈結構圖

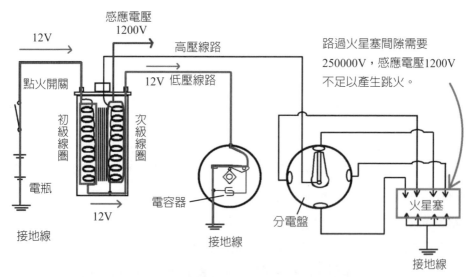

感應電壓
1200V

12V

高壓線路

路過火星塞間隙需要
250000V，感應電壓1200V
不足以產生跳火。

點火開關

12V　低壓線路

初級線圈

次級線圈

電瓶

電容器

分電盤

火星塞

12V

接地線

接地線

接地線

圖6-13　低壓線圈產生自感電流，通過白金接點

　　雖然藉由感應讓高壓線路產生了1200V的電壓，但由於跳過火星塞間隙的高電壓需要250000V，因此仍不足以使其產生跳火。

2. 點火控制器

點火控制器（圖6-10）顧名思義為控制點火時間、順序的原件，而點火控制器包含了三個元件，分別是：白金接點、電容器與分電盤。

(1) 白金接點

白金接點決定了能否產生點火，而點火作用這部分的過程可以分為兩個部分來解說，一是凸輪未將白金接點頂開時，另一是凸輪將白金接點頂開時。

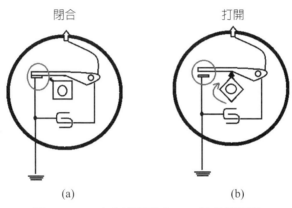

閉合　　　　　　　　　　打開

(a)　　　　　　　　　　(b)

圖6-14　(a)白金接點閉合；(b)被凸輪頂開

a. 凸輪未將白金接點頂開時：

白金接點接合因電流進入線圈中，此時線圈會產生一與電流流向相反的感應電動勢來阻止電流增加（冷次定律），故電流需要延遲一段時間才能達到最大值。所以一開始的感應電壓值很小。

低壓線圈：自點火開關打開且白金接點閉合，電瓶的電流會由點火線圈流至白金接點接地，這時候低壓線圈產生充磁作用，自感應電壓約為電瓶電壓12V。

高壓線圈：因為低壓線圈產生自感電壓，高壓線圈依線圈比例大約產生1200V電壓，但仍不足以讓火星塞點火。

b. 凸輪將白金接點頂開時：

在白金接點斷開的瞬間，電流迅速消失，故線圈產生一與電流流向同向的感應電動勢，此時電流變化率大，所以產生的感應電動勢也大。

低壓線圈：白金接點張開瞬間產生崩磁，此時崩磁產生感應電壓約250V。

　　高壓線圈：由於低壓線圈產生250V，高壓線圈依線圈比例產生約25000V的高電壓，此時電壓就足以跳過火星塞的間隙產生火花點火。

　　圖6-15為白金接點的低壓線圈感應電壓與電流的關係特性圖。

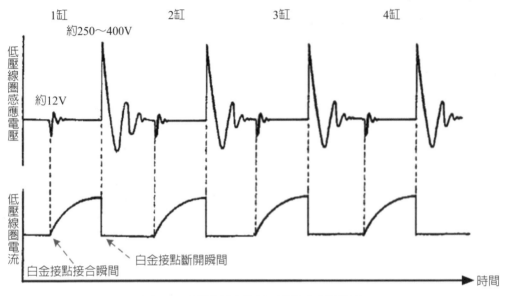

圖6-15　低壓線圈感應電壓和電流關係圖

　　所以我們可以得知，低壓線圈因為白金接點電開而瞬間斷電時，根據冷次定律將產生一瞬間感應電壓（約200～400V，後頭一律用250V計算），而如同前面所提及的，點火線圈的高壓、低壓線圈匝數比約為100：1，故高壓線圈的感應電壓約為低壓線圈感應電壓的100倍。

$$E_2 = E_1 \times \frac{N_2}{N_1}$$
$$= 250 \times \frac{20000}{200}$$
$$= 25000$$

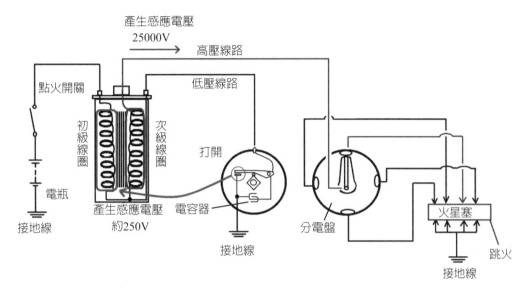

產生感應電壓
25000V
高壓線路
點火開關
低壓線路
初級線圈　次級線圈
打開
電瓶
產生感應電壓
約250V
電容器
接地線
接地線
分電盤
火星塞
跳火
接地線

圖6-16　白金接點斷路，對高壓線圈產生自感電壓

(2) 電容器

電容器通常與白金接點並聯，與發火線圈串聯。其構造爲爲兩鋁箔片中間夾以一絕緣紙而成。

在通電的過程中，電容器可產生靜電儲電。其功用是防止當自感應電壓產生時在白金間隙上跳火，而燒燬白金，故有保護白金的作用。並且，電容器也可吸收自感應電壓使低壓線圈電流瞬間停止，產生崩磁而增強高壓電。

點火系統中的電容器之電容量約爲0.16μf～0.27μf（微法拉）。若電容量不合規格時，會造成白金的電解作用，使白金面之金屬產生轉移的現象，電容量太小時則負極白金會燒成凹孔，白金臂上的正極白金點燒成凸點（可記成負、負、負），若電容量太大時，則相反之。

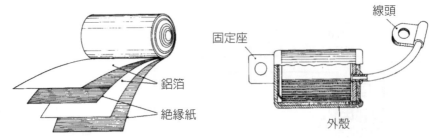

圖6-17　電容器的構造

（圖片來源：桃園農工汽車科）

(3) 分電盤

點火分配器中，分電盤的功用非常多。

首先，分電盤會作為點火作用中接通或切斷低壓電路的開關。分電盤轉動時，連帶著凸輪也會使得白金接點頂開或閉合，進而影響其通電（圖6-14）。 其二，分電盤會將高壓電依點火順序分送至各缸火星塞，使得汽缸內的火星塞依序點火，讓引擎展開運作。最後，隨引擎轉速及負荷之變化，分電盤亦能使點火時間提前或延遲。

參考文獻

1. AZQuotes (2015)。Robert Bosch Quotes。檢自：http://www.azquotes.com/author/20110-Robert_Bosch

2. Rugusavay (2015)。Charles Kettering Quotes。檢自：http://www.rugusavay.com/charles-kettering-quotes/

3. 東吳大學物理系（2009）。電子元件的基本認識。檢自：http://www.scu.edu.tw/physics/science-scu/M302/16.htm

4. 洪國勝電學教學網站（2012）。色碼電阻的辨別。檢自：http://ms1.hcvs.kh.edu.tw/hc3331/

5. Wikipedia (2015)。電阻色碼。檢自：https://zh.wikipedia.org/wiki/%E9%9B%BB%E9%98%BB%E8%89%B2%E7%A2%BC

6. Wikipedia (2015)。電容。檢自：https://zh.wikipedia.org/wiki/%E9%9B%BB%E5%AE%B9

7. 桃園農工汽車科（2015）。點火系統。檢自：http://www.tyai.tyc.edu.tw/am/mtkao/file/car/a/car-a9.pdf

第 7 章

電子學與電子點火

7.1 電晶體介紹

電晶體（Transistor）是一種固體半導體器件，至少有三個端子（稱為極）可以連接外界電路。分別是由N型跟P型組成射極（Emitter）、基極（Base）和集極（Collector），在雙極性電晶體中，射極到基極的很小的電流，會使得射極到集極之間，產生大電流。電晶體之所以如此多用途，在於其訊號放大能力，我們稱這特性叫做增益。

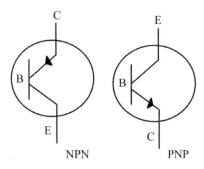

圖7-1　二極體元件標示

1. 基本原理

NPN順向主動工作區：BE為順向接面，唯有當$V_{BE} > 0.7V$時，方能有電流I_{BE}通過順向接面。而一旦順向接面導通，則才有I_{CE}的導通，通常I_{CE}為I_{BE}的β倍（通常是20～100之間）。因此，電晶體時常使用BE端作為電路開關控制CE端的導通與否及調整著電流等特性的增益。

電晶體基於輸入的電流或電壓，改變輸出端的阻抗，從而控制通過輸出端的電流，因此電晶體可以作為電流開關，而因為電晶體輸出信號的功率可以大於輸入信號的功率，因此電晶體可以作為電子放大器。在類比電路中，電晶體用於放大器、音頻放大器、射頻放大器、穩壓電路；在計算機電源中，主要用於開關電源。電晶體也應用於數位電路，主要功能是當成電子開關。數位電路包括邏輯閘、隨機存取記憶體（RAM）和微處理器。

2. 電晶體中應用

(1) 電壓放大器（Voltage Amplifier）

有些汽車系統感測器所產生的輸出訊號是很微弱的，這些微弱的訊號會藉由提高電壓而被放大，使得他們更容易被車輛系統讀取。例如讀取車輛排氣中的氧或電子馬達扭矩量感測器，可能就需要一個電壓放大器，以獲得足夠的電壓來測量接收的信號。

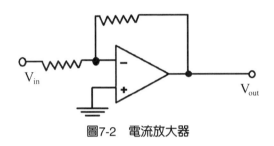

圖7-2　電流放大器

(2) 達靈頓對（Darlington Pair）

達靈頓對是由兩個（甚至多個）電晶體組成的複合結構，透過這樣的結構，經第一個電晶體放大的電流可以再進一步被放大，這樣的結構可以提供比其中任意一個電晶體高得多的電流增益。因為兩個電晶體共用一個集極，達靈頓電晶體可以使晶片比使用兩個分立電晶體元件占用更少的空間。

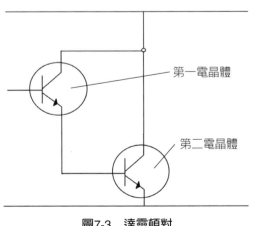

圖7-3　達靈頓對

(3) 濾波電路

濾波器只讓設計者要的訊號通過，換句話說，他們「過濾」掉不必要的訊號。低通濾波器只會讓低頻訊號通過，而高通濾波器就會有效的抑制低頻訊號。

a. 低通濾波器（Low-pass Filter）

透過繪製輸出電壓對輸入頻率的頻率響應曲線圖或波德圖（如圖7-4所示），可以看出高頻訊號大幅衰減，被抑制下去，而低頻訊號就可以順利的通過。

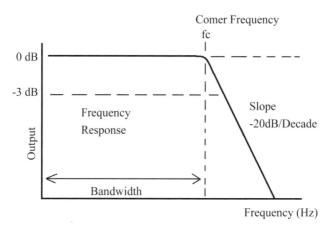

圖7-4　經由低通濾波的響應

b. 高通濾波器（High-pass Filter）

其波德圖與低通濾波器相反，高通濾波器使得低頻訊號衰減，而高頻訊號順利的通過（圖7-5）。

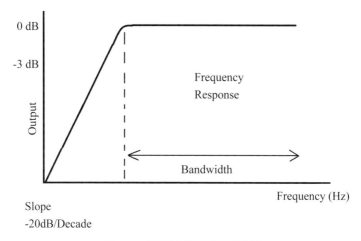

圖7-5　經由高通濾波的響應

7.2　半晶體點火系統

　　上一章所介紹的Kettering普通接點式點火系統的白金接點所流過的電流很大，所以，就算有電容的保護，其效果仍是有限，白金接點常常因此燒壞。而隨著白金接點燒壞之後，點火的高壓電火花便會變得相當微弱，進而影響引擎性能。

　　點火系統開始進展到電子點火（圖7-6）之後，我們可以發現電子點火結構與傳統式白金接點最大的不同，來自於控制點火線圈通斷路的控制線路被設計在低壓線圈之前。而因此又分為半晶體與全晶體點火。

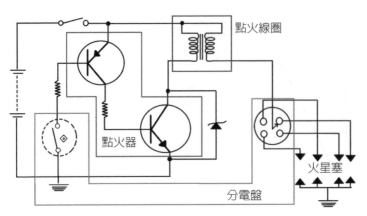

圖7-6　半晶體點火系統

1. 接點閉合時的作用

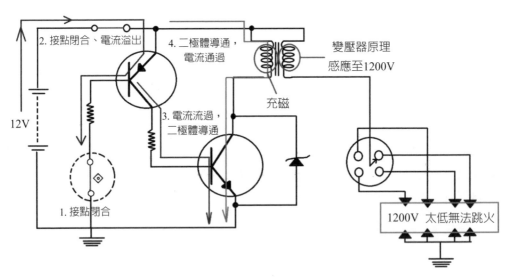

圖7-7　半晶體點火系統（接點閉合）

　　如圖7-7所示，當點火開關接合（ON）且白金接點閉合（ON）時，電流會從第一電晶體的射極、基極再經白金接點流回地面，由於電流流經，第一電晶體會導通（ON），此時大部分的電流經第一電晶體之集極到第二電晶體之基極，也會使

第二電晶體導通（ON）。等到電流使第二電晶體導通了以後，則電瓶電流便可經由圖7-7的步驟3路線，經過點火線圈中的低壓線圈，使之充磁。

2. 接點分開時的作用

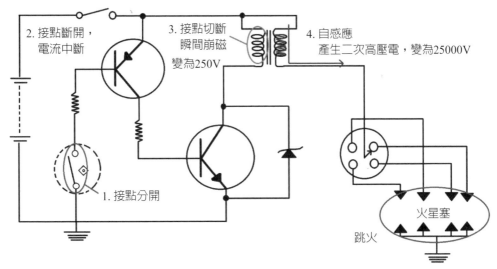

圖7-8　半晶體點火系統（接點分開）

如圖7-8所示，當白金接點分開時，第一電晶體的射極、基極電流會因此中斷，則第一電晶體不導通（OFF）。當第一電晶體不導通（OFF）時，連帶的第二電晶體也跟著不導通（OFF），這將使得點火線圈中低壓線圈的電流中斷、瞬間崩磁，進而高壓線圈感應產生高壓電。

7.3　全晶體點火系統

如同半晶體點火系統，全晶體點火系統控制通斷的線路也是在低壓線圈之前。而不同於傳統白金接點式和半晶體式點火系統，全晶體式點火系統的感應電壓步驟中，不需要用到「崩磁」，因為全晶體在低壓線圈之前的電路中有安裝了升壓電路，可使高壓線圈感應足夠的電壓，故不需經過崩磁即可跳火。

全晶體與半晶體的差異點是，在半晶體點火系統中，還有機械控制的白金接

點，因機械損耗不可避免，為使保養次數降低，故全晶體點火系統使用感應裝置來取代白金接點。

7.3.1 電容放電式點火系統

電容放電式點火系統（圖7-9）是為了縮短點火線圈（高壓線圈）的二次電壓產生時間，讓點火系統更適合用在高轉速的引擎上（例如小型引擎、賽車引擎和轉子引擎），採用了電容器充電儲存所需的電量，並在需要的時候使電容放電至一次線圈，而使二次線圈產生高壓電，二次線圈放出的電流再觸發火星塞點火。

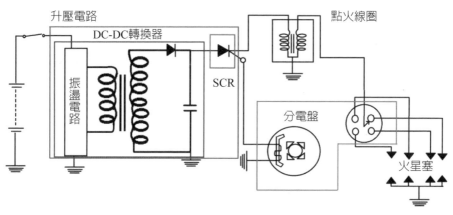

圖7-9　電容放電式點火系統

1. 重要元件說明

(1) 升壓電路

升壓電路的作用原理與點火線圈的原理差不多。舉例而言，從電池出來的電壓約12V，經過升壓電路之後約可提升至250V儲存在電容之中，再根據SCR的訊號來進行充放電（圖7-10）。

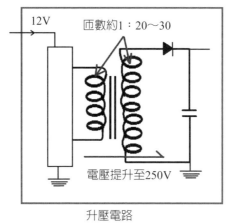

圖7-10　升壓電路的運行

(2) SCR元件（點火器）

矽控整流器（Silicon Controlled Rectifier），簡稱SCR，是一種三端點的閘流體（Thyristor）元件，用以控制通過負載的電流。SCR的電路符號如圖7-10所示，其中A極是陽極（Anode）、K是陰極（Cathode）、G是閘極（Gate）。

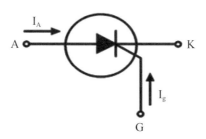

圖7-11　SCR點火器元件簡圖

閘極（G）的電壓必須比陰極（K）高，才會形成P-N順向導通，這時若陽極（A）的電壓大於陰極（K），就會如同二極體一般的導通。而控制SCR導通與否的訊號則由磁波發電機提供。

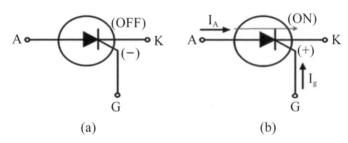

圖7-12　(a)負偏壓（或負脈衝信號）不導通；(b)正偏壓（或正脈衝信號）導通

(3) 磁波發電機

　　磁波發電機包含一固定之永久磁鐵及感應拾波線圈（Pickup-coil Assembly）與一轉動磁阻器或稱正時鐵芯（Trigger Wheel），以正時鐵芯代替凸輪，以感應接收線圈代替白金。

　　其運作流程如圖7-13，其原理是利用改變信號轉子凸起部與支架及磁鐵間的空隙，使流通的磁力線數目跟著變化，因為磁力線的變化，使拾波線圈感應之電壓也隨著變化。

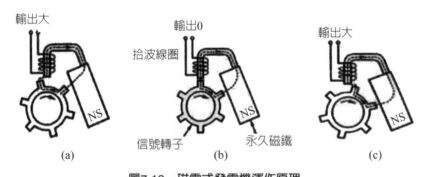

圖7-13　磁電式發電機運作原理

　　圖7-13(a)：當凸起部即將接近線圈中心支架時，這時的磁阻最大，故磁波線圈感應電壓最高。圖7-13(b)：當凸起部與支架中心正好對齊時，這時磁阻最小，拾波線圈沒有感應電壓。圖7-13(c)：同圖7-13(a)的原理，但是產生的電壓為反相的負偏壓。圖7-13(a)、(b)、(c)三張圖可對應圖7-14高、低速時的電壓變化。

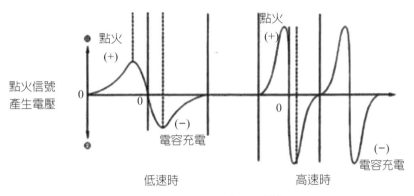

圖7-14 磁電式感應電壓變化

2. 運作流程

(1) 引擎未運轉時

查看圖7-15，點火開關接通呈現ON的狀態，此時引擎未運轉且分電盤不轉動，因此磁波線圈亦不轉動，SCR因為磁波線圈未有脈衝訊號而不導通，是故，直流電將直接充入主要電容器內。

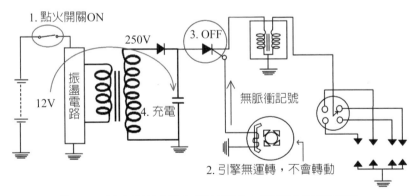

圖7-15 電容放電式點火系統流程圖（引擎未運轉時圖）

(2) 引擎運轉時（磁波線圈正脈衝信號）

查看圖7-16，引擎運轉發動，磁波線圈觸發器首先感應產生正脈衝信號，促使SCR導通，則主要電容器內的電壓放電至初極線圈，因而使次極線圈感應產生高電

壓，火星塞跳火。

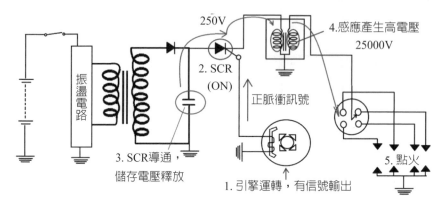

圖7-16　電容放電式點火系統流程圖（磁波線圈正脈衝信號圖）

(3)引擎運轉時（磁波線圈負脈衝信號）

　　查看圖7-17，此時磁波線圈觸發器極頭離開磁鐵感應產生負脈衝信號，SCR則不導通，電容器呈現充電狀態，準備進行下一次放電。

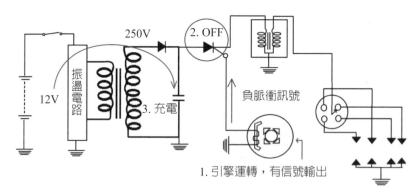

圖7-17　電容放電式點火系統流程圖（磁波線圈負脈衝信號圖）

7.3.2　感應放電式點火系統

　　感應放電式點火系統顧名思義，即為透過信號產生器感應產生信號後，用以切

斷一次線圈電流，致使二次線圈產生高壓電進而點火的系統。

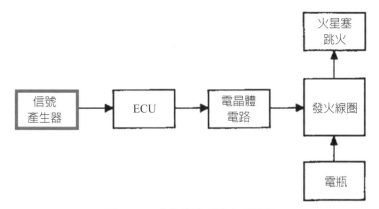

圖7-18　感應放電式點火系統圖

　　分電盤中的信號產生器依照不同可分為：磁波發電機式（Magnetic Pulse Generator）信號產生器、霍爾效應元件開關（Hall-effect Switch）信號產生器、光檢波式（Optical Light Detection）元件信號產生器。磁波發電機上一小節已經介紹過，此小節將不再另外介紹。

1. 霍爾效應元件開關

　　霍爾效應元件開關顧名思義即是利用一霍爾效應感知器（Hall-effect Sensor，又稱磁極感知器）及一永久磁鐵，通常可安裝於分電盤中。

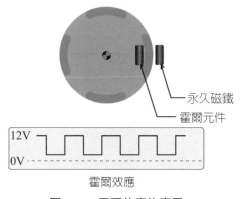

圖7-19　霍爾效應的應用

　　霍爾效應元件開關可根據磁場的有無，來供應霍爾效應電壓接通或切斷。其中，有一磁場切斷器（有閘門及窗口之圓盤，又稱爲遮蔽器）是隨分電盤軸旋轉的可遮斷永久磁鐵的磁場經過霍爾效應元件開關。當磁場切斷器中的閘門（Shutters）圓盤隨分電盤軸旋轉，而遮斷永久磁鐵的磁場經過霍爾效應感知器（Hall-effect Sensor）時，則無霍爾效應電壓，故可提供一信號給電腦或ECM。

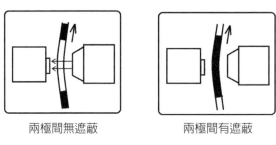

兩極間無遮蔽　　　　　　　兩極間有遮蔽

圖7-20　　霍爾效應的運轉

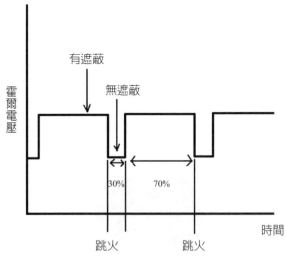

圖7-21　　霍爾感應電壓

2. 光檢波式元件信號產生器

　　光檢波式元件信號產生器是利用一發光二極體（Light-emitting Diode）及一感

光之光電晶體（Photodiode）以產生電壓波信號，通常使用二組，可安裝於分電盤中。其原理是利用光線遮擋板將發光二極體照射至光敏電阻的光線，作規則性的切斷與導通，此時光敏電阻的電阻值亦會作規律性的改變，進而從感測電路中得到頻率性的電壓訊號。因此此種感測器在引擎靜止時也有信號產生，且輸出信號波型振幅一定，不會因引擎轉速變化而改變。而其缺點是容易因油汙而干擾光線的投射與接收且不耐高溫。

3. 運作原理

電子控制單元（ECU）會依據引擎進氣量及轉速決定點火提前角度，再依據節氣門位置、水溫感測器、爆震感知器等信號決定點火時間。

當引擎不運轉時，信號產生器無電壓脈衝時，則ECU無法驅動電晶體（OFF），一次線圈不產生充磁，以避免點火線圈燒毀。

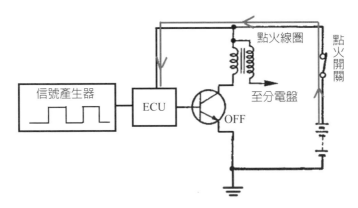

圖7-22　引擎關閉時，感應放電式點火系統運作圖

當引擎運轉時，信號產生器產生一電壓脈衝，以控制電晶體電路的流通。信號產生器產生訊號時，則ECU驅動電晶體，導致低壓線圈有電流經過而產生電壓。

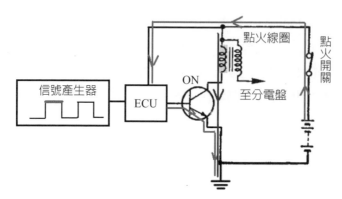

圖7-23　引擎開啓時，感應放電式點火系統運作圖

　　當低壓線圈產生電壓時，則高壓線圈因變壓器原理而感應高電壓，再將高壓傳遞到分電盤使活星塞跳火。

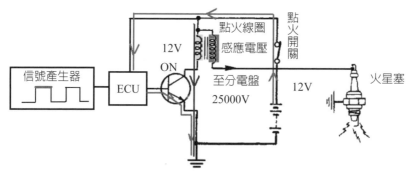

圖7-24　高電壓產生後，運作產生跳火

7.4　無分電盤點火系統

　　無分電盤點火系統是由車上各個感知器信號來告知電腦控制器或ECU目前車輛或引擎運作的情形，再來判斷點火的時刻。一般可分爲雙輸出端點火系統和直接點火系統。

1. 雙輸出端點火系統

　　引擎運轉時，信號產生器產生一電壓脈衝，且各種感知器提供引擎各種的狀況，再由電腦來控制電晶體的通路或斷路，控制低壓線圈充磁或不充磁來使高壓線圈產生跳火，並適時做點火提前。

　　一線圈可同時點燃兩個火星塞，在同時兩個活塞相對缸中實施，剛好輪到排氣行程的的該火星塞產生的火花不具點火的功能，所以做無效火花點火（Waste-spark），而另一個在壓縮行程的火星塞則做有效火花的跳火，來點燃混合氣產生動力。

2. 直接點火系統

　　直接點火系統可依照不同感知器傳回來的信號，來控制點火時間的早晚。點火的組件與同時點火不同的是一個點火線圈對應一個火星塞而構成迴路，仍是由電腦或ECU來控制電晶體電路，使點火線圈低壓線路導通或斷路。

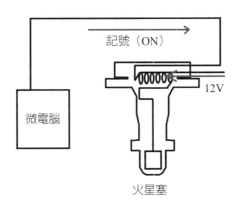

圖7-25　直接點火系統訊號圖

　　當引擎不運轉，信號產生器不產生電壓脈衝，則一次線圈不產生充磁。若引擎運轉，信號產生器產生一個電壓脈衝，且各個感知器會提供引擎運作的狀況，再由電腦或ECU來提供電晶體電路的流通，控制低壓線圈充磁或不充磁來使高壓線圈跳火。

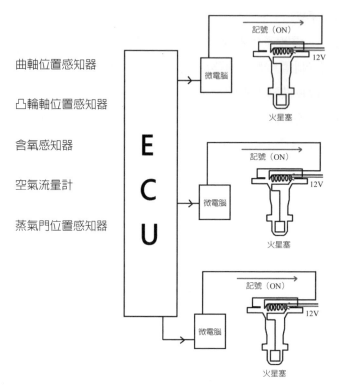

曲軸位置感知器

凸輪軸位置感知器

含氧感知器

空氣流量計

蒸氣門位置感知器

圖7-26　直接點火系統運作圖

參考文獻

1. 國立桃園農工汽車科（2015）。電子點火系統。檢自：http://www.tyai.tyc.edu.tw/am/mtkao/file/car/a/car-a10.pdf

2. 東吳大學物理系（2009）。電子元件的基本認識。檢自：http://www.scu.edu.tw/physics/science-scu/M302/16.htm

3. 洪國勝電學教學網站（2012）。色碼電阻的辨別。檢自：http://ms1.hcvs.kh.edu.tw/hc3331/

4. Wikipedia (2015)。電阻色碼。檢自：https://zh.wikipedia.org/wiki/%E9%9B%BB%E9%98%BB%E8%89%B2%E7%A2%BC

5. Wikipedia (2015)。電容。檢自：https://zh.wikipedia.org/wiki/%E9%9B%BB%E5%AE%B9

6.　J. Millman & A. Grabel: Microelectronics, 2nd ed., (McGraw－Hill Book company), §3-1～§3-5, p79～p.100. 7. A. S. Sedra & K, C. Smith : Microelectronic Circtits, 2nd ed., (HRW Inc.), §8-5, p.411～p.414.

第 8 章

汽車電子引擎(一)

8.1 ｜ 前言

　　本章以及下一章節主要介紹電子式汽車引擎，在了解其內部系統構造前，需要先對空燃比有個簡單的概念。空燃比λ即是空氣與燃料重量的混合比，然而不同大小的空燃比所排放的廢氣濃度不一，且廢氣的排放量與空燃比的關係也不太一樣，故理想的空燃比以14.7：1作為我們的一個平衡點。

　　圖8-1為Fueling Map，該圖是空燃比、引擎轉速與引擎負荷的三向關係圖，其是由多次的測試所得來的資料；將該資料輸入電子控制單元（ECU）後，可供ECU做為日後引擎運作的參考數據。

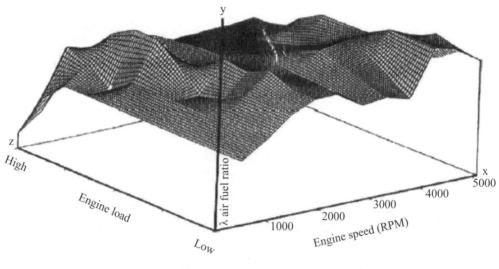

圖8-1　The Fueling Map

（圖片來源：Motor Vehicle Engineering and Maintenance, Third Edition）

　　另外，從進油量先知道引擎轉速及引擎負荷，再經Fueling Map對照後知道合適的空燃比，再經由空氣流量計知道進氣量，計算後得到所需的噴油量多寡。

8.2　各式噴射系統介紹

　　圖8-2為汽車噴射系統的發展史，從最早的機械噴射，演進為電子式的D式噴射和L式噴射，最終為電腦噴射。

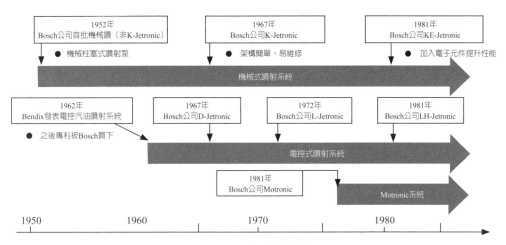

圖8-2　噴射系統之演進圖

8.2.1　電子噴射（D-Jetronic）

　　D式噴射（D-Jetronic）的D字代表德文的Druck，也就是真空的意思，最重大的改變就是使用了空氣流量計（進氣歧管壓力感測器），另外在輔助的空氣道部分增加了一輔助空氣閥門（怠速步進電機控制）。

　　與機械噴射不同的地方是，D式噴射加入了微電腦，可根據各個感測器回傳的訊號來決定噴油量的大小。與機械式噴油比較之下D式噴射增加了節氣門位置感測器、水溫感測器、氣溫感測器等。

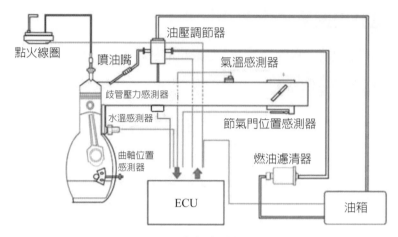

圖8-3　電子D式噴射系統基本結構圖

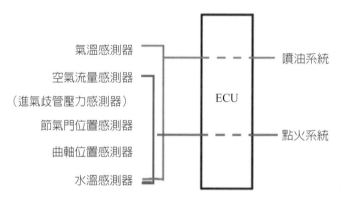

圖8-4　D式噴射ECU中感測器與輸出之關係

1. 系統中的感測器

下列感測器在本書第十三章會說明其工作原理，在此先介紹各式感測器在噴射系統中的用處。

(1) 空氣流量感測器（進氣歧管壓力感測器）

當引擎油門開度小時，汽缸內無法吸到足量的空氣，歧管真空度高（壓力小）；而當引擎油門開度大時，進氣歧管內真空度變小（壓力大）。因此在進氣歧管上裝設一個壓力計，供給ECU判定引擎負荷，給予適量的噴油，作為基本的點火

和噴油訊號。

(2) 節汽門位置感測器（TPS）

提供駕駛者操作加油踏板的情形，像是在節氣門轉軸一端接上TPS，當節氣門轉動時，TPS亦會跟著轉動。由此可改變電阻的大小值，電壓跟著改變，藉由此電壓值可反映節氣門的位置，將怠速位置、離開怠速位置的訊號或加速訊號提供給微電腦，作為點火和噴油的訊號。

(3) 曲軸位置感測器

提供各汽缸的位置及引擎轉速訊號給微電腦，作為點火和噴油訊號。

(4) 水溫感測器

於冷卻液溫度高、低時，向電腦提供訊號，電腦可於引擎低溫時適當提前點火，提高引擎的性能；引擎高溫時適當延遲點火，減少排放廢氣。另提供ECM引擎冷卻水的溫度訊號，用以控制點火和噴油的正確時機、怠速、冷卻風扇等系統。

(5) 氣溫感測器

和水溫感測器一樣屬於熱敏電阻，進氣溫度感測器用來偵測車輛外界的實際溫度，並轉換成電壓的訊號，讓電腦得知外界溫度後，修正噴油量，達到最佳空燃比。

2. 工作流程圖

噴油的流程可分為三大部分：油路、空氣、控制電路。

(1) 油路

燃油被燃油泵從油箱抽出經過濾清送至噴油嘴，而會有部分的油流至冷車啟動閥來輔助冷車時的引擎運轉，剩下的則經由油壓調節器流回油箱中。

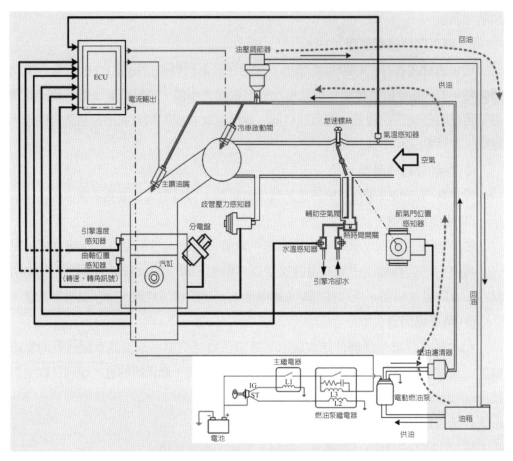

圖8-5　電子D式噴射油路部分示意圖

(2) 空氣

　　空氣由進氣歧管流入，而歧管壓力感測器便會感測歧管中真空度的大小，倘若
進氣的空氣流量大的話，歧管中的真空度便會變大，歧管壓力感測器感測到後便將
訊號送給主控制器，主控制器再傳訊號給主噴油嘴增加噴油量。

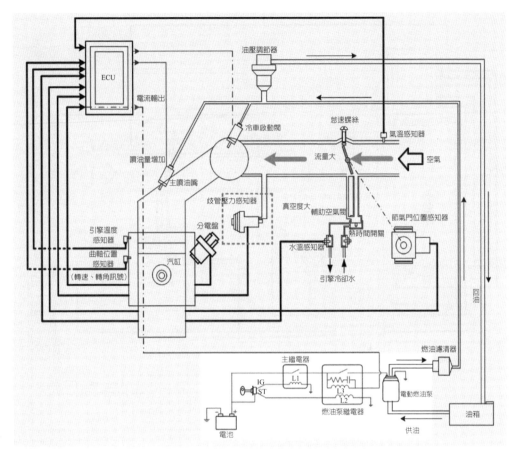

圖8-6　電子D式噴射空氣部分示意圖

(3) 控制電路

其原理與機械噴式的一樣，但是多了一道開關。點火開關切到IG位置時，L1通電使主繼電器接上，再切到ST的位置（點火）時，L2通電，燃油泵繼電器的開關打下，此時燃油泵啟動且引擎根據分電盤轉速訊號輸出一電流讓L3通電。這時候手鬆開，點火開關回到IG的位置，則L3繼續通電保持其開關的接合。

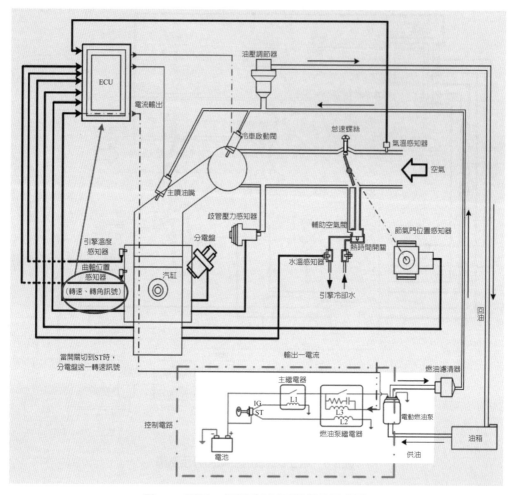

圖8-7　電子D式噴射控制電路部分示意圖

8.2.2　電子噴射（L-Jetronic）

　　在1972年，為了提升電子噴射引擎控制的精準度，Bosch發表了L式噴射（L-Jectronic），是以D式噴射為基礎下去改良的版本。「L」即代表德文的「Luft」（空氣的意思），相較於D式噴射的「Druck」（真空），可以知道兩者的差異在於一個是以進氣管內壓力作為噴油依據，另一個則是以翼板式空氣流量計作為噴油依據。感知器方面則多了一個含氧感知器。

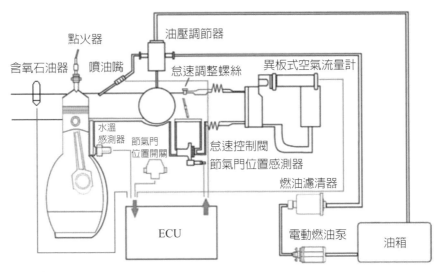

圖8-8　電子L式噴射系統基本結構圖

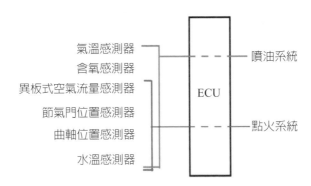

圖8-9　L式噴射ECU中感測器與輸出之關係

1. 系統中的感測器

　　除了D式噴射中所使用的節汽門位置感測器、曲軸位置感知器、水溫感測器、氣溫感測器外，增加了下列兩種感測器：

(1) 含氧感測器

　　用以控制引擎中汽油與氧氣的空燃比，將訊息傳回ECU，然後由電腦下達噴油指令，有效燃燒汽油，達到最佳的省油效果。

(2) 翼板式空氣流量感測器

改良原D式噴射的空氣流量感測器，翼板式空氣感測器由ECM中送出5V參考電壓給V_c端，並由V_s端輸出電壓（詳細結構與線路請參考第13章）。流量計中的電位計與翼板同軸，當有氣流時會隨著翼板一起轉動，轉動時會改變電阻值的大小讓V_s產生變化。

2. 工作流程圖

L式噴射結構如圖8-10，主要是以翼板式的空氣流量感測器來感測進氣量的多寡。

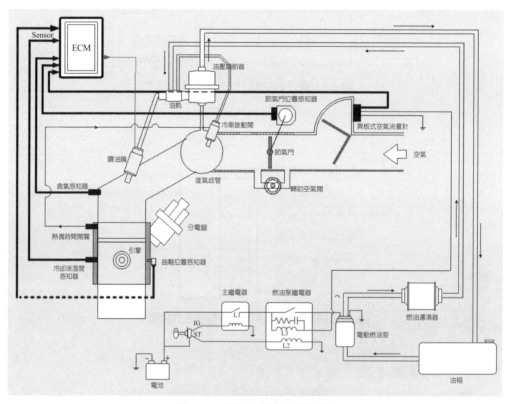

圖8-10　電子L式噴射示意圖

優點：控制精確。

缺點：翼板式空氣感測器因體積較大，進氣時產生的阻力，在高海拔會因測量誤差而造成混合油氣過濃。

(1) 油路

油料經燃油幫浦抽出送至噴油嘴，過多的油則透過油壓調節器送回至油箱中，噴油量的多寡則根據ECU所提供其他感測器的訊號來噴油。

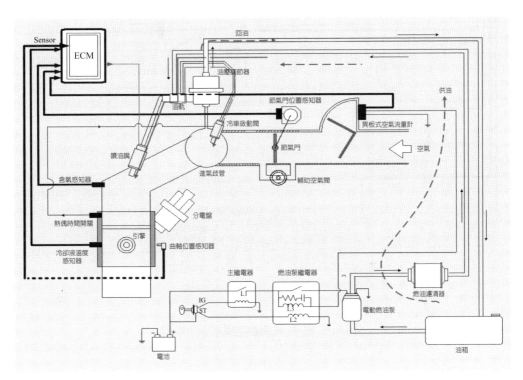

圖8-11　電子L式噴射油路部分示意圖

(2) 空氣

空氣流入進氣歧管中，與D式噴射最大的不同是，計量空氣的裝置是翼板式的空氣流量感測器，相較於D式噴射的進氣歧管壓力感測器，翼板式更為精確。

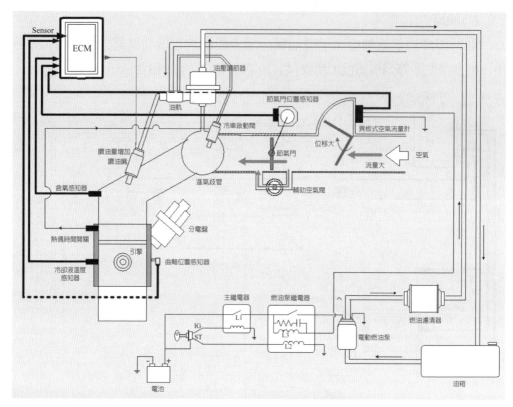

圖8-12　電子L式噴射空氣部分示意圖

(3) 控制電路

　　與D式噴射大致上相同，不過要使L3通電，則必須要有空氣流過翼板式感測器，才有電流輸出到L3。

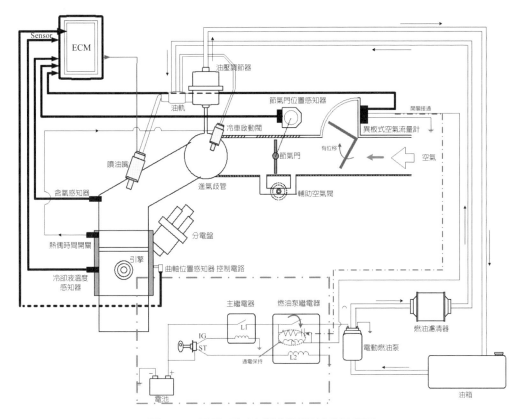

圖8-13　電子L型噴射控制電路部分示意圖

8.2.3　電腦噴射（Motronic）

　　電腦噴射系統是將點火和噴油兩系統合併，由電腦來控制，電腦內部已經儲存了引擎在各種運轉狀況下的噴射量，及在各轉速、負荷、節氣門位置與噴射量為基礎的最佳點火時期，使電腦更能精準的掌控車子行駛中的狀態。

　　而電腦噴射與L式噴射最大的差異是在於：(1)取消了傳統分電盤的配置，使得每個汽缸都有獨立點火的火星塞，再根據電腦回傳的信號來控制點火時間；(2)取消了冷車啟動閥，用引擎溫度為依據，來控制主噴油嘴的噴油；(3)空氣流量的計量方面用了精準性更高的熱線式甚至卡門渦流式的空氣流量感測器。

　　車輛行駛中，各感測器會將所偵測到的訊號送回電腦中，與電腦內已經儲存的

噴射量與點火時期模式相比對，處理後，控制引擎去點火與噴油，因為擁有更多感測器所提供的訊息，所以相較於前面的幾代噴射系統，電腦噴射的控制系統更能掌握最佳噴油量與最佳的點火時機。

　　電腦噴射優點為穩定控制怠速、改善冷車不易啟動的問題，以及採用含氧感測器與觸媒轉換器來降低排氣的汙染量。

　　圖8-14為ECU中感知器與輸出之間的關係。

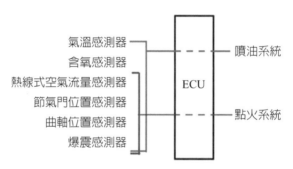

圖8-14　電腦噴射ECU中感測器與輸出之關係

1. 系統中的感測器

　　除了D式噴射、L式噴射中所使用的空氣流量感測器、節汽門位置感測器、曲軸位置感測器、含氧感測器、氣溫感測器外，增加了爆震感測器：提供引擎的運轉狀態，爆震時微電腦得知此訊號，可適時作點火延遲的動作。

2. 工作流程圖

　　(1) 油路

　　油路中不若以往結構，沒有回油油路的管線。燃油泵將油抽出送往高壓幫浦內儲存，按ECU所給定的訊號來做噴油。

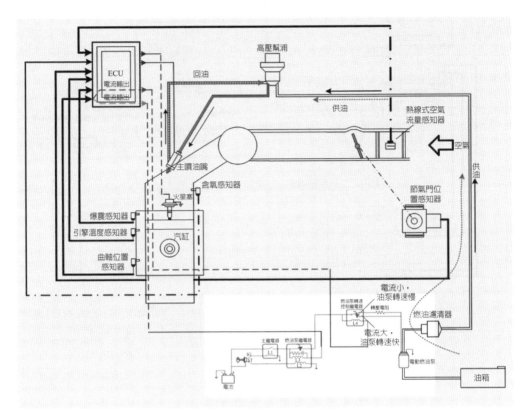

圖8-15　電腦噴射油路部分示意圖

(2) 空氣

　　空氣由進氣歧管送入，採用熱線式的空氣流量感知器，測量的精準度更勝L式噴射的翼板式空氣流量計。

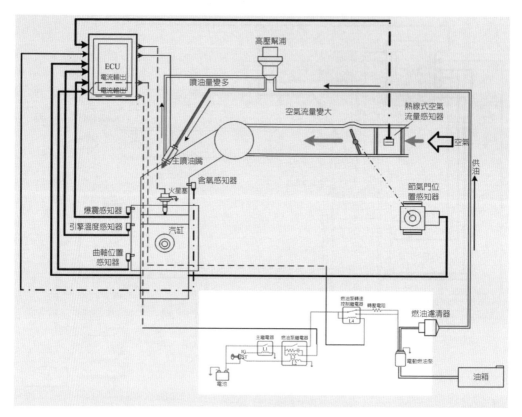

圖8-16　電腦噴射空氣部分示意圖

(3) 控制電路

　　控制電路中，開關L3的轉速訊號在L式噴射時是採用分電盤的轉速訊號，但是電腦噴射中取消了分電盤的設計，所以改用凸輪轉速的訊號來控制L3的開與關。控制電路多了燃油泵的轉速繼電器，此舉是為了作更節油的設計。

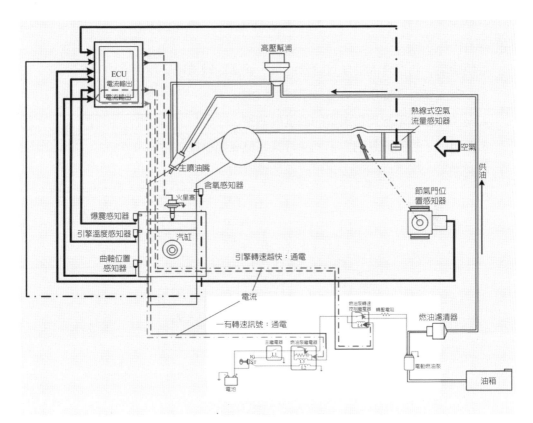

圖8-17　電腦噴射控制電路部分示意圖

8.3　噴油方式演進

　　現代噴油系統是以確保能獲得引擎的最大效用，同時產生最小量的廢氣排放為目的所設計的。為了達到此目的，所以我們的噴油量、噴油時間的控制，都是經由ECU來做最精準的控制。

8.3.1　噴油系統的基本組成元件

　　圖8-18將噴油系統分成六大項，分別為：

1.ECU：作為一個系統的主宰，從各感知器接收需要的資訊，控制各元件做適當的運作。

2.噴油嘴：將混合的油氣以適當的量、適當的時機噴入燃燒室中。

3.空氣流量計：提供空氣流量訊號給ECU。

4.泵：給供油系統提供適當的油量與油壓。

5.節氣門：控制流量的大小，同時將其位置訊號提供給ECU。

6.濾油器：過濾燃油減少雜質流進燃燒室中。

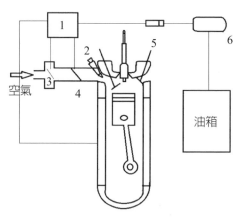

圖8-18　噴油系統元件

8.3.2　噴油方式

早期的噴油系統並沒有回授，所以在廢氣的控制上不容易掌控，因此現代的噴油系統都是採用有回授的系統，主要可以分成以下三種：單點噴射、多點噴射以及缸內直噴。

1. 單點噴射

由單一個噴嘴噴油，供應給多個汽缸使用，其控制方式不是依照空氣流量計，而是利用各感知器（如：空氣溫度感知器、壓力感知器等）傳訊號到ECU後，利用速度密度法計算後決定之，構造簡單適用於許多機構中。

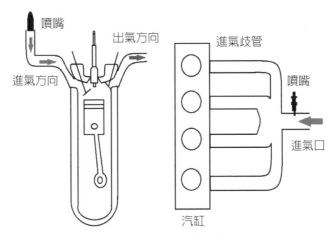

圖8-19　單點噴射示意圖

2. 多點噴射

　　每個汽缸都各自有一個噴嘴，方便對應每個氣缸的運作狀態（進氣、壓縮、爆炸、排氣）。

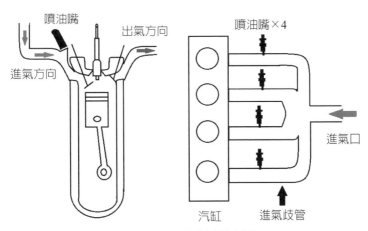

圖8-20　多點噴射示意圖

3. 缸內直噴

為了更有效地減少廢氣的排放，及得到更高的轉換效率所衍生出來的新方法。

搭配電子節氣門根據油門踩的角度訊號送給ECU後，決定節氣門的位置，以控制所需要的空氣流量大小。

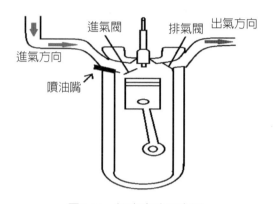

圖8-21　缸內直噴示意圖

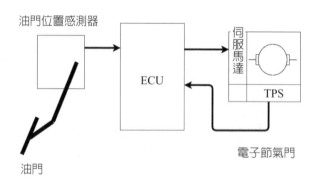

圖8-22　電子節氣門回授ECU

8.4　進氣系統

　　圖8-23為進氣系統基本架構圖,由空氣濾清器、PCV閥、進氣歧管等組成。發動時,駕駛員透過油門操縱節氣門的開啓角度,以此來改變進氣量,控制引擎的運轉。冷車發動或怠速運轉時,部分空氣經PCV閥或輔助空氣閥繞過節氣門進入氣缸。

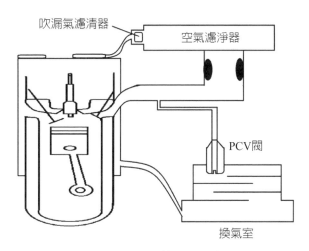

吹漏氣濾清器

空氣濾淨器

PCV閥

換氣室

圖8-23　進氣系統基本架構圖

1. 空氣濾淨器（Air Filter）

　　空氣濾淨器顧名思義就是用來過濾空氣的元件,內具有層層的多孔結構,能將外部空氣中的雜質去除後供引擎燃燒使用,另外由於工作過程中會因震動而產生噪音,故通常會加裝消音器使用。

2. 吹漏氣（Blow-by）

　　燃燒室中的油氣經活塞旁的間隙洩漏至曲軸箱,稱爲吹漏氣。

3. PCV閥（Positive Crankcase Ventilation Valve）

　　在引擎負荷過大時,部分吹漏氣與進氣系統的空氣混合後,再經由PCV閥進入歧管給燃燒室使用,無空氣汙染的問題,現爲各車皆需採用。

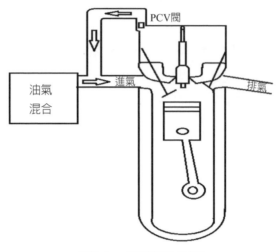

圖8-24　汽缸與PCV閥

4. 進氣歧管（Manifold）

　　進氣歧管位於節氣門與引擎進氣門之間，之所以稱為「歧管」，是因為空氣進入節氣門後，經過歧管緩衝後，空氣流道就在此「分歧」了，對應引擎汽缸的數量，並將空氣分別導入各汽缸中。

　　為了使引擎每一汽缸的燃燒狀況相同，每一缸的歧管長度和彎曲度都要盡可能的相同。為了配合引擎運轉程序，引擎每一缸會以脈衝方式進氣；依據經驗，較長的歧管適合低轉速運轉，而較短的歧管則適合高轉速運轉。所以有些車型會採用可變長度進氣歧管，使引擎在各轉速域都能發揮較佳的性能。

　　進氣歧管的長度對引擎的運作效率也有一定的影響，在引擎中低轉速時適合空氣流速較慢的長型進氣歧管；高轉速時因為需要大量的空氣，故適合空氣流速高的短型進氣歧管。一般而言改變歧管長度的方法有兩種，一種是增加長度並多加上一個電子節氣門，另一種就是把歧管做成圓弧狀且中間額外裝一個空氣閘門。

　　長型進氣導管通常會在節氣門與引擎之間在多裝上一個電子空氣控制閥，引擎在中低轉速時會關上，加速時會打開以改變歧管長度的大小。

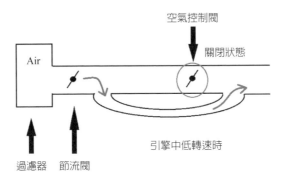

圖8-25　可變式進氣歧管（中低轉速狀態）

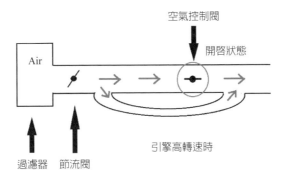

圖8-26　可變式進氣歧管（高轉速狀態）

　　藉由在進氣管路中設置閥門來使進氣管路改變成長、短二種路徑，以滿足引擎在高轉速運轉時需要流速快、動能大的氣流，並且在低轉速時供給引擎適當流量的空氣；這樣就能夠使引擎在高轉速時獲得較大的馬力，而在較低轉速時有較佳的油耗表現。

5. 洩壓閥（Wastegate）

　　當我們放開油門時，節氣門會關上，引擎會進入怠速的狀態，而此時的引擎是不需要大量進氣的，但由於慣性的原理渦輪還是維持在每分鐘上萬轉的轉速，並不會馬上停下來，導致空氣依舊不斷地在加壓；若不能把渦輪的轉速降下來的話，過度的壓力容易造成元件毀損，故需要一個洩壓閥，將渦輪的轉速降低。

6. 中間冷卻器（Intercooler）

經壓縮後的空氣必須是符合引擎的工作溫度否則可能會傷及引擎，故在壓縮後需要一個冷卻器來調節壓縮空氣的溫度，其原理是用空氣或是水等進行熱交換以達控溫效果。

7. 渦輪（Turbine）

渦輪增壓器是一種利用內燃機運作所產生的廢氣通過由定子和轉子組成的結構驅動之空氣壓縮機。與機械增壓器功能相似，兩者都可增加進入內燃機或鍋爐的空氣流量，從而令機器效率提升。常見用於汽車引擎中，透過利用排出廢氣的熱量及流量，渦輪增壓器能提升內燃機的馬力輸出，有些車輛使用渦輪增壓器是為了降低油耗及廢氣排放。

下列介紹常見的渦輪系統：

(1) 機械增壓系統

此裝置安裝在引擎上並由皮帶與引擎曲軸相連接，從引擎輸出軸獲得動力來驅動渦輪的轉子旋轉，從而將空氣增壓吹到進氣岐管裡。

其優點是渦輪轉速和引擎相同，故沒有滯後現象，動力輸出非常流暢，但是由於裝在引擎轉動軸裡面，因此還是消耗了部分動力，增壓出來的效果並不高。

(2) 氣波增壓系統

利用高壓廢氣的脈衝氣波迫使空氣壓縮。這種系統增壓性能好、加速性好，但是整個裝置比較笨重，不太適合安裝在體積較小的轎車裡面。

(3) 廢氣渦輪增壓系統

這就是最常見的渦輪增壓裝置，渦輪與引擎無任何機械聯繫，實際上是一種空氣壓縮機，通過壓縮空氣來增加進氣量。

其是利用引擎排出的廢氣來推動渦輪室內的渦輪，渦輪又帶動同軸的壓縮機，壓縮機將空氣增壓後送進氣缸。當引擎轉速越快，廢氣排出速度與渦輪轉速也同步增快，壓縮機就壓縮更多的空氣進入氣缸，空氣的壓力和密度增大可以燃燒更多的燃料，相應增加燃料量就可以增加引擎的輸出功率。

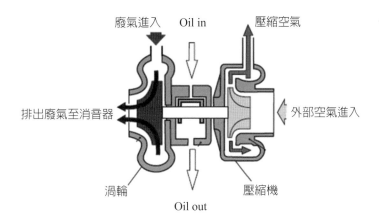

廢氣進入　Oil in　壓縮空氣

排出廢氣至消音器　外部空氣進入

渦輪　Oil out　壓縮機

圖8-27　廢氣渦輪增壓系統工作原理圖

（圖片來源：http://m.kaskus.co.id/post/51c7f1cd621243323c000006）

(4) 複合增壓系統

即廢氣渦輪增壓和機械增壓並用，這種裝置在大功率柴油引擎上採用比較多，其引擎輸出功率大、燃油消耗率低、雜訊小，只是結構太複雜，技術含量高，維修保養不容易，因此很難普及。

參考文獻

1. 曾教授與古董保時捷（2013）。汽車電子引擎（上）。檢自：http://eatontseng.pixnet.net/blog/post/101644637-%E7%AC%AC%E4%B8%83%E7%AB%A0%EF%BC%9A%E6%B1%BD%E8%BB%8A%E9%9B%BB%E5%AD%90%E5%BC%95%E6%93%8E(%E4%B8%8A)

2. Kaskus論壇（2013）。pembagian cabang ilmu otomotif。檢自：http://m.kaskus.co.id/post/51c7f1cd621243323c000006

3. Wiki (2015)。Turbine。檢自：https://zh.wikipedia.org/wiki/%E6%B8%A6%E8%BC%AA%E5%A2%9E%E5%A3%93%E5%99%A8

4. Allan Bonnick, Derek Newbold (2011). A Practical Approach to Motor Vehicle Engineering and Maintenance, Third Edition.

第9章

汽車電子引擎(二)

9.1　前言

　　電子引擎的到來，搭配各式的感測器，讓車輛能夠達到更好的性能、更安全的行車模式，以及對環境的保護。但在2015年九月，全球最大汽車製造商德國福斯汽車集團（Volkswagen）被查驗出美國和歐洲的柴油車排放數據造假，其利用「減效裝置」（Defeat Devices）軟體，讓車輛於受測時減低廢氣排放，用以通過美國空汙檢測。而車輛在實際行駛時，會排放超標四十倍的氮氧化物（NO_x）。廢棄排放的規定因為逐年提升的環保意識日漸嚴格，車廠若要做到符合其空汙標準，就需要花上一大筆錢，價錢就會反映在車價上；若消費者不買單，車廠將因此虧損，讓福斯汽車不得不利用作弊程式來塑造出其環保的一面。本章即深入介紹整個廢棄循環系統的功用和內部零件。

9.2　電子引擎的由來

9.2.1　引擎的設計標準

　　通常在設計引擎時，主要會考慮兩點，分別為：引擎燃燒時所產生的廢氣是否能達到法定排放標準，以及引擎所產生的推力為是否達到需求。

　　引擎所排放的廢氣在燃燒不完全的情況下，會含有一氧化碳（CO）、碳氫化合物（HC）及氮氧化物（NO_x）等有害物質，而現有的排放標準如表9-1、9-2所示。通常車子的排氧量越大功率就越大，自然會消耗更多的燃油，同時放出更多的有害物質。

表9-1　民國97年台灣自小客車排放標準

廢氣排放標準				
行車態測定			怠速態測定	
CO(g/km)	HC(g/km)	NO_x(g/km)	CO(%)	HC(ppm)
2.11	0.045	0.07	0.5	100

表9-2　民國101年台灣自小客車排放標準

廢氣排放標準					
行車態測定					怠速態測定
CO(g/km)	THC(g/km)	NMHC(g/km)	NOx(g/km)	粒狀汙染物(g/km)	CO(%)
1.000	0.100	0.068	0.060	0.0050	0.2～0.3

行政院環境保護署：http://ivy5.epa.gov.tw/docfile/040160.pdf

　　在新實施的排放標準中，和舊有的標準比較之下，可以發現在檢測項目中多出了總碳氫化合物（THC, Total Hydrocarbons）及非甲烷碳氫化合物（NMHC, Non-methane Hydrocarbons）兩項。總碳氫化合物（THC）包括甲烷（Methane）及非甲烷碳氫化合物（NMHC），依據交通工具空氣汙染物排放標準NMHC作為HC之測定值。碳氫化合物低濃度時會對人體呼吸系統產生刺激，較高濃度則可能對中樞神經系統產生影響，甚至致癌。碳氫化合物還會和氮氧化物等物質起光化學反應產生臭氧，會對肺部產生刺激，造成呼吸系統疾病，降低肺功能，長期曝露可能會造成肺纖維化。另一方面，為了更精準地控制引擎供油時間及供油量，缸內直噴引擎技術因而誕生，此種設計的最大特色在於可進行稀薄燃燒，也就是使用更少的油料來產生動力，達到節省油耗，降低CO、HC及NOx等的排放量；但缸內直噴引擎在產生動力的過程中，卻會生成大量的PM（Particulate Matter）粒狀汙染物；因此新排放標準便增設粒狀汙染物的法規標準為每公里0.005克，是舊制所沒有的管制項目。

9.2.2　電腦化的歷程

　　由於傳統的引擎並無法有效控制這些排放的廢氣，因此後來才有了電子化的轉變想法。60、70年代除了電晶體、IC技術已取得技術突破外，另一個促使微電腦在汽車中廣為應用的因素之一，就是汽車廢氣排放法規的制定及能源危機後油料價格的上漲。

　　1977年美國通用公司（General Motors Corporation, GM）首先在轎車上成功安裝MISAR微電腦控制的點火裝置，正式開啓了車用電腦的時代。引進微電腦

（ECM）控制後的引擎，除了具有較高的穩定性及精確度外，同時也可以提高燃油的經濟性，使行駛的距離較長。

9.2.3 引擎排放系統的改良

70年代以後，為因應政府制定的排放標準，汽車廠商開始找尋問題的解決之道，而美國通用汽車在國內政策發布的一年內即發明觸媒轉化器，大幅減少汽車的排氣汙染。它被放置在排放管的末段部，可藉由與排放的廢氣產生化學反應降低汙染。

圖9-1為引擎排放系統的簡圖，藍線表示氣體的流動方向。從圖中可以看到當空氣通過節氣門後，與噴油器噴出的油料混合進入氣缸燃燒，而後通過排放管，一部分的空氣進入廢氣在循環的管道（EGR），而大部分經由觸媒轉換器過濾後排放出來。在這一路徑中，有裝置了各種感測器來量測溫度、壓力、氣體成分等，傳回微電腦來判斷出與空燃比的關係並加以修正。

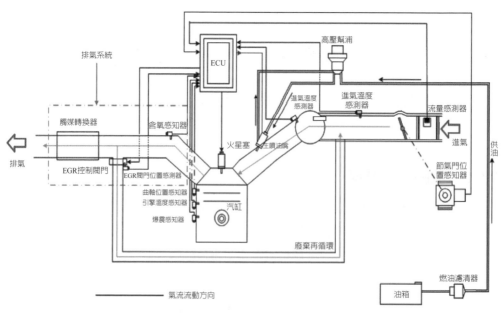

圖9-1　引擎排氣系統架構圖

9.3　廢氣循環系統（EGR）

　　廢氣再循環（Exhaust Gas Recirculation，簡稱EGR）是指在引擎排氣過程中，將一部分廢氣引入進氣管，與混合油氣混合後進入氣缸燃燒。由於燃燒過程中會吸收熱量，所以降低了引擎溫度。廢氣中的氮氧化物（NO_x）主要是在高溫富含氧的條件下生成的，因而廢氣循環系統在降低引擎溫度的同時也減少氮氧化物的生成，但如果廢氣再循環過度則會影響正常運行。

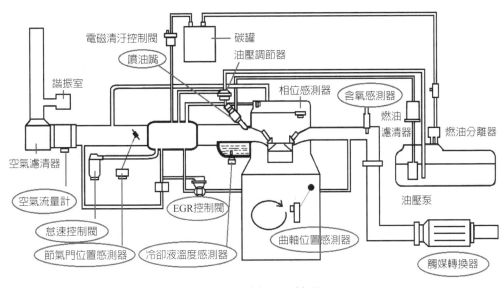

圖9-2　廢棄循環系統圖

　　廢氣循環系統中的主要構造：

1. 含氧感知器（EGO）

　　含氧感測器（Exhaust Gas Oxygen Sensor, EGO）可以用來檢測廢氣中的含氧量來向ECM回饋混合氣的濃度資訊。當EGO測得的氧氣含量多時表示空燃比太稀，引擎燃燒不完全；反之氧氣含量少，則空燃比高。

(1) 感測器原理

　　氧化鋯（ZrO_2）為固態電解質的一種，它有一種特性就是在高溫時氧離子易於

移動。當氧離子移動時即會產生電動勢,而電動勢的大小是依氧化鋯兩側的白金所接觸到的氧而定。

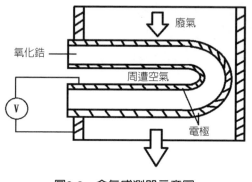

圖9-3　含氧感測器示意圖

外層白金面與大氣接觸,所以氧氣濃度高,內層白金與排氣接觸,氧氣濃度低。當空燃比較低時,排放的廢氣所含的氧相對地減少,因此氧化鋯兩側的白金所接觸到的氧氣高低落差大,所產生的電動勢也相對高(將近1V);當空燃比高時,燃燒後剩餘的氧氣較多,氧化鋯兩側的白金層的氧氣落差小,因此所產生的電動勢低(將近0V)。

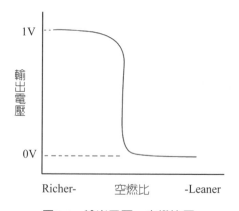

圖9-4　輸出電壓—空燃比圖

現代車輛上一般會裝有兩個含氧感測器，其位置如圖9-5所示，分別安裝在觸媒催化劑之前和之後的排氣管上。其中，第一個EGO主要是測量廢氣中的含氧量以確保理想的空燃比，並向ECU回饋相應的電壓信號，而後面的EGO感測器則是用來測量觸媒轉換器是否正常工作，故其正常工作時回傳的電壓應為一定值，表示從觸媒轉換器通過後的氧氣含量正常。

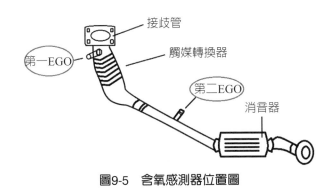

圖9-5　含氧感測器位置圖

(2) EGO運作模式

EGO在實際運作時又可分為開回路和閉迴路兩種工作模式，分別如下：

a. 開迴路模式：

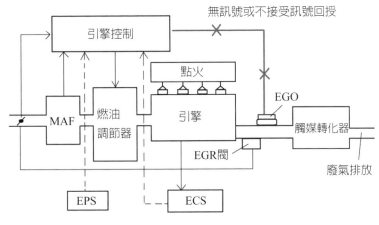

圖9-6　EGO開迴路控制方塊圖

　　當EGO開迴路操作時，ECM不會參考EGO的電壓值，而是以一預設的值來代替，一般出現在冷車或加速時的情況，其控制方塊圖如圖9-6所示。此時的ECM只參考其他感測器的數值（如：轉速、引擎溫度）來設定空燃比。

　　EGO開迴路情形分析：

　　冷車時：因為排氣溫度還尚未達到含氧感測器所能正常運作的標準而執行開迴路模式。

　　加速時：是由於其空燃比已超過其所能測得的範圍所導致的。

　　（便宜的EGO感測器只能測得空燃比在14～15的範圍內，其他範圍都不會有訊號輸出）

　　b. 閉迴路循環

　　在閉迴路運作時，ECM接受EGO回傳的訊號後，發出所需的燃料訊號來使噴油器提供燃料產生ECM設定的空燃比，如圖9-7所示。混合氣體在汽缸燃燒後，產生的廢氣經由排氣管導出。此時，EGO感測器產生一排氣的含氧量當回授訊號，使ECM進而對噴油器進行調整而完成循環。

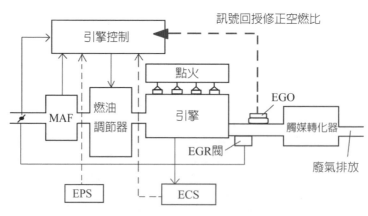

圖9-7　EGO閉迴路控制方塊圖

(3) EGO感測器的訊號運作

如圖9-8所示，代表了安裝在觸媒轉換器前面的EGO回傳訊號與燃油噴射量的

時態情形，當圖中EGO的電壓處在高位時，表示空燃比是低的，燃油噴射器的量就會開始降低，直到EGO的訊號變低位時才開始提高。

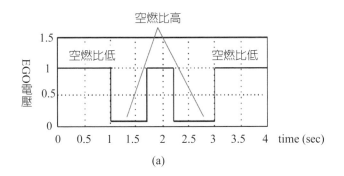

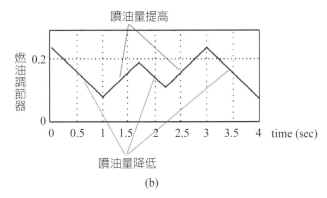

圖9-8　(a)EGO訊號關係圖；(b)噴油時間關係圖

　　工作週期（Duty Cycle）：簡而言之，在噴油系統中的占空比是指噴油嘴在引擎的運動循環週期（進氣、壓縮、爆炸、排氣）中所占有的時間比。假設一個引擎運動循環需要60ms，噴油時間為45ms，占空比就是75%。

2. EGR控制閥

　　廢氣循環管道上裝有一個控制閥，如圖9-9所示，它裝在一個將排氣歧管與進氣歧管連通的特殊通道上，通過控制EGR閥的開度來控制廢氣再循環的量。

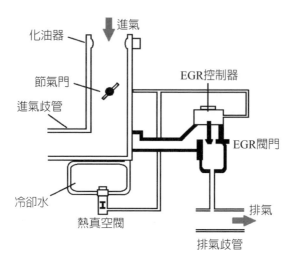

圖9-9　EGR閥管線圖

(1) 傳統EGR閥作用原理

傳統EGR閥的開啓和關閉是由上方真空氣室的真空程度來控制，真空源的管線是接到節氣閥門附近的，其中另有接到一溫控閥的通道可控制廢氣是否進入進氣歧管內，溫控閥的開啓與關閉和引擎的溫度有關。

EGR閥門開啓時：閥門開啓程度與節氣門的開啓程度有關，若引擎怠速運轉，節氣門稍上方真空較小，無法開啓EGR控制閥；當節氣門半開時，真空較大，EGR閥門開啓，此時廢氣進入進氣管內，如圖9-10所示。

EGR閥門關閉時：即溫控閥關閉，節氣門稍上方的真空無法到EGR控制閥，此時無廢氣回流，如圖9-11所示。

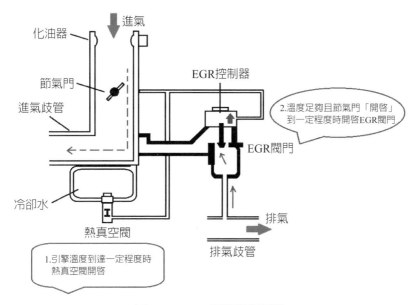

圖9-10　EGR閥門開啟狀態

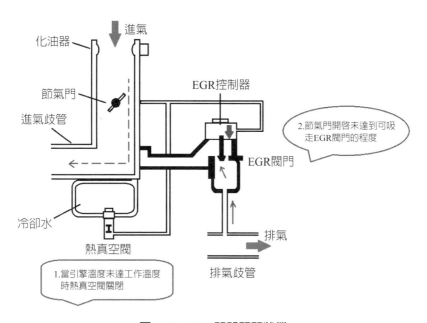

圖9-11　EGR閥門關閉狀態

(2) 電腦控制的EGR系統

由ECM控制一個電磁閥門來調整EGR閥的開閉，其簡化的電路圖形如圖9-12所示，當電腦不提供接地時，EGR閥門無法被進氣管吸起，無廢氣循環發生；而當電腦提供接地後，電磁閥打開，使EGR膜片被進氣管提供的真空源吸起，EGR閥打開。現代汽車上，由電腦控制的EGR閥門會加裝一位置感測器來傳回閥門的位置，以便控制廢氣的體積流率。

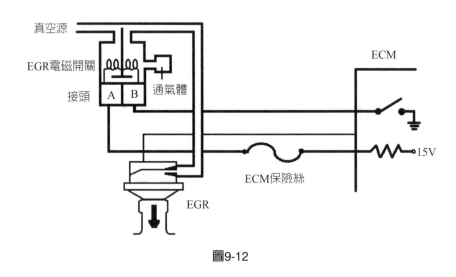

圖9-12

3. 觸媒轉換器

觸媒轉換器又可分為氧化轉換器和三元催化轉換器兩種，其主要的差別在於是否有加入還原觸媒來分別，其分類如下圖所示。而其結構均由一金屬外殼、絕緣材料和含有觸媒塗層的鋁擔體三部分組成，通常安裝在消音器之前。

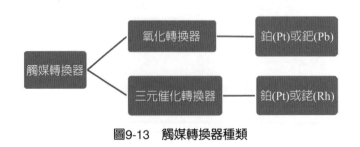

圖9-13　觸媒轉換器種類

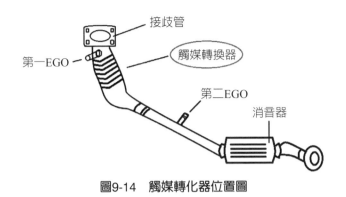

接歧管

觸媒轉換器

第一EGO

第二EGO

消音器

圖9-14　觸媒轉化器位置圖

　　轉換原理：其內部有著極爲細微的孔洞並含有大量的貴金屬：鉑（氧化觸媒）、銠或鈀（還原觸媒），它能將三種有害的氣體（一氧化碳、乙烷及一氧化氮）藉由氧化及還原的作用，轉化成無害的氣體或是一般的廢氣，其化學作用如下：

$$2CO + O_2 \rightarrow 2CO_2$$
$$2C_2H_6 + 2CO \rightarrow 4CO_2 + 6H_2O$$
$$2NO + 2CO \rightarrow N_2 + 2CO_2$$

　　觸媒轉換器的更換：一般問題是出在所使用的機油含硫量太高造成，因爲硫粒子無法完全燃燒，因此會隨廢氣進入排氣管，硫粒子會在觸媒轉化器內起化學作用附著在觸媒金屬表面上，造成轉化效能差使行車電腦亮燈。

4. 空氣流量計

　　翼板式空氣流量計會由ECM中送出5V參考電壓給V_c端，並由V_s端輸出電壓。流量計中的電位計與翼板同軸，當有氣流時會隨著翼板一起轉動，轉動時會改變電阻值的大小讓V_s產生變化。

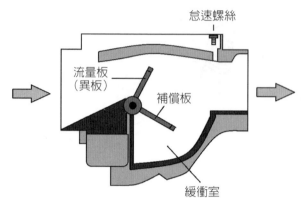

圖9-15　空氣流量計構造圖

5. 節氣門位置感測器

在節氣門轉軸一端接上TPS，當節氣門轉動時，TPS亦會跟著轉動。由此可改變電阻的大小值，電壓跟著改變，藉由此電壓值可反映節氣門的位置。

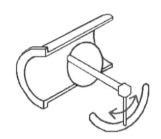

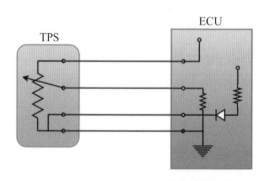

圖9-16　可變電阻式節氣門位置感測器結構圖與電路圖

6. 曲軸位置感知器

　　負責感測引擎訊號及活塞上死點位置訊號，透過傳送到ECM的訊號，判別指定汽缸的位置，並求出引擎轉速，一般有「電磁感應式」、「霍爾感應式」、「光電式」等種類。

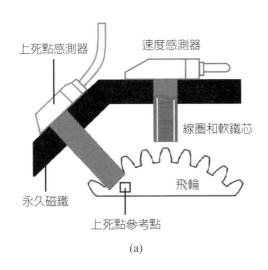

(a)

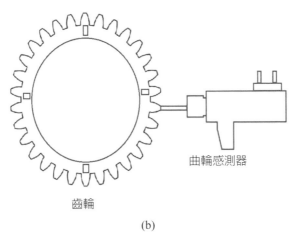

(b)

圖9-17　曲軸感測器示意圖

(1) 光電式曲軸感測器

光電式曲軸位置感測器，大部分用在早期有分電盤的引擎上。

光電式原理：利用發光二極體把光投射到另一端的光敏電晶體，在兩者間安裝有孔槽的信號盤來遮斷或接通光源，當光照射在光電晶體時產生輸出電壓，使光電晶體產生出斷斷續續的輸出電壓，ECM即利用此輸出電壓來計算引擎轉速及曲軸位置轉角信號。

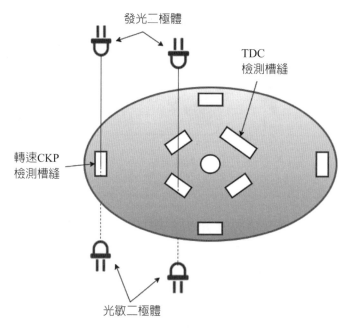

圖9-18　光電式曲軸感測器工作示意圖

(2) 電磁式曲軸感測器

電磁感應式曲軸位置感知器，又稱為拾波線圈式。當轉子旋轉時，會使拾波線圈產生交流電壓。若轉子旋轉越快，則產生電壓越大，產生的頻率也越高。

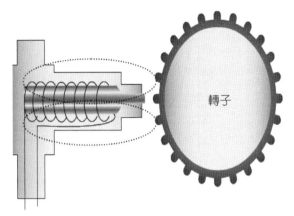

圖9-19　電磁式曲軸感測器

(3) 霍爾感應式曲軸感測器

當轉子旋轉時會產生磁力線，使霍爾感知器內部產生出0V和5V的方波訊號。當轉子轉速越快，則產生的方波數越多，頻率高。

7. 冷卻液溫度感測器

利用熱敏電阻的原理，藉由溫度改變其電阻值，以及利用分壓原理由ECU量定其電壓，經換算後得其溫度，其目的有二：

(1)防止引擎過熱。

(2)維持引擎最佳運轉溫度。

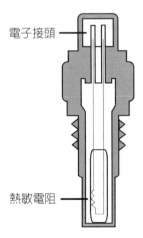

電子接頭

熱敏電阻

圖9-20　冷卻液溫度感測器

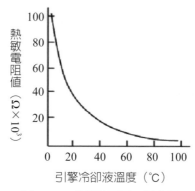

圖9-21 感測器電阻—溫度圖

8. 怠速控制閥

怠速控制閥（ISC Valve (Idle Speed Control Valve)，或稱IAC (Idle Air Control)），當油門踏板放開時，節氣門完全關閉，引擎燃燒所需的空氣量完全就由怠速閥控制，怠速閥孔開大一點進氣量就多、引擎轉速就會拉高，例如冷車啟動與開冷氣時就需要自動拉高轉速，以免引擎抖動或熄火，當不需要較高轉速時就將閥孔關小，以免耗油。

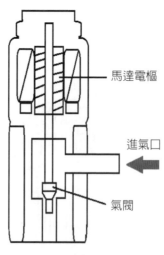

圖9-22 怠速控制閥示意圖

9. 噴油嘴

利用ECU對噴嘴內的電磁線圈進行控制，決定噴油嘴的開與關。

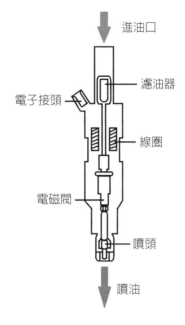

圖9-23　噴油嘴示意圖

參考文獻

1. 曾教授與古董保時捷（2013）。汽車電子引擎（下）。檢自：http://eatontseng.pixnet.net/blog/post/101644637

2. 中央通訊社（2015）。2分鐘看懂福斯造假醜聞。檢自：http://www.cna.com.tw/news/afe/201509290330-1.aspx

3. 地球圖輯隊（2015）。柴油車環保都假的？福斯汽車面臨78年來最大醜聞。檢自：http://world.yam.com/post.php?id=4701

4. Allan Bonnick, Derek Newbold (2011). A Practical Approach to Motor Vehicle Engineering and Maintenance, Third Edition.

5. 陳怡全（2009）。雪山隧道空氣汙染物實場調查分析。

6. 行政院環境保護署。交通工具空氣汙染物排放標準。檢自：http://ivy5.epa.gov.tw/doc-file/040160.pdf

第10章

車用電力系統

10.1 ｜ 前言

　　在2003年前，汽車電力多採用12V直流電的設計，但為了因應車上越來越多的電器設備，諸如汽車與網際網路連結、汽車電話、衛星導航都會成為汽車的標準配備，還有休閒趨勢底下不可缺少的車用音響、液晶電視等娛樂設備，所有產品都與電力脫離不了關係。新車換裝較大電力的電瓶，更多的電力不只是供應更多的車用電器而已，包括引擎系統、煞車系統、變速箱、方向盤或汽車冷氣系統都能連結到運算速度更快的汽車電腦，計算出最佳的運轉模式，達到省油的目的。

10.2 ｜ 啟動系統

　　系統電路圖是由電瓶、啟動馬達、電磁開關、點火開關⋯⋯等組成，如圖10-1所示。

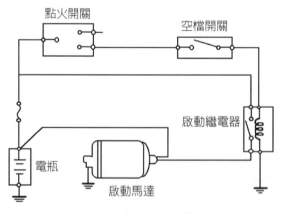

圖10-1　車用電路系統圖

10.2.1　汽車電瓶

1. 功用

　　(1) 發動引擎時，供給啟動馬達大量電流，啟動時電瓶電壓需要9.6V以上。

(2) 發電機發出電壓低於電瓶電壓時，由電瓶供給全車用電。

(3) 發電機發出電壓高於電瓶電壓時，電瓶吸存發電機之剩餘電流。

(4) 平衡汽車電力系統之電壓。

2. 構造

由外殼、蓋、正極板、負極板、隔板、電解液等組成。

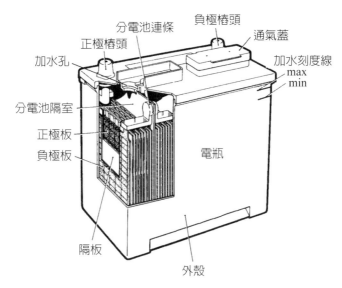

圖10-2　汽車電瓶構造圖

（圖片來源：http://yuasa-long.myweb.hinet.net/new_page_57.htm）

(1) **外殼**（Case）

由硬橡膠或瀝青製成，外殼內部分成很多小室，各室互不相通。例如：12V的電瓶有6室。

(2) **格子板**（Plate Grids）

極板之骨架稱為格子板，其主要成分為鉛（Pb），加入5～12%的銻（Sb）製成，其功用有：

a. 充電時能將電流很均勻的分配到整塊極板。

b. 放電時能將整個極板之電流很快傳出。

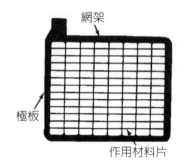

圖10-3　汽車電瓶格子板

（圖片資料：http://yuasa-long.myweb.hinet.net/new_page_57.htm）

(3) 極板（Plate）

區分為正極板與負極板。

a. 正極板（Positive Plate）：

主要成分為紅鉛粉（Pb_3O_4），又稱紅丹粉，用稀硫酸調成糊狀，再加硫酸銨（$(NH_3)_2SO_4$）作為膠合劑，塗於格子板上，經極化處理後轉變為過氧化鉛（PbO_2）。

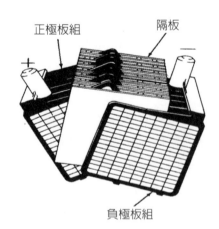

圖10-4　汽車電瓶極板

（圖片來源：http://yuasa-long.myweb.hinet.net/new_page_57.htm）

b. 負極板（Negative Plate）：

主要成分為黃鉛粉（PbO）又稱密陀僧，用稀硫酸調成糊狀，再加硫酸鋇（BaSO4）或硫酸鎂（MgSO4）作膨脹劑，塗於格子板上，經極化處理後轉變為海棉狀的純鉛（Pb）。

(4)隔板（Separator）

隔板夾於正負極板間，隔板一面光滑，一面成溝槽，溝槽面要貼向正極板，防止極板發熱彎曲而造成短路，其材質有微孔硬橡皮、合成樹脂、玻璃強化纖維板……等。

3. 充放電原理

a. 放電原理

正極板的鉛離子會與電解液的硫酸根離子合成硫酸鉛。

正極板的氧離子會與電解液的氫離子合成水。

負極板的鉛離子會與電解液的硫酸根離子合成硫酸鉛。

負極板多出來的電子會往正極板跑。

化學反應：$PbO_2 + 2H_2SO_4 + Pb \rightarrow PbSO_4 + 2H_2O + PbSO_4$

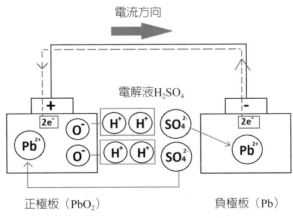

圖10-5　汽車電瓶放電原理示意圖

b. 充電原理

正極板的鉛離子會與電解液的氧離子合成氧化鉛。

正極板的硫酸根離子會與電解液的氫離子合成硫酸。

負極板的硫酸根離子會與電解液的氫離子合成硫酸。

正極板多出來的電子會往負極板跑。

化學反應：$PbSO_4 + 2H_2O + PbSO_4 \rightarrow PbO_2 + 2H_2SO_4 + Pb$

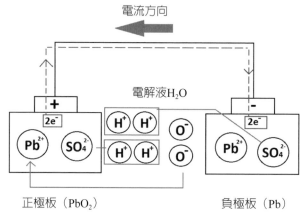

圖10-6　汽車電瓶充電原理示意圖

10.2.2　啟動馬達

1. 功用

　　將電能轉為機械能，透過點火開關即可使引擎轉動，透過馬達電樞軸上的小齒輪驅動引擎上的飛輪，以啟動引擎的曲軸柄。

2. 馬達工作原理

　　由磁場、導線環、整流子、電刷所組成的，當電流經由電刷進入導線環，在每轉半圈時整流子會改變導線環電流一次。可藉由佛萊明左手定則（Fleming's Left Hand Rule）來判斷馬達旋轉方向。

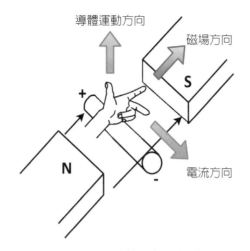

圖10-7 佛萊明左手定則

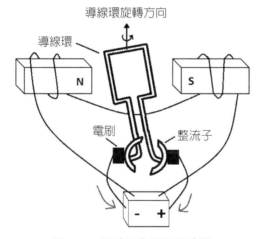

圖10-8 馬達工作原理示意圖

3. 構造

啟動馬達主要由一個電磁開關和一個馬達所構成。

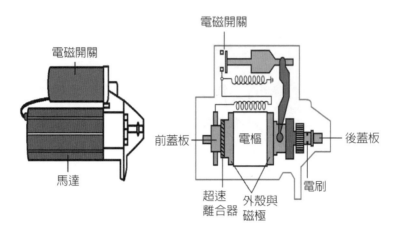

圖10-9　啟動馬達簡化圖與內部構造圖

(1) 外殼與磁極（Pole Shoes）

a. 外殼以軟鋼製成圓形鋼筒，用以固定磁極，作為磁力線迴路。

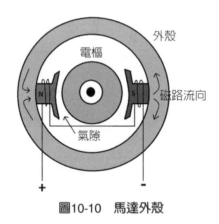

圖10-10　馬達外殼

b. 磁極是由磁極鐵心與磁場繞組所組成的。

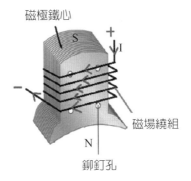

圖10-11　馬達磁極結構圖

(2) 電樞（Armature）

由軸、鐵心、整流子（Commutator）、電樞線圈、絕緣物……等組成。

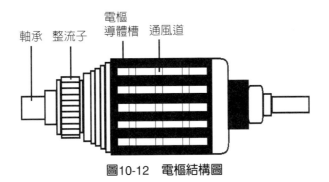

圖10-12　電樞結構圖

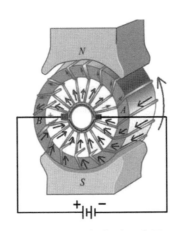

圖10-13　電樞作動示意圖

(3) 電刷（Brush）

啟動馬達因需要通過很大電流，因此必須以含銅較多含石墨較少材料製成。

(4) 後蓋板

整流子端蓋板，可支持電樞、安裝電刷，中央有一軸承，常為一銅套，可加以潤滑。

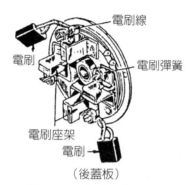

圖10-14　啟動馬達後蓋板

（圖片來源：http://218.59.147.62:8000/qcdqwlkt/2_zxkj/3_4.html）

(5) 超速離合器

由撥環、接合彈簧、空心軸管傳動頭、鋼鋸、小彈簧、小齒輪組成。

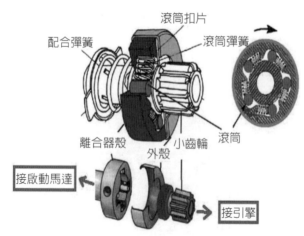

圖10-15　超速離合器結構組合圖

（圖片來源：http://218.59.147.62:8000/qcdqwlkt/2_zxkj/3_4.html）

引擎啟動時，啟動馬達需驅動引擎曲柄軸，此時超速離合器會帶動小齒輪轉動來驅動引擎。引擎啟動後，轉速較啟動馬達快，此時滾輪因摩擦力而壓縮彈簧，使小齒輪在電樞上空轉，以防馬達因快速轉動而損壞。

(6) 前蓋板

傳動端的蓋板，可支持電樞、保護傳動機構，中央也有軸承銅套，可加以潤滑，通常由鑄鐵製成。

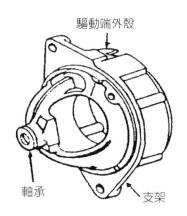

圖10-16　啟動馬達前蓋板

（圖片來源：http://218.59.147.62:8000/qcdqwlkt/2_zxkj/3_4.html）

4. 電磁開關功能

可利用電磁開關上的鐵芯柱塞向左拉動撥叉，撥叉使小齒輪往右移動與飛輪接合後，大電流才由圖10-17中的B點流到M點，再流到馬達磁場線圈使馬達運轉。

5. 啟動馬達工作情形

(1) 步驟一

a. 當點火開關開啟時，若汽車檔位為空檔時就可以啟動繼電器動作。

b. 當啟動繼電器導通後電瓶電壓會進入到S端。

c. 此時電磁開關使B、M線頭接通，電瓶大電流流經接觸片，由M線頭流入馬達，馬達搖動引擎，也將小齒輪推出，與飛輪接合。

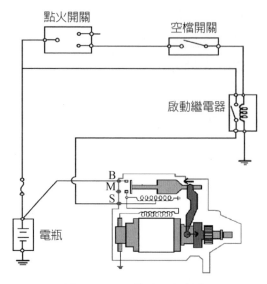

圖10-17　電磁開關示意圖

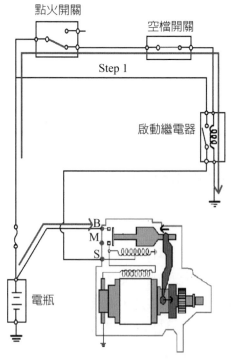

圖10-18　啟動馬達工作原理圖（Step 1）

(2) 步驟二

當電火開關關閉時，則啟動繼電器回隨著關閉，此時兩線圈電流方向相反磁力相減，使電磁開關鐵芯柱塞被彈簧退回，小齒輪退回，與飛輪分離。

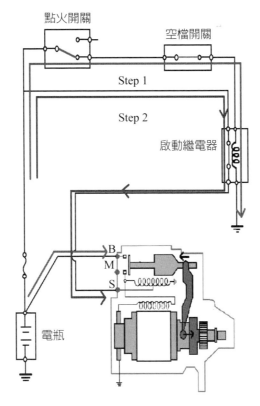

圖10-19　啟動馬達工作原理圖（Step 2）

10.3　充電系統

1. 充電系統的功用

將引擎一部分的機械能轉變為電能，來供給全車電器用電。

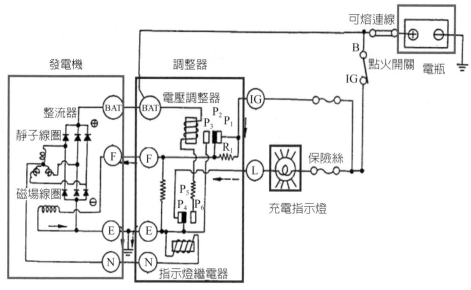

圖10-20　汽車充電系統

2. 充電系統的構件

(1) 發電機：由引擎曲軸盤透過皮帶盤帶動，約為引擎轉速的2倍，發出電能，供給各電器用電。

(2) 調整器：自動控制發電機發電量，使其輸出不超過規定之最大電壓與電流，並自動切斷充電系統電路。

(3) 電流表或充電指示燈：指示電瓶是在充電或放電狀況。

(4) 電瓶：發電機電壓低於電瓶時，由電瓶供電；發電機電壓高於電瓶時，由電瓶儲存。

3. 交流發電機介紹

(1) 作用原理

磁場（轉子）在導線線圈（定子）中轉動，即如同導線運動切割磁力線一樣，使導線感應出電壓與電流。

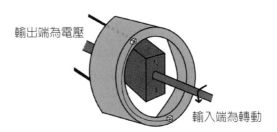

圖10-21　交流發電機作動示意圖

當知道了磁場方向與導線環的運動方向後，可藉由佛萊明右手定則（Fleming's Right Hand Rule）來判斷導線環的電流方向。

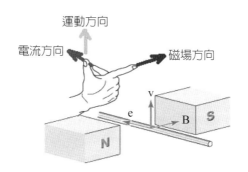

圖10-22　佛萊明右手定則

(2) 構造

a. 定子（Stator）

由三組定子線圈及薄鐵片疊成的鐵芯組成，三組線圈各相差120°的電位差，可以用Y型與Δ型兩種繞法。

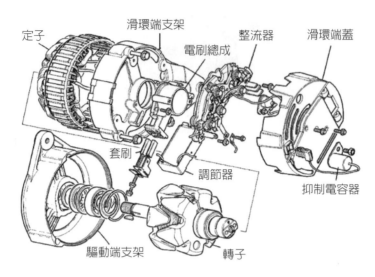

定子　滑環端支架　整流器　滑環端蓋
電刷總成
套刷
調節器
抑制電容器
驅動端支架　轉子

圖10-23　交流發電機構造圖

（圖片來源：Motor Vehicle Engineering and Maintenance, Third Edition）

圖10-24　定子實體圖

（圖片來源：http://www.easa.com/resources/booklet/typical-failures-three-phase-stator-windings）

　　定子Y行繞法：將U_2、V_2、W_2相連接，再從U_1、V_1、W_1端用導線牽出來當成U_1、V_1、W_1端。

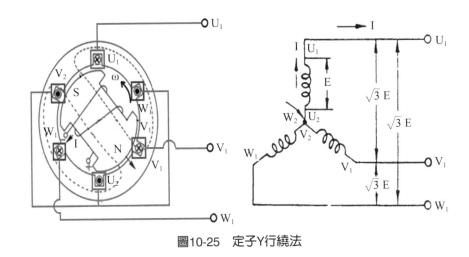

圖10-25　定子Y行繞法

　　定子Δ型繞法：將U_1，W_2相接後，用導線牽出來當成A端；將V_1，U_2相接後，用導線牽出來當成B端；將W_1，V_2相接後，用導線牽出來當成C端。

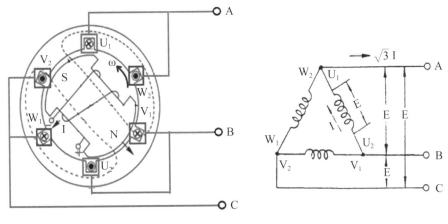

圖10-26　定子Δ型繞法

b. 轉子（Rotor）

由磁極、磁場線圈、滑環及軸組成的，而兩個交叉組合的爪型磁極，一邊全爲N極，另一邊爲S極。

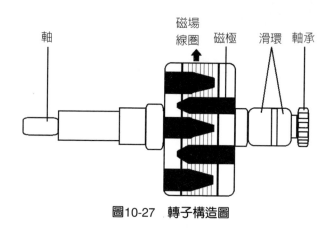

圖10-27　轉子構造圖

c. 整流器（Rectifier）

構造：由三個正極整流粒裝在金屬板上，再由三個負極整流粒裝在另一片金屬板上，再將兩塊金屬板固定在端蓋上。

整流粒（整流二極體）原理（見圖10-28）：當二極體P端接正極，N端接負極時，則二極體會導通；當二極體P端接負極，N端接正極時，則二極體不會導通。

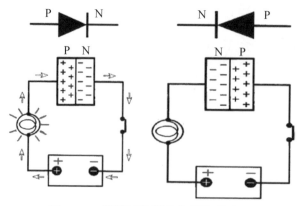

圖10-28　整流二極體工作原理示意圖

　　半波整流（見圖10-29）：由一顆二極體所組成的電路，當A區域電壓輸入時二極體會導通；當B區域電壓輸入時二極體不會導通。

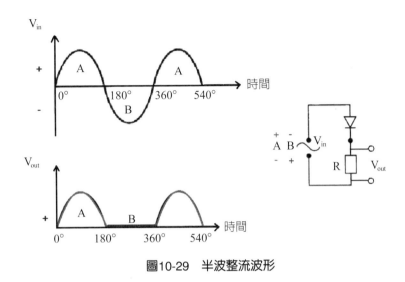

圖10-29　半波整流波形

　　全波整流（見圖10-30）：由四顆二極體所組成的電路，當A區域電壓輸入時1、3二極體會導通，2、4二極體不會導通；當B區域電壓輸入時2、4二極體會導通，1、3二極體不會導通。

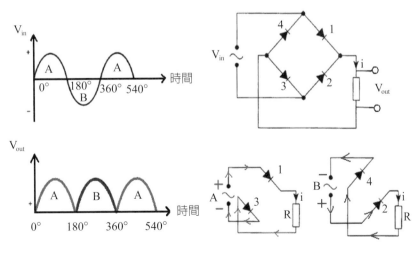

圖10-30　全波整流波形

　　三相電路整流（見圖10-31）：需經六顆整流粒作全波整流。每半波的交流電都經過兩顆整流粒使外輸出的負載（如電瓶）得到脈動直流電。

　　(a)當U_1為負電壓，U_2為正電壓：電流會從U_2出發經2號電晶體到負載極電瓶，再從4號二極體回流到U_1完成一個迴路。

　　(b)當U_1為正電壓，U_2為負電壓：電流會從U_1出發經1號電晶體到負載極電瓶，再從5號二極體回流到U_2端完成一個迴路。

　　(c)當W_1為負電壓，W_2為正電壓：電流會從W_2出發經1號電晶體到負載極電瓶，再從6號二極體回流到W_1完成一個迴路。

　　(d)當W_1為正電壓，W_2為負電壓：電流會從W_1出發經3號電晶體到負載極電瓶，再從4號二極體回流到W_2端完成一個迴路。

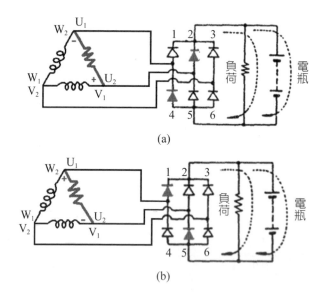

圖10-31　三相電路整流(a)、(b)類型

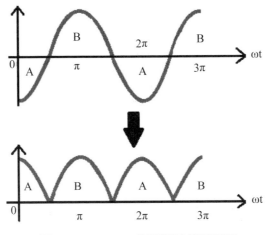

圖10-32　(a)、(b)類型整流後電壓圖

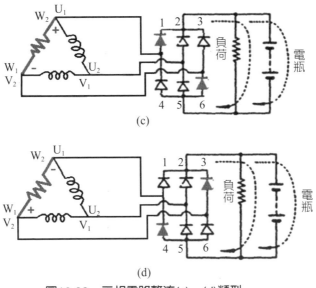

圖10-33　三相電路整流(c)、(d)類型

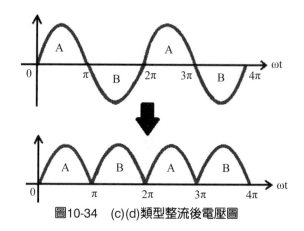

圖10-34　(c)(d)類型整流後電壓圖

(e)當V_1為正電壓，V_2為負電壓：電流會從V_1出發經2號電晶體到負載極電瓶，再從6號二極體回流到V_2端完成一個迴路。

(f)當V_1為負電壓，V_2為正電壓：電流會從V_2出發經3號電晶體到負載極電瓶，再從5號二極體回流到V_1完成一個迴路。

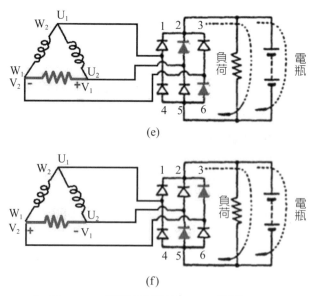

圖10-35　三相電路整流(e)、(f)類型

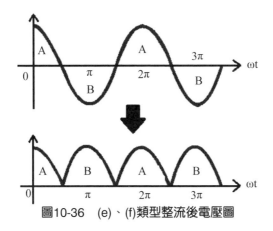

圖10-36　(e)、(f)類型整流後電壓圖

原本三相發電機所產生的交流電，經過整流後始得電壓較接近於直流電。

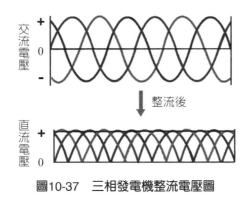

圖10-37　三相發電機整流電壓圖

參考文獻

1. 曾教授與古董保時捷（2013）。車用電子系統。檢自：http://eatontseng.pixnet.net/blog/post/101817886

2. 羽任電池專賣店（2013）。汽車電瓶。檢自：http://yuasa-long.myweb.hinet.net/new_page_57.htm

3. 汽車日報（2000）。汽車電力系統將改變設計。檢自：http://mobile.autonet.com.tw/cgi-bin/file_

view.cgi?a0050017000506

4. EASA (1985)。Typical Failures in Three-Phase Stator Windings。檢自：http://www.easa.com/re-sources/booklet/typical-failures-three-phase-stator-windings

5. 啟動機的傳動機構（2015）。檢自：http://218.59.147.62:8000/qcdqwlkt/2_zxkj/3_4.html

6. Allan Bonnick, Derek Newbold (2011). A Practical Approach to Motor Vehicle Engineering and Main-tenance, Third Edition.

第 11 章

馬達

11.1 前言

　　馬達是工業自動化的心臟，而馬達控制更是一門既富挑戰又能引人入勝的學問與技術。各式各樣的馬達種類繁多，其工作原理、特性、應用，乃至於使用的材料均有所不同，根據馬達基本的特性概括的將馬達分類，如圖11-1所示。

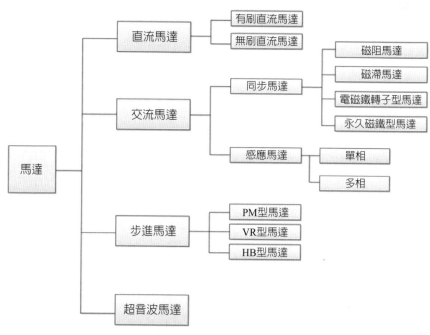

圖11-1　馬達分類表

　　馬達又可稱為電動機或電動馬達，被廣泛運用於各種電器用品之中，並可使用其機械能產生動能。當用來驅動其他裝置的電氣設備，能將電能轉換為機械能，以驅動機械作旋轉運動、振動或直線運動。像是在啟動系統中的啟動馬達、怠速系統中的怠速馬達……等。

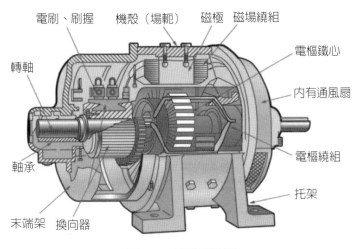

電刷、刷握　機殼（場軛）　磁極　磁場繞組

轉軸

電樞鐵心

內有通風扇

軸承

電樞繞組

托架

末端架　換向器

圖11-2　馬達構造圖

11.2　直流馬達

　　直流馬達（Direct Current Motor, DC Motor）可以說是最早能將電力轉換爲機械功率的電動機，其雛型爲法拉第（Michael Faraday）所發明的碟型馬達。法拉第的原始設計其後經由改良，到了1880年代成爲主要的電力機械能轉換裝置，但之後由於交流電的發展，而發明了感應馬達與同步馬達，直流馬達的重要性亦隨之降低。直到約1960年，由於磁鐵材料、碳刷、絕緣材料的改良，以及變速控制的需求日益增加，再加上工業自動化的發展，直流馬達驅動系統再次得到了發展的契機，到了1980年直流伺服驅動系統成爲自動化工業與精密加工的關鍵技術。

11.2.1　直流馬達基本構造

　　直流馬達的基本構成，如圖11-3所示，由磁場與電樞所組成。所謂的轉子是指轉動部分（電樞）；而定子則爲相對靜止側（永久磁鐵）。通常磁場也稱爲激磁，提供轉矩必須的磁通量。電樞由一組線圈所組成，線圈的導體配置於圓筒狀鐵心的周邊，或埋入槽中。電樞導線所流的電流與磁場磁通的互相作用產生轉矩，而使電樞轉動。

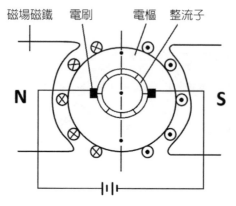

圖11-3　直流馬達基本構造圖

11.2.2　直流馬達原理

1. 佛萊明左手定則（Fleming's Left Hand Rule）

　　若磁場中置放導體，通過電流時，導線會受到力的作用，力的大小依有效導體長度與磁通密度及電流大小而定，如圖11-4所示。

$$F = B \times I \times L$$

F：作用力（牛頓）

B：磁通密度（韋伯）

I：流過導體的電流（安培）

L：導體在磁場的有效長度（公尺）

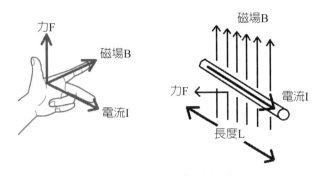

圖11-4　佛萊明左手定則

2. 直流馬達轉動方式

　　圖11-5為一個簡單的直流電動機。當線圈通電後，轉子周圍產生磁場，轉子的左側受力向上被推離左側的磁鐵，並被吸引到右側，從而產生轉動。轉子依靠慣性繼續轉動，當轉子運行至垂直位置時電流變換器將線圈的電流方向逆轉，線圈所產生的磁場亦同時逆轉，使這一過程得以重複。

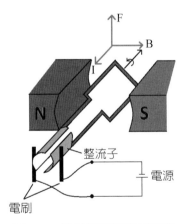

圖11-5　直流馬達運轉示意圖

　　圖11-6為一個完整的直流馬達線路圖，電流由電池正極出發，經過電刷與整流子後，沿著導線流入電樞線圈中，電樞線圈的導線通入電流在磁場中受磁場作用，產生一個作用力作用在電樞線圈上。同理，出來電樞線圈的電流，流經導線亦產生

一個相反但大小相同的作用力，此兩作用力使馬達的轉子轉動。

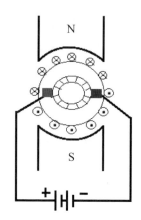

圖11-6　直流馬達線路圖

11.2.3　直流馬達之數學模型

圖11-7為直流馬達的等效電路模型。

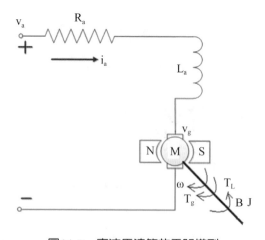

圖11-7　直流馬達等效電路模型

v_a：電樞電壓（V）

i_a：電樞電流（A）

R_a：電樞電阻（Ω）

L_a：電樞電感（H）

v_g：旋轉反動電勢（V）

ω：馬達轉軸角速度（rad/sec）

T_g：馬達產生之扭矩（N·m）

T_L：負載扭矩（N·m）

J：馬達本身的慣量以及負載反映在馬達軸上的等效慣量（N·m/(rad/sec^2)）

B：旋轉摩擦係數（N·m/(rad/sec)）

此模型可由克希荷夫定律（Kirchhoff Circuit Laws）求得下列方程式：

$$v_a(t) = i_a(t)R_a + L_a\frac{di_a(t)}{dt} + v_g(t) \cdots\cdots\cdots\cdots\cdots（式11\text{-}1）$$

1. 馬達感應電動勢的產生原因

其中v_g是電樞線圈內的電流在磁場內所造成，因旋轉切割磁力線而感應出的反電動勢，由法拉第定律可知切割一個線圈磁通量的變化會產生一個感應電動勢v(t)

$$v(t) = \frac{d\lambda(t)}{dt} \cdots\cdots\cdots\cdots\cdots\cdots\cdots（式11\text{-}2）$$

其中λ表示線圈的磁通量。

在旋轉的轉子電樞線圈，每一個線圈皆會因為轉子轉動切割磁力線而造成感應電動勢，此反抗電動勢（$v_g(t)$）與轉速（ω）、線圈數（K）、磁場強度（ϕ）皆成正比，可表示為

$$v_g(t) = K\phi(t)\omega(t) \cdots\cdots\cdots\cdots\cdots\cdots（式11\text{-}3）$$

如果磁場強度為一固定值，則上式可簡化為

$$v_g(t) = K_E\omega(t) \cdots\cdots\cdots\cdots\cdots\cdots\cdots\cdots（式11\text{-}4）$$

其中K_E為馬達的旋轉反電動勢常數，單位為V/(rad/sec)。

由式11-1與式11-3推導轉速（ω）公式

$$v_a(t) = i_a(t)R_a + L_a\frac{di_a(t)}{dt} + v_g(t)$$

$$v_g(t) = K\phi(t)\omega(t)$$

若在直流電，因此電感L_a可忽略，轉速（ω）為

$$\omega(t) = \frac{v_a(t) - i_a(t)R_a}{K\phi(t)} \cdots\cdots\cdots\cdots\cdots\cdots（式11\text{-}5）$$

2. 馬達轉矩計算

轉子電樞線圈載有電流的導線在與其垂直的定子磁場下會受到力的作用，此力的大小與導線內之電流、導線的長度與磁場的強度成正比，此力作用在轉子的軸心上即造成一扭矩。

$$T_g(t) = Ki_a(t)\phi(t) \cdots\cdots\cdots\cdots\cdots\cdots（式11\text{-}6）$$

由於電樞線圈導線之長度是固定的，因此磁場保持定值的情況下，式11-6可化簡為

$$T_g(t) = K_T i_a(t) \cdots\cdots\cdots\cdots\cdots\cdots（式11\text{-}7）$$

其中K_T為扭矩常數，單位為N · m/A。

轉子產生之扭矩即與電樞電流成正比。在轉子上所產生之扭矩無法全數施於負載，有些將消耗在克服轉子本身之磨擦，有些則用以帶動轉子本身的慣量，可將其

歸納為

$$T_g(t) = T_L(t) + J \frac{d\omega(t)}{dt} + B\omega(t) \cdots\cdots\cdots\cdots\cdots\text{（式11-8）}$$

11.2.4 直流馬達的穩態平衡工作點

當系統平衡穩定時，可知 $\frac{di_a}{dt} = 0$，此時馬達電路方程式為

$$v_a = i_a R_a + K_E \omega \cdots\cdots\cdots\cdots\cdots\cdots\cdots\text{（式11-9）}$$

又

$$T = K_T\, i_a \cdots\cdots\cdots\cdots\cdots\cdots\cdots\cdots\text{（式11-10）}$$

可知馬達扭矩─轉速曲線為一線性方程式

$$\omega = \frac{v_a}{K_E} - \frac{TR_a}{K_E K_T} \cdots\cdots\cdots\cdots\cdots\cdots\text{（式11-11）}$$

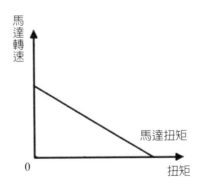

圖11-8 馬達扭矩─轉速曲線圖

當轉速變小,因馬達輸入電壓(v_a)不變,所以i_a變大,馬達輸出扭矩也會變大。任何一個馬達－負載驅動系統均可以下列之基本扭矩方程式描述

$$T = T_L + J\frac{d\omega}{dt} + B\omega \quad\cdots\cdots\cdots\cdots\cdots\cdots\cdots\text{(式11-12)}$$

在穩態時 $\dfrac{d\omega}{dt}$ 為零,此項將消失,假設T_L為零,此時負載扭矩與轉速成正比

$$T = B\omega \quad\cdots\cdots\cdots\cdots\cdots\cdots\cdots\cdots\cdots\text{(式11-13)}$$

此時馬達扭矩－轉速曲線與負載扭矩－轉速曲線交點稱作「工作點」。

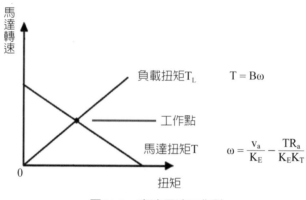

圖11-9　直流馬達工作點

11.2.5　直流馬達種類

1. 依有無電刷來分類

(1) 有刷直流馬達

有刷直流馬達是靠電流流經電刷再經電樞轉動。其垂直磁場的產生採用在轉子上增加多組的線匯繞組,經由電刷與整流子的調整,使流入電樞的電流能控制轉子磁場保持在磁場垂直的方向上。優點為其速度控制簡單,只需控制電壓即可。缺點

則為在高溫下操作，容易使電刷磨損。

(2) 無刷直流馬達

　　將永久磁鐵部分當作轉子，而電磁繞組當作定子來使用，配合適當的驅動電路來控制磁極間的換相時序，可以提高效率或增加轉速範圍。無刷馬達是靠線圈產生磁場讓電樞運轉，因為少了電刷與軸的摩擦，因此較省電也比較安靜，且保有了有刷直流馬達的加速特性。

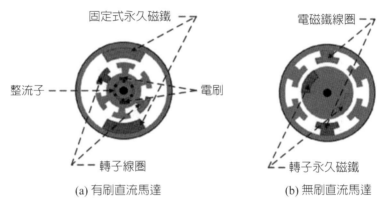

固定式永久磁鐵

整流子 - - - - - - - 電刷

- 轉子線圈

電磁鐵線圈

轉子永久磁鐵

(a) 有刷直流馬達　　　　　　(b) 無刷直流馬達

圖11-10　有刷及無刷馬達簡易比較圖

2. 依激磁分類

　　直流馬達依激磁方式可分為串激式、並激式及複激式馬達等三種。

(1) 串激式馬達

串激式馬達之激磁線圈和電樞以串聯接線，故激磁電流和電樞電流相等。

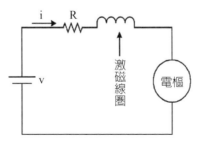

i　R

v

激磁線圈

電樞

圖11-11　串激式馬達等效電路圖

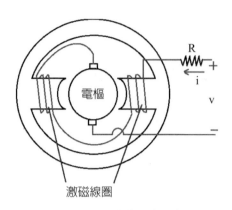

圖11-12　串激式馬達示意圖

　　分析如下：若馬達於高負載時，轉速下降，導致電流i_a上升，此時激磁線圈磁場強度（$\phi(t)$）也會隨電流上升，則轉矩與電樞線圈之電流平方成比例。

　　同理，低負載時，可得出高轉速、低轉矩的特性。因此串激式馬達在高負載具有電流大，可產生的扭力大，擁有高啟動轉矩的特性。由此現代汽車啟動馬達都使用此類型。

$$\omega(t) = \frac{v_a(t) - i_a(t)R_a}{K\phi(t)}$$

$$T_g(t) = Ki_a(t)\phi(t)$$

圖11-13　串激式馬達原理分析

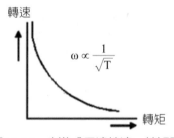

圖11-14　串激式馬達轉速－轉矩圖

(2) 並激式馬達

並激式馬達之激磁線圈和電樞使用同一電源，且以並聯方式相連接，故兩端電壓相等，所以只要電壓一定，磁場電流也是一定值，使得磁場強度為固定值，所以具有轉速變動少的特性。

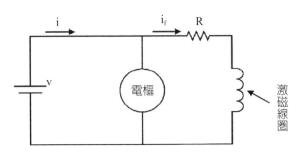

圖11-15　並激式馬達等效電路圖

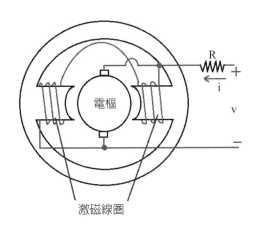

圖11-16　並激式馬達示意圖

分析如下：若馬達於高負載時，轉速下降，導致電流i_a上升，則轉矩與電樞線圈電流成比例。

同理，低負載時，可以得出轉速上升，轉矩下降。因此並激式馬達轉速變化較小，為較穩定的馬達。

$$\omega(t) = \frac{v_a(t) - i_a(t)R_a}{K\phi(t)}$$

$$T_g(t) = Ki_a(t)\phi(t)$$

圖11-17　並激式馬達原理分析

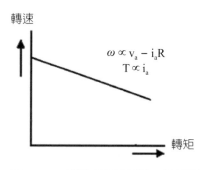

$$\omega \propto v_a - i_a R$$
$$T \propto i_a$$

圖11-18　並激式馬達轉速－轉矩圖

(3) 複激式馬達

複激式馬達具有串激線圈和並激線圈。串激繞組和並激繞組兩者產生的磁場方向相同時，稱為複激式馬達。

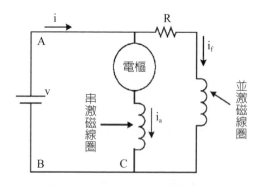

圖11-19　複激式馬達等效電路圖

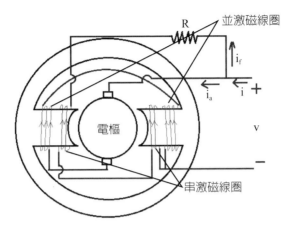

圖11-20　複激式馬達示意圖

表11-1　串激式、並激式、複激式直流馬達比較表

	馬達特性	用途
串激式馬達	無負載時：因$i_a = 0$，$\phi = 0$，轉速相當高有飛脫之虞，故不可在無載時運轉，通常會加裝離心開關作保護。	主要用於需高啟動轉矩或高轉速的場合，如起重機、電車、果汁機、吸塵器等。
並激式馬達	負載↑，磁通ϕ固定不變，$\omega = v - i_a R_a$微微下降	因轉速下降幅度極小，可視為定速電動機；而且可利用調整磁場電阻大小來改變轉速，因此又可視為調速電動機。一般用於印刷機、鼓風機、車床。
複激式馬達	負載上升：電樞電流i_a上升，ϕ亦上升，因此轉速比分激下降多，大約介於定速與變速之間。	兼具有串激高啟動轉矩及並激定速的特性，故一般用於突然施以重載的地方，如鑿孔機、沖床、滾壓機。

11.2.5　實例

1. 電動座椅

　　利用小型馬達的正轉、反轉來控制椅子的前、後、上、下等動作，電動座椅馬達包含三組馬達控制作動，分別為傾斜馬達、升降馬達、滑動馬達。傾斜馬達控制椅背的角度改變，滑動馬達控制前後位置改變，升降馬達則是改變座椅的高度。

(1) 大腿部分上移

a. 調整控制開關切換到1位置。

b. 此時電流會經由S1流入到L1與正轉激磁線圈。

c. 當L1激磁時會使P1關閉,此時電流匯流入電樞A1產生轉動。

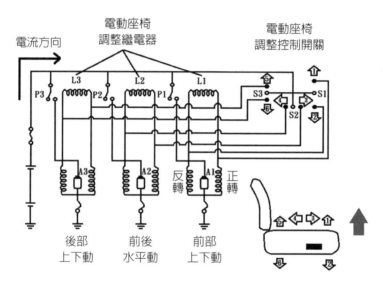

圖11-21　電動座椅作動圖(1)

(2) 大腿部分下移

a. 調整控制開關切換到2位置。

b. 此時電流會經由S1流入到L1與反轉激磁線圈。

c. 當L1激磁時會使P1關閉,此時電流匯流入電樞A1產生轉動。

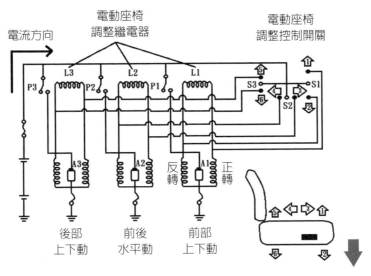

圖11-22　電動座椅作動圖(2)

2. 汽車雨刷系統

雨刷的特性有：馬達的旋轉運動變為雨刷的來回擺動、雨刷靜止時，每次都能在玻璃邊緣，不妨礙駕駛者的視線、可隨需求調整變速。

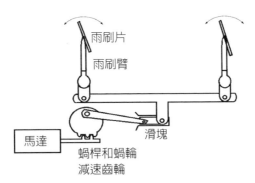

圖11-23　汽車雨刷示意圖

(1) 複激磁式馬達雨刷電路

電樞和一個線圈採用串聯，另一個用並聯，藉由磁場強弱變化來控制高速和低速，當磁場越強時，則為低速；當磁場弱時，則為高速。

a. 高速時：

當雨刷開關（H）時，電流會流到L_1磁場線圈與電樞，使馬達轉動。

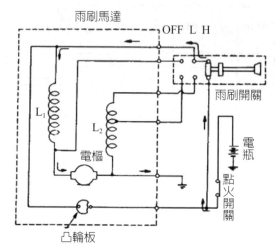

圖11-24　複激磁式馬達雨刷高速型態電路圖

b. 低速時：

　　將開關左移到（L）時，電流會同時流到L_1磁場線圈、電樞與L_2磁場線圈，使馬達轉動。

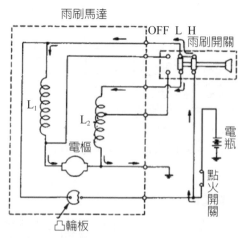

圖11-25　複激磁式馬達雨刷低速型態電路圖

　　當雨刷開關（OFF）時，若雨刷尚未歸位，馬達所連接的凸輪板讓電路繼續接
（如圖11-26）；如果雨刷已經歸位（如圖11-27），凸輪板和線路分離，馬達和雨
刷開關形成一內部封閉的電路產生制動，防止馬達繼續慣性運轉。

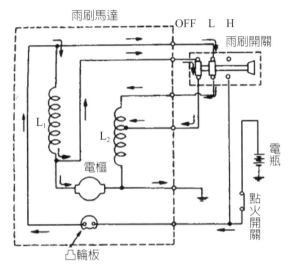

圖11-26　複激磁式馬達雨刷關閉型態電路圖（雨刷未歸位）

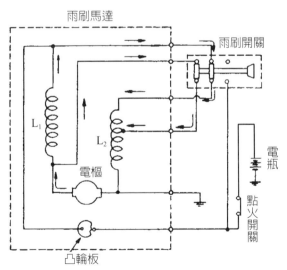

圖11-27　複激磁式馬達雨刷關閉型態電路圖（雨刷歸位）

(2) 永久磁鐵式雨刷

和複激式馬達雨刷差別在於，電樞接觸的電刷有三種，分別為火線電刷、低速電刷、高速電刷。優點為重量比較輕，不用電磁線圈且沒有渦電流，不易發熱。

a. 雨刷開關切換到低速運轉（L）時，電流由11進入再從13出來到電樞，使馬達運轉。

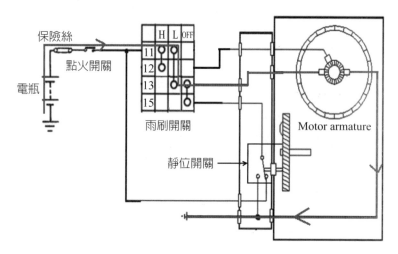

圖11-28　永久磁鐵式雨刷低速型態電路圖

b. 雨刷開關切換到高速運轉（H）時，電流由11進入再從12出來到電樞，使馬達運轉。

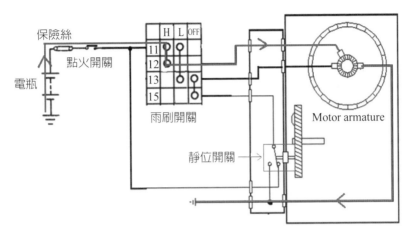

圖11-29　永久磁鐵式雨刷高速型態電路圖

c. 雨刷開關切換到OFF時：

靜位開關不在靜止位置：電流會從靜位開關流到15再從13出來到電樞，使馬達運轉。

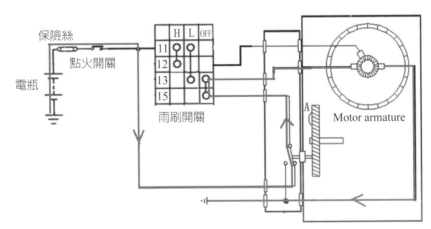

圖11-30　永久磁鐵式雨刷低速型態電路圖(1)

靜位開關在靜止位置：當A點碰到靜位開關時，會將靜位開關的軸桿往外推，使開關關閉。

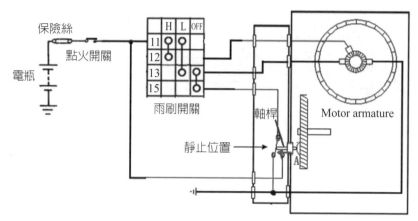

圖11-31　永久磁鐵式雨刷關閉型態電路圖(2)

11.3　步進馬達

　　1923年，英國人詹姆斯（James Weir）發明三相可變磁阻型（Variable Reluctance）馬達，簡稱「步進馬達」（Stepper Motor）。步進馬達是脈衝馬達的一種，將直流電源透過數位IC處理後，變成脈衝電流以控制馬達。而且將馬達旋轉一圈分成數等分（數步），可使角度的控制更為精密。

11.3.1　步進馬達基本構造

　　步進馬達是一個在一定角度的固定步數下旋轉的極佳典型直流馬達，它的每一步大小範圍能從0.9°到90°。其基本構造包括一個轉子和定子，轉子是由永久磁鐵組成，而定子則是由電磁石構成。轉子會在一個激磁的磁場下移動以對準定子，而當磁場是沿著圓周方向一個緊接一個被激磁時，相對的轉子會被吸引而做出完整的旋轉。

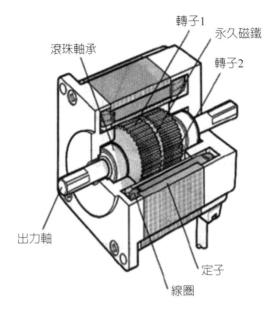

圖11-32　步進馬達構造圖

（圖片來源：http://www.orientalmotor.com.tw/web_seminar/stkiso2-1-2/）

11.3.2　步進馬達原理

　　步進馬達包括一個永磁轉子、線圈繞組和導磁定子。激發一個線圈繞組將產生一個電磁場，分為北極和南極。定子產生的磁場使轉子轉動到與定子磁場對齊。通過改變定子線圈的通電順序可使電機轉子產生連續的旋轉運動。步進馬達又可稱為脈衝馬達，因為激磁線圈多數是接收由外部產生的脈衝訊號控制，產生出理想的線圈激磁順序。步進馬達依定子線圈的總數不同，可分成二相、三相、四相、五相。

1. 激磁方式（步進馬達前進一步級的方式）

　　兩相步進馬達的步進順序：

　　第1步中，兩相定子的A相通電，因異性相吸，其磁場將轉子固定在圖示位置。

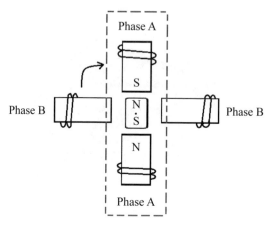

圖11-33 步進馬達步進順序(1)

在第2步中，當A相關閉、B相通電時，轉子順時針旋轉90°。

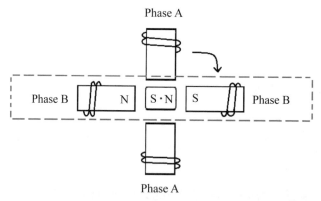

圖11-34 步進馬達步進順序(2)

在第3步中，B相關閉、A相通電，但極性與第1步相反，這促使轉子再次旋轉90°。

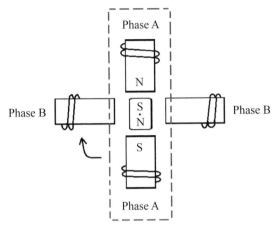

圖11-35　步進馬達步進順序(3)

在第4步中，A相關閉、B相通電，極性與第2步相反。重複該順序促使轉子按90°的步距角順時針旋轉。

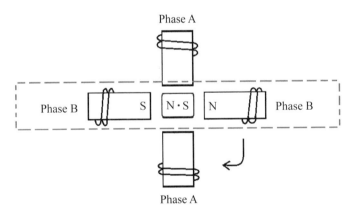

圖11-36　步進馬達步進順序(4)

11.3.3　步進馬達種類

按激磁方式可將步進馬達分為三種：永久磁鐵PM式（Permanent Magnet

Type）、可變磁阻VR式（Variable Reluctance Type），以及複合式（Hybrid Type）。

1. PM式

　　PM式步進馬達的轉子是以永久磁鐵製成，其特性為定子線圈不通電（未激磁）時，由於轉子本身具磁性能與線圈感應，故能保持轉矩。PM式的步進角依照轉子材質不同而有所改變，例如鋁鎳鈷系磁鐵轉子之步進角較大，為45°或90°，而陶鐵系磁鐵因可多極磁化故步進角較小，為7.5°及15°。

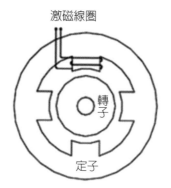

圖11-37　PM式步進馬達示意圖

2. VR式

　　VR式步進馬達的轉子是以高導磁材料加工製成，轉子上具有轉子凸出極，利用定子線圈的磁場對凸出極產生吸引力使轉子轉動。由於是利用定子線圈產生吸引力使轉子轉動，因此當線圈不通電時無法保持轉矩，此外，由於轉子可以經由設計提高效率，故VR式步進馬達可以提供較大之轉矩，通常運用於需要較大轉矩與精確定位之工具機上，VR式的步進角一般均為15°。

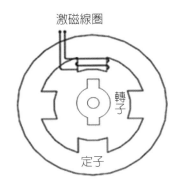

激磁線圈

轉子

定子

圖11-38　VR式步進馬達示意圖

3. 複合式

　　複合式步進馬達，結構上是在轉子外圍設置許多齒輪狀之突出電極，同時在其軸向亦裝置永久磁鐵，可視爲PM式與VR式之合體，具備了PM式與VR式兩者的優點——高精確度、高轉矩，但步進角較小，一般介於1.8°～3.6°之間。

11.3.4　實例

步進馬達怠速閥

　　怠速閥的功能是在當引擎怠速時（節氣門關閉），根據引擎溫度高低和負荷大小，改變怠速空氣道的截面積，使引擎在不同條件下都有最佳的怠速轉速。其中可分成往復式電磁閥和步進馬達控制閥兩部分。

　　通常安置步進馬達在旁通空氣道中，再由ECU供給的脈衝訊號來控制其空氣通道的開口大小。一般而言，汽車所用的步進馬達，其步進階數約爲125左右，可精準的控制空氣的流量大小。

怠速馬達位置　　　　　節氣門位置

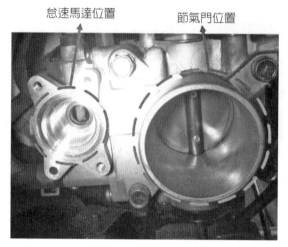

圖11-39　怠速馬達位置實體圖

參考文獻

1.　曾教授與古董保時捷（2013）。馬達。檢自：http://eatontseng.pixnet.net/blog/post/102290242-%E7%AC%AC%E5%8D%81%E7%AB%A0%EF%BC%9A%E9%A6%AC%E9%81%94

2.　交通大學控制工程系所（1996）。直流電動機的工作原理與特性。檢自：http://pemclab.cn.nctu.edu.tw/peclub/W3cnotes/cn07/#sec01

第 12 章

車用電腦(一)

12.1 ┃ 前言

　　自從Intel公司推出第一個微處理器4004（圖12-1、圖12-2）後，也是全球第一款微處理器，就註定了電腦界即將進入蓬勃發展的命運。在短短的數年之間不斷有新的微處理器發展出來，如今微電腦的應用日益突飛猛進，已不僅是電腦專業人員才有機會接觸。在各行各業、日常生活的各個角落裡均不難發現其蹤影。

　　中央處理器是微電腦內部對數據進行處理並對處理過程進行控制的部件，伴隨著大規模集成電路技術的迅速發展，晶片集成密度越來越高，CPU可以集成在一個半導體晶片上，這種具有中央處理器功能的大規模集成電路器件，被統稱為「微處理器」。

圖12-1　第一個微處理器4004

（圖片來源：MyNikko微處理器博物館，2015）

圖12-2　全球第一款微處理器——Intel 4004，於1971年11月15日上市

（圖片來源：MyNikko微處理器博物館，2015）

車用電腦的現況

隨著汽車設計逐漸朝向個人化、舒適化與智慧化發展，車用電子系統從1970年代占全車總成本的2%成長至2004年的23%，包括簡單的電動座椅控制、電動照後鏡、空調感應設備，以及複雜的引擎傳動、安全與煞車控制、駕駛感應等，都代表著車輛控制電子化時代的來臨。在2010年，一台汽車價值的35%是在電子商品（圖12-3），系統軟體達到500萬到800萬行程式碼，每台汽車超過70個ECU。

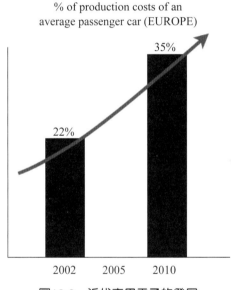

圖12-3 近代車用電子的發展

12.2 電子控制單元（Electronic Control Units, ECU）介紹

發動機控制器通過感測器監控引擎來決定注油量、點火時間和其他參數。在發動機控制器出現前，大多數引擎參數都是固定的，每個引擎週期每個氣缸的注油量是由化油器或注油泵來決定的。如圖12-4所示。

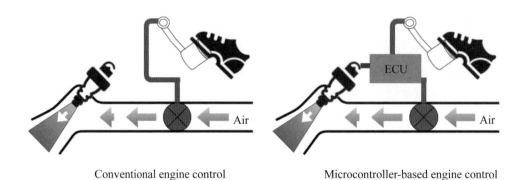

Conventional engine control   Microcontroller-based engine control

圖12-4　現代汽車透過ECU控制注油量與空氣閥門

12.2.1　沒有ECU的汽車

　　駕駛人排檔與踩下油門踏板時，以機械式的方式控制引擎噴油與變速箱換檔。如圖12-5所示。

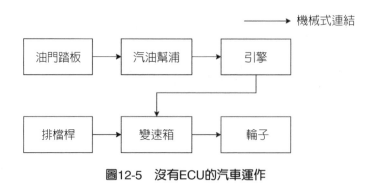

圖12-5　沒有ECU的汽車運作

12.2.2　有ECU的汽車

　　駕駛人排檔與踩下油門踏板時，將訊號傳至ECU，由ECU計算過後決定引擎的噴油量與檔位。如圖12-6所示。

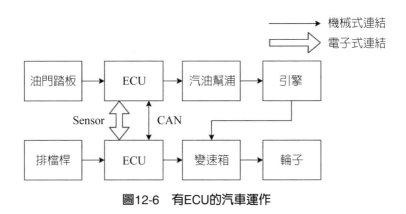

圖12-6　有ECU的汽車運作

　　ECU在車的電腦控制系統中扮演著相當於人類大腦的角色，不間斷地接收各感測器的訊號，並與永久記憶體（ROM）內的資料進行比對，進而對各元件做出相應的指令。如圖12-7所示。

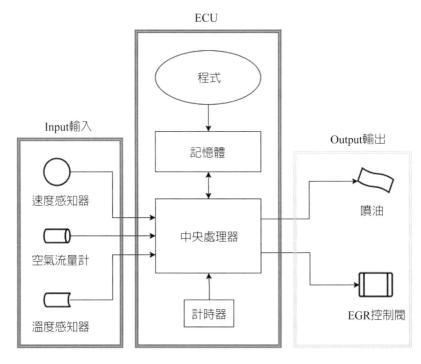

圖12-7　電腦控制系統

1. ECU的記憶體

ECU的記憶體主要分成幾個部分：唯讀記憶體（ROM）、暫存記憶體（RAM）、磨損修正係數記憶體（KAM）與電子可編輯記憶體（EEPROM）。

(1) 唯讀記憶體ROM（Read-only Memory）

儲存ECU的執行程式及龐大的比對資料（如：Fuel Map等），該記憶體只能編輯一次，並將資料永久儲存，即使切斷ECU電源資料也不會消失。這種類型的記憶體能使ECU啟動時，立即開始執行程式。

(2) 暫存記憶體RAM（Read And Write, Or Random Access Memory）

暫時儲存ECU正在執行或是正在編輯的資料，一旦切除電源其內部資料就會消失。

(3) 磨損修正係數記憶體KAM（Keep-alive Memory）

用來儲存ECU執行過程中曾發生過的「錯誤指令」；其需要電瓶持續供電才能保存其記憶體內容。

(4) 電子可編輯記憶體EEPROM（Electric Erasable Programmable Memory）

其效果近似於永久記憶體，不同在於其可編輯內容，故適合用來儲存ECU的執行程式，以便日後調整便利。

M27C256、M27C512為1980至1996年間STMicroelectronics（意法半導體）所生產的，常使用在歐系車款的ROM，規格為256KB及512KB的EPROM，有28個腳位。

(5) 記憶體單位

在電腦裡，能夠被電腦讀取與發送的訊息是數位資料，數位資料是以位元（Bit）形式表示。其中個別位元的值是1或0。數位電路通常使用5Vdc代表邏輯1，且0Vdc代表邏輯0。

八個位元稱為一個位元組（Byte）。微處理器是以字組（Word）形式處理數位資料。所以CPU一次處理或搬動的資料位元數（Word的長度）並非固定的，而是視電腦而定。例如一個64位元電腦，其Word的長度為64Bits。可參考表12-1所示。

表12-1　電腦資料單位

單位	中文	容量
Bit	位元	0或1
Byte	位元組	1Byte = 8Bits
Word	字組	
千位元組	1024 Bytes	KB
百萬位元組	1024 KB	MB
十億位元組	1024 MB	GB
兆位元組	1024 GB	TB

2. 中央處理器（Central Processing Unit，簡稱CPU）

中央處理器（CPU），是一種微處理器。是一個極小的矽晶圓，由數千個電晶體和二極體組成。主要負責協調與指揮各單元間的資料傳送與運作，使得微電腦可依照指令的要求完成工作。CPU包括算術邏輯單（ALU），以及用於數據記憶的暫存器和控制部分（圖12-8）。該矽晶片是裝在一個矩形，扁平封裝外殼中。有許多接腳使連接到外部電路。如圖12-9所示。

(1) 微處理器（Microcomputer）

為接收外部訊號經處理完後送出執行命令的元件。除了基本的運算功能外，最重要的就是輸入與輸出訊號處理的部分了，因為電腦所能接收的訊號只有數位訊號，即二進位經排列組合後所得的數列，通常高電位表示「1」，低電位表示「0」。

(2) 二進位

二進位法顧名思義即是數字加到2就要進位，跟我們日常生活用的十進位法是同樣的道理，以二進位法的1010對應十進位法的10為例。

$$2^3 \quad 2^2 \quad 2^1 \quad 2^0$$

$$2^3+2^1=8+2=10$$

$$1 \quad 0 \quad 1 \quad 0 = 10$$

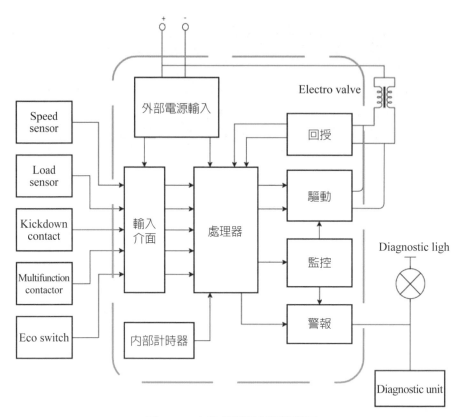

圖12-8　中央處理器內部結構圖

圖12-9　1994年，陶瓷PGA封裝的Intel DX2中央處理器

（圖片來源：MyNikko微處理器博物館，2015）

12.3　訊號轉換與應用

12.3.1 訊號的種類

　　所謂的訊號並不僅僅是指我們手機或是無線網路等，其實我們日常的所見、所聽甚至是所聞都是訊號；眼睛看到的是接收了光的波長的訊號；耳朵是接收了震動的訊號；而香味則是化學物質刺激我們的鼻子後送給大腦的訊號。然而如此多樣的訊號可被我們分成兩部分：一個是數位訊號，另一個是類比訊號。

1. 數位訊號（Digital Signal）

　　數位訊號是離散時間訊號（Discrete-time Signal）意即訊號彼此會有一定的時間間隔不連續，是電腦可以讀取與記憶的訊號形式（圖12-10）。如：曲軸位置感測器、凸輪位置感測器所發的訊號即為數位訊號。

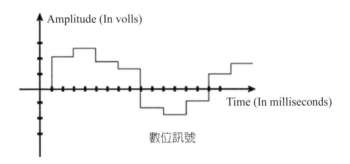

圖12-10　數位訊號

2. 類比訊號（Analog Signal）

　　類比訊號是一組隨時間改變的資料，如某地方的溫度變化、汽車在行駛過程中的速度，或電路中某節點的電壓振幅等。有些類比訊號可以用數學函數來表示，其中時間是自變數，而訊號本身則作為應變數（圖12-11）。

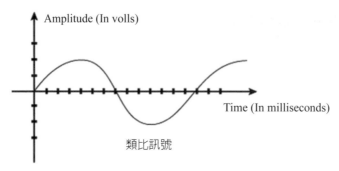

圖12-11　類比訊號

12.3.2 訊號轉換

　　在各電子系統裡常常會需要仰賴電腦同時大量地接收及處理各種訊號，但前面有提到，我們的電腦只能夠讀取數位的訊號，所以如何把訊號轉換成電腦能處理的訊號又是另一門學問了。

1. 類比訊號轉換成數位訊號

　　利用週期性的脈衝S(t)與輸入訊號U_i(t)做合成後所得的輸出訊號U_o(t)即為所求。再決定脈衝週期T_s時，為了減少訊號失真太多，故脈衝週期T_s必須小於等於輸入訊號週期的一半，且脈衝週期愈小越接近原訊號，脈衝的作用時間 τ 越小越好。如圖12-12所示。

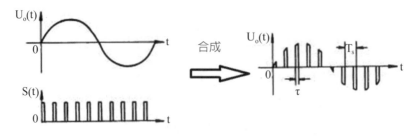

圖12-12　合成的輸出訊號

(1) 訊號解析度

一般商品化的AD/DA轉換卡在AD部分的解析度有12 bits與16 bits兩種，電壓訊號在透過AD轉換後多少會有些許的失真，因此可以利用下式計算其解析度。

$$Resolution_{min} = device\ range/2^{resolution}$$

例如感測器輸出訊號為單極性0V至10V，同時PCL-818H的AD部分的解析度有12 bits，那麼最小能解析的訊號為：

$$10/2^{12} = 2.44mV$$

(2) A/D轉換器

由於電腦一般只能讀取數位訊號，所以類比訊號再傳輸時必須先經由A/D轉換器將訊號轉成數位訊號，首先要對欲轉換的資料進行取樣與保存（Sampling and Holding），然後再將擷取到的資料加以量化（Quantization），如此就完成了資料的轉換。

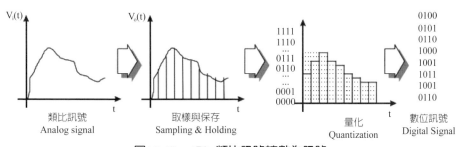

圖12-13　4Bits類比訊號轉數為訊號

此圖為A/D conveter 電路，前面為3個比較器，當Vin > Vref時，輸出為+Vcc，當Vin < Vref時，輸出為-Vcc，此電壓之後會進入Latches做邏輯運算，得出G2、G1、G0，會後再進入code conveter 運算。

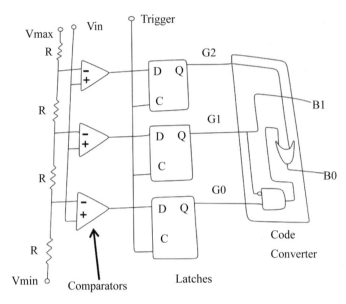

圖12-14　ADC電路

表12-2　ADC電路比對表

State	Code $G_2G_1G_0$	Binary B_1B_0	Voltage range
0	000	00	0-1
1	001	01	1-2
2	011	10	2-3
3	111	11	3-4

2. 數位訊號轉換成類比訊號

　　輸出的數位訊號是一系列的脈衝函數，且脈衝寬度 τ 很短暫，故在下一個脈衝出現前，需要有個保持電路來維持所取得的脈衝高度。如圖12-15所示。

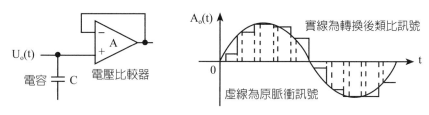

圖12-15　數位訊轉換成類比訊號

(1) D/A轉換器

此為DAC電路，數位端輸入為A3、A2、A1、A0，其4個腳位適用TTL邏輯0V-0.8V = 邏輯0，2V-5V為邏輯1，而輸入邏輯為0時則接地，邏輯為1則接訊號線，而輸出Vout為公式。

$$V_{out} = R\left(I_r \cdot A_0 + \frac{I_r}{2} \cdot A_1 + \frac{I_r}{2^2} \cdot A_2 + \frac{I_r}{2^3} \cdot A_3 \right)$$

$$I_r = \frac{V_{ref}}{2R}$$

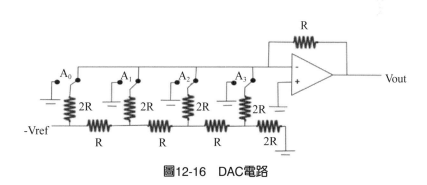

圖12-16　DAC電路

例如圖12-16中的電路為4bits的D/A轉換電路，上面的例子是將1111轉換成類比訊號，所以可以由上圖所見A0-A4都有接到Vref，反之如果數位訊號為0的話便要接地，然而圖12-16的例子為1111，Vref因為是4bits，所以為16v，最後將Ir帶入後可以化簡為16*(1/16 + 1/8 + 1/4 + 1/2) = 15V。

12.3.3 訊號轉換的應用

在訊號轉換應用的這個章節中，我們會比較一班電腦與ECU的差別，一般電腦的訊號會從感測器到轉換卡最後在到制動器，而ECU是將轉換卡的功能內建在裡面了，詳細的內容會在後面做詳細介紹。

針對使用ECU與使用個人電腦時的訊號輸入與輸出接腳進行比較，電腦的轉換卡方面，我們使用研華公司生產的PCL-818H轉換卡，在ECU方面，我們使用Bosch L-Jetronic，而ECU已經將轉換卡內建在系統中。

ECU來配合進行解說。如圖12-17、圖12-18所示。

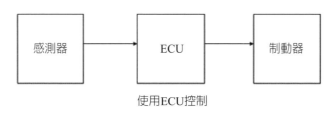

使用ECU控制

圖12-17　系統使用ECU控制

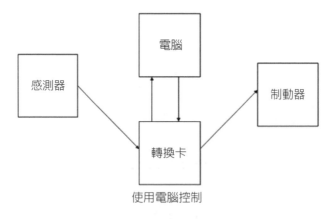

使用電腦控制

圖12-18　系統使用電腦控制

1. 一般電腦

(1) PCL-818H轉換卡

PCL-818H是一款100KHz的多功能卡，能夠提供最常用的五種測量和控制功能，這些功能包括：A/D轉換器、D/A轉換器、數位輸入、數位輸出及計數器／定時器功能，其插角如圖12-19所示。I/O接頭特性如表12-3所示。

表12-3　PCL-818H的I/O接頭特性

	規格範圍
類比輸入	0～+5或+10V
數位輸出	低電位：0.5V（最大）高電位：2.4V（最小）
類比輸入	雙極性：±0.625V、±1.25V、±2.5V、±5V、±10V 單極性：0～1.25V、0～2.5V、0～5V、0～10V
數位輸入	低電位：0～0.8V 高電位：最小2V

圖12-19　PCL-818H轉換卡實體圖

（圖片來源：I.C.P.C. Industrial System Solutions, 2015）

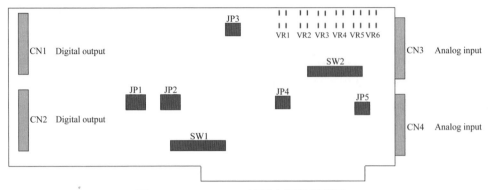

圖12-20　PCL-818H轉換卡插角架構圖

(2) 輸入

輸入時需將所有收集到的訊號轉換成數位訊號才進到電腦,如圖12-21所示。

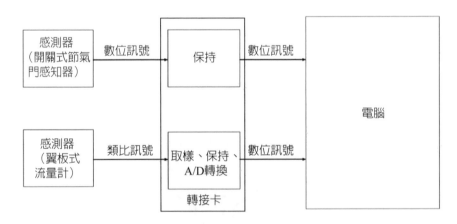

圖12-21　電腦輸入架構圖

(a) 類比數入

連接個人電腦進行讀取的方式時,感測器訊號會流入介面卡的CN3後進行訊號轉換進入電腦。

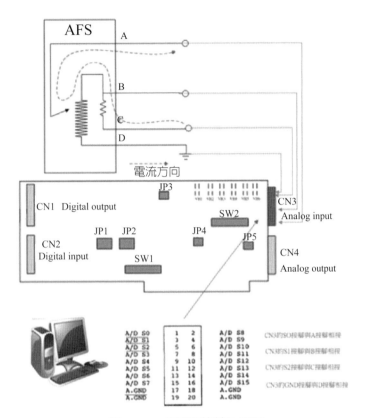

圖12-22　電腦類比輸入電路

(b) 數位輸入

連接個人電腦進行讀取的方式時，感測器訊號會流入介面卡的CN2後進行訊號轉換進入電腦。

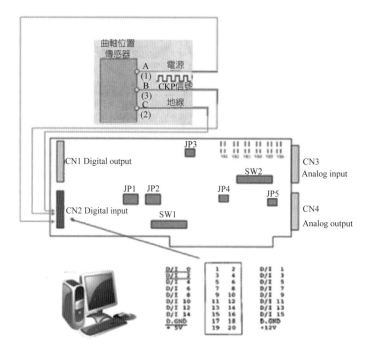

圖12-23 電腦數位輸入電路

(3) 輸出

輸入時將訊號轉換成各個輸出單位所需要訊號類型，如圖12-24所示。

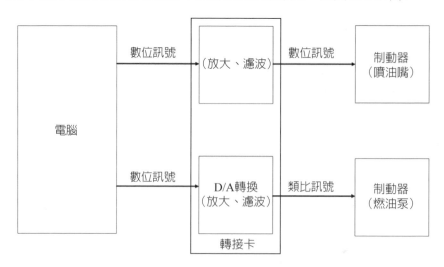

圖12-24 電腦輸出架構圖

(a) 類比輸出

連接個人電腦進行輸出的方式時，電腦訊號會由CN4輸出類比訊號進入制動器。

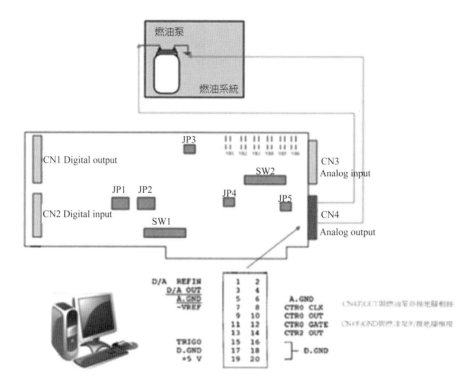

圖12-25　電腦類比輸出電路

(b) 數位輸出

其中連接個人電腦進行輸出的方式時，電腦訊號由CN1輸出數位訊號進入制動器。

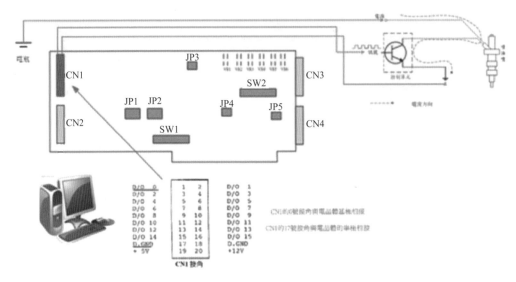

圖12-26　電腦書位輸出電路

2. 車用ECU（L-Jetronic）

　　ECU實體圖如圖12-27所示。各接腳功能與特性如表12-4所示。

圖12-27　ECU實體圖

（圖片來源：Pathway Technologies, 2015）

表12-4　ECU接腳功能與特性

1.點火線圈	19.無連接
2.油門開關怠速開關	20.繼電器第86B，發動機運轉
3.油門開關	21.無連接
4.通過主繼電器引腳	22.無連接
5.地球連接冷卻液感測器（G100）	23.O2感測器屏蔽（GND）
6.空氣流量感測器（0V）	24.O2感測器（綠線）
7.空氣流量感測器信號（0～7.5V）	25.無連接
8.空氣流量感測器基準（7.5V）	26.無連接
9.空氣流量感測器+12V	27.空氣流量感測器空氣溫度
10.繼電器，88A（點火開關接通）	28.繼電器的接地85（528I）
12.無連接	29.點火開關置於ON的繼電器88B（528I）
12.氣壓計感測器	30.噴油器5
13.冷卻液溫度感測器	31.噴油器6
14.噴油器4	32.噴油器3
15.噴油器1	33.噴油器2
16.接地連接（G99）	34.輔助空氣閥—雙金屬片
17.接地連接（G99）	35.接地連接（G99）
18.油門開關	

(1) ECU訊號處理

　　ECU與一般電腦不同的地方在於ECU的介面卡已經內建在內部了，如下圖所示，ECU在收到感測器的訊號後會先進入input signal processor進行處理，處理內容包括訊號的放大、濾波與類比-數位的轉換。

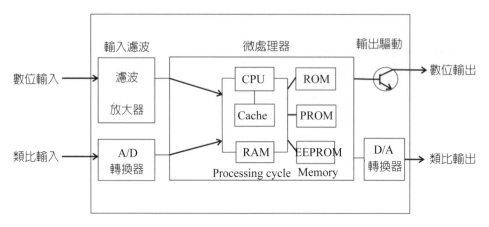

圖12-28　ECU訊號處理流程

(2) 訊號輸入

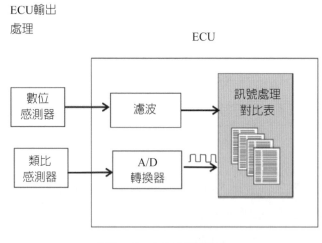

圖12-29　ECU訊號輸入

(a) 類比輸入

翼板流量計

如圖12-30所示為翼板流量計分別連接ECU的接角顯示，類比訊號會先經由
ECU內部的A-to-D conveter進行轉換，最後再由look-up-table來進行訊號的比對。

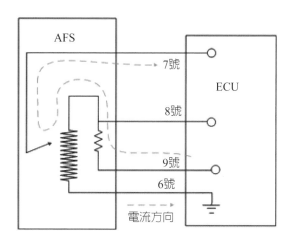

圖12-30　翼板流量計類比輸入

節氣門位置感知器

　　節氣門位置感知器將節氣門開度轉換成線性電壓信號，其電源由主電腦中的5伏特穩壓系統供給輸入節氣門位置感知器中的VC接腳。感知器中的信號接點，沿著電阻軌，隨節氣門的開度等比例的 減少，使VTA的電壓輸出也隨著節氣門的開度等比例的提高。

　　在主電腦接受VTA輸出電壓值以確認節氣門不同的開度，然後 轉換成八個不

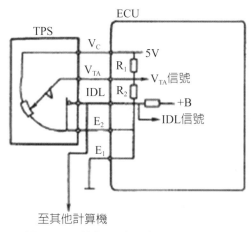

圖12-31　節氣門位置感知器類比輸入

同的電氣信號輸入變速箱電腦。當節氣門關閉時，IDL接點與E接通，並將信號輸入變速箱電腦，使電腦知道節氣門已全關。

Vc-電源；VTA-認節氣門位置感測器輸出信號；IDL-怠速觸點，E2-接地

(b) 數位輸入

如下一頁圖所示為霍爾式曲軸位置感知器分別連接ECU的接角顯示，感測器回傳出0與1的數位訊號進入ECU後會直接透過look-up-table進行比對。

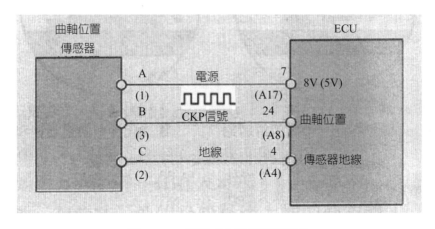

圖12-32　霍爾式曲軸位置感知器

(3) 訊號輸出

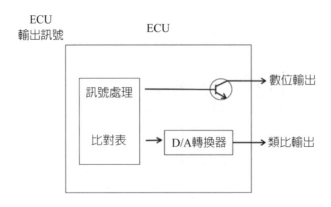

圖12-33　ECU訊號輸出

(a) 類比輸出

　　如下一頁圖所示為燃油泵分別連接ECU的接線圖，在ECU接收到感測器訊號比且比對之後，再經由ECU內的的D-to-A conveter進行訊號處理，之後再進行放大與綠波的動作，最後傳輸給制動器做對應的動作。

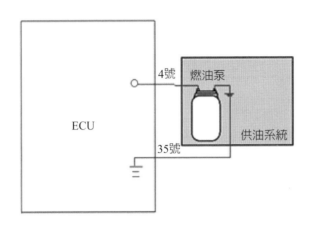

圖12-34　燃油泵類比輸出

(b) 數位輸出

　　如下圖所示為噴油嘴分別連接ECU的接角圖，在ECU接收到感測器訊號比且比對，之後再進行放大與綠波的動作，在傳輸給制動器做對應的動作。

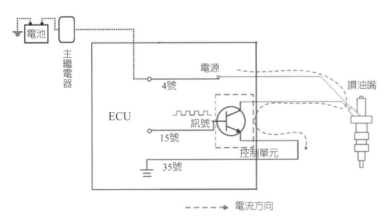

圖12-35　噴油嘴輸出

3. ECU傳輸協定-Can Bus

控制器區域網路（Controller Area Network，簡稱CAN或者CAN bus）是一種功能豐富的車用匯流排標準。被設計用於在不需要主機（Host）的情況下，允許網路上的單晶片和儀器相互通訊。它基於訊息傳遞協定，設計之初在車輛上採用復用通訊線纜，以降低銅線使用量，後來也被其他行業所使用。

第一個CAN控制晶片，由英特爾和飛利浦生產，並且於1987年發布。世界上第一台裝載了基於CAN的多重線系統的汽車是1991年推出的梅賽德斯-奔馳W140。

下圖12-36為porsche 993 的ecu，從圖中可以看到地13與55腳位，分別是L wire與K wire，便是這個ecu與其他ecu溝通的can bus線路。

圖12-36　porsche 993 ecu

CAN BUS 可提供低價位且耐用的網路，以溝通多組 CAN 裝置。舉例來說，

電子控制單元（ECU）僅需單一的 CAN 介面，即可取代系統中所有裝置的類比與數位輸入。

在此可見CAN BUS是如何取代傳統的線路，然而此章節會先介紹傳統的ECU電路，CAN BUS則會在下一章作詳細介紹。

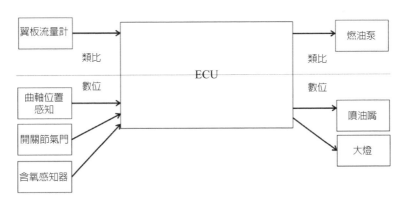

圖12-37　沒使用can bus ecu

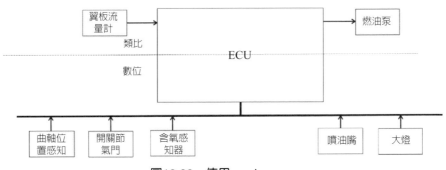

圖12-38　使用can bus ecu

12.4　網路功能與總機系統

一般電腦控制的系統，為了能達到最佳的運作效果，各元件間必須大量地流通資料，為了在短時間內達成該目的，最好的方法就是將各元件像網路一樣連接起來，再由一個總機整理並發送指令。

12.4.1 區域網路CAN（Controller-area Network）

CAN系統是利用網路訊號來進行資料的交換，最早是由Rober Bosch GmbH在1980年代所發展出來的，現今已被廣泛利用在各自動系統中。

1. CAN的工作原理

給大家做一個比喻，車上的各種控制單元就好比一家公司各個部門的經理，每個部門的經理接受來自自己部門員工的工作匯報，經過分析作出決策，並命令該部門的員工去執行。如圖12-39示出車身上各種控制單元的分布，車身上的這些控制單元並不是獨立工作的，它們作爲一個整體，需要信息的共享，那麼這就存在一個信息傳遞的問題。

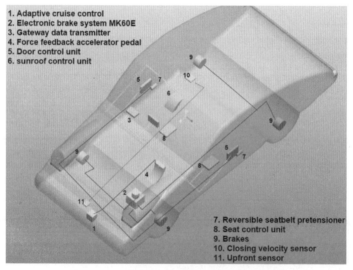

1. Adaptive cruise control
2. Electronic brake system MK60E
3. Gateway data transmitter
4. Force feedback accelerator pedal
5. Door control unit
6. sunroof control unit
7. Reversible seatbelt pretensioner
8. Seat control unit
9. Brakes
10. Closing velocity sensor
11. Upfront sensor

圖12-39 車身上各種控制單元的分佈圖

2. ECU間的資訊交換

比如發動機控制單元內的發動機轉速與油門踏板位置這兩個信號也需要傳遞給自動變速器的控制單元，然後自動變速器控制單元會據此來發出升檔和降檔的操作指令，那麼兩個控制單元之間又是如何進行通信的呢？目前在車輛上應用的信息傳遞形式有兩種：

(1) 第一種是每項信息都通過各自獨立的數據線進行交換。比如兩個控制單元間有5種信息需要傳遞，那麼就需要5根獨立的數據線。也就是說信息的種類越多，數據線的數量和控制單元的針腳數也會相應增加。這些複雜繁多的線束無疑會增加車身重量，也為整車的佈線帶來一定困難。如圖12-40所示。

圖12-40　每項信息都通過各自獨立的數據線進行交換

(2) 第二種方式是控制單元之間的所有信息都通過兩根數據線進行交換，這種數據線也叫CAN數據總線。通過該種方式，所有的信息，不管信息容量的大小，都可以通過這兩條數據線進行傳遞，這種方式充分的提高了整個系統的運行效率，可以大大減少汽車上電線的數量，同時也簡化了整車的佈線。如圖12-41所示。

圖12-41　所有信息都通過兩根數據線進行交換

12.4.2　總機（Bus）

其名的由來是像巴士一樣將資料交換或是牽引至各系統，協助各系統與ECU

間互動,最常見於防鎖死煞車系統(Anti-lock Braking System)與引擎管理系統(Engine Management System)。

　　某個控制單元接收到負責向它發送數據的感測器的信息後,經過分析處理會採取相應措施,並將此信息發送到總線系統上。這樣此信息會在總線系統上進行傳遞,每個與總線系統連接的控制單元都會接收到此信息,如果此信息對自己有用則會存儲下來,如果對其無用,則會進行忽略。

　　它的工作原理與運行中的公共汽車很類似。其中每個站點相當於一個控制單元,而行駛路線則是CAN總線,CAN總線上傳遞的是數據,而公共汽車上承載的是乘客。如圖12-42所示。

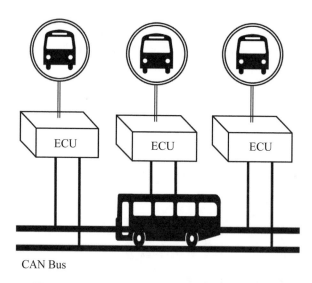

CAN Bus

圖12-42　CAN Bus的工作原理與公共汽車類似

1. CAN Bus線路的演進

　　傳統的標準線路中並沒有總機(Bus)的概念,所以每個電腦(ECU)都需要其感測器及作動器與它們直接連接。假使作動器M1和M2都需要感測器S1的訊號,則M1,M2和S1都必須綜合在一個電腦C1上,或是相同的信號必須由數個感測器作重複多次的記錄。如圖12-43所示。

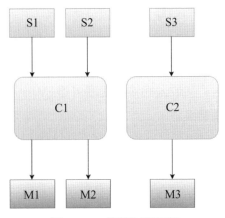

圖12-43　傳統標準線路

CAN的標準線路中所有的電腦（ECU）都是經由資料匯流排（Bus）接在一起，在匯流排系統中每一個獨立的電腦是連結在一起並能交換資訊；來自一個感測器的信號傳送到最近的電腦後，信號經電腦處理並轉成資料碼後傳送至資料匯流排，在這資料匯流排上的每個電腦都可以讀取並處理這資料碼。如圖12-44所示。

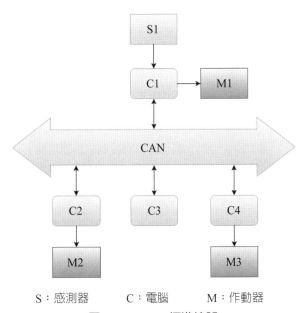

S：感測器　　　C：電腦　　　M：作動器

圖12-44　CAN標準線路

　　根據CAN Data Bus的資料傳輸速度可以分成兩種：

　　(1) Low-speed CAN：其最大的傳輸速度達125Kbaud，適合用在椅座調整馬達或是空調等系統。

　　(2) High-speed CAN：其最大的傳輸速度可達1Mbaud，適合用在引擎管理系統、牽引力控制系統及傳動系統。

$$1（波特）Baud = 1\ Bit/s$$

2. 節點（Node）

　　每個Node中都有一個微處理器，使得每個Node都具有傳送與接收訊息的功能。然而每個Node都是獨立與Bus傳遞訊息，所以難免會有兩個以上的訊息同時傳給Bus，此時就需要用到「位元仲裁」來決定其處理順序，如圖12-45所示。

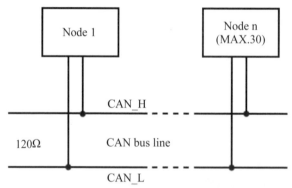

圖12-45　Node具有傳送與接收訊息的功能

3. 位元仲裁

　　下圖12-46中，Node A先對Bus提出傳輸檔案的要求，然而在傳輸過程中，Node B與Node C也提出傳輸檔案的要求，但是由於Node B的辨識碼（ID）較小，所以即使他較晚提出要求，Bus還是會優先Node B的要求。

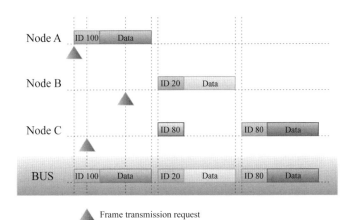

圖12-46　由位元仲裁決定Node的處理順序

　　圖12-47為CAN Bus之管線示意圖，資料的最大傳輸速度取決於CAN Bus的長度，表12-4為ISO 11898的規範標準。

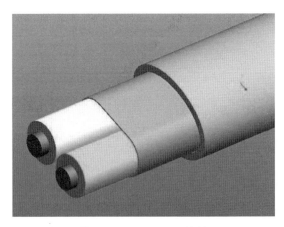

圖12-47　CAN Bus管線

表12-4　CAN管線的ISO規範標準

Maximum permitted bit rate	Maximum length of CAN bus
1 Mbit/s	40 m
500 Kbit/s	100 m
250 Kbit/s	250 m
125 Kbit/s	500 m
40 Kbit/s	1000 m

4. 錯誤訊息

　　CAN Bus在統合大量資料的過程中，難免會接收到一些錯誤的訊號，所以系統必須判斷該錯誤是暫時的還是永久的，若是永久的則CAN Bus將切斷其連接，其餘的將繼續運作；判斷的依據將用「環性多餘檢查」決定之。

5. 環性多餘檢查（Cyclic-redundancy-check，簡稱CRC）

　　要傳送信息的電腦從要傳遞的信息中計算測試位元，同時把計算出來的測試位元加入傳遞的信息組中的CRC信息組內，而接收的電腦從接收的信息測試位元中，加以計算並比較，來得知接收是否正確無誤接收。

參考文獻

1.　MyNikko.com微處理器博物館（2006）。Intel4004-1971。檢自：http://www.mynikko.com/CPU/4004.html

2.　MyNikko.com微處理器博物館（2006）。緣起。檢自：http://www.mynikko.com/CPU/index.html

3.　MyNikko.com微處理器博物館（2006）。Intel3101-1969。檢自：http://www.mynikko.com/CPU/3101.html

4.　mantenimiento.sena (2015)。PARTES INTERNAS DEL COMPUTADOR。檢自：http://tecnologi-co-mundo.webnode.es/partes-internas-del-computador/

5.　ETAS (2014)。ECUBasics。檢自：http://www.etas.com/zh/

6.　台灣博世（2015）。台灣博世。檢自：http://www.bosch.com.tw/zh-tw/tw/startpage-10/country-landingpage.php

7. I.C.P.C.IndustrialSystemSolutions (2005)。PCL-818H。檢自：http://www.icpc.co.il/products/data/pcl818h.htm

8. LINDY (2015)。Digital to Analogue Stereo Audio Converter。檢自：http://www.lindy.co.uk/

9. hardil (2011)。CAN-Bus-Leitung。檢自：http://www.hradil.de/de/presse-service/presse-2011/item/144-mai-2011

10. Allan Bonnick. A Practical Approach to Motor Vehicle Engineering and Maintenance. Third Edition (2011).

11. PathwayTechnologies (2015)。ECUDESIGN。檢自：http://www.pathwaytechnologies.net/ECUDesign.shtml

第 13 章

車用電腦(二)

13.1　前言

　　房車（Motor Home），是一種移動住家的概念，現代汽車的發展，已經不僅只是代步的交通工具而已，而是朝向與生活更緊密的結合，當高科技電子產品走向汽車產業，傳統的汽車工業也逐漸蛻變成「便利」、「娛樂」與「智慧」的結合體。

　　源代碼行數簡稱SLOC，是最簡單的一種軟體度量，而軟件品質和軟體度量成正比關係，這是軟體度量的根本理念。

　　由圖13-1所示，維持一個工廠運作大約需要十萬行源代碼，一台飛機飛行需要650萬行源代碼，一台汽車卻可以用到超過2000萬行源代碼，可知汽車電腦的發展程度極高。

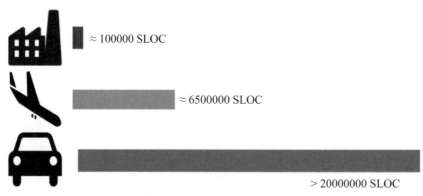

≈ 100000 SLOC

≈ 6500000 SLOC

> 20000000 SLOC

圖13-1　汽車電腦的發展程度

13.2　ECU系統體系，功能與實現

　　汽車功能越來越多，連網的軟體數量也不斷增加，由於軟體架構沒有一個標準，每家公司都有自己的方案，我們在此用AUTOSAR做為範例，來解釋ECU內的程式是如何運作的。

13.2.1　ECU的硬體架構

ECU（Electronic Control Unit）電子控制單元，又稱「行車電腦」、「車載電腦」等。從用途上來說則是汽車專用微機控制器。它和普通的電腦一樣，由微處理器（CPU）、存儲器（ROM、RAM）、輸入／輸出接口（I/O）、模數轉換器（A/D）以及整形、驅動等大規模集成電路組成（圖13-2）。用一句簡單的話來形容可以說「ECU就是汽車的大腦」。

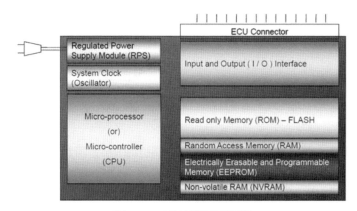

圖13-2　ECU的硬體架構

（圖片來源：ETAS，2015）

ECU的電壓工作範圍一般在6.5～16V（內部關鍵處有穩壓裝置）、工作電流在0.015～0.1A、工作溫度在-40℃～80℃。能承受1000Hz以下的振動，因此ECU損壞的概率非常小，在ECU中CPU是核心部分，它具有運算與控制的功能，發動機在運行時，它採集各感測器的信號，進行運算，並將運算的結果轉變為控制信號，控制被控對象的工作。

13.2.2　ECU採集訊號

最常見的例子就是含氧感知器EGO回饋給ECU訊號，使得空燃比盡可能維持在理想的狀態，即是讓引擎提供最佳效率。

1. 含氧感知器（EGO）

含氧感測器（Exhaust Gas Oxygen Sensor, EGO），可以用來檢測廢氣中的含氧量來向ECM回饋混合氣的濃度資訊。當EGO測得的氧氣含量多時表示空燃比太稀，引擎燃燒不完全；反之氧氣含量少，則空燃比高。

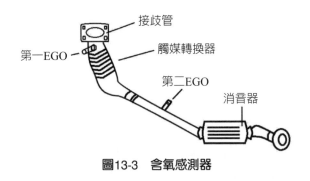

圖13-3　含氧感測器

現代車輛上一般會裝有兩個含氧感測器，其位置如圖13-3所示，分別安裝在觸媒催化劑之前和之後的排氣管上。其中，第一個EGO主要是測量廢氣中的含氧量，以確定實際空燃比與所需的值大還是小，並向ECU回饋相應的電壓信號，而後面的EGO感測器則是來測量觸媒轉換器是否正常工作用，故其正常工作時回傳的電壓應為一定值，表示從觸媒轉換器通過後的氧氣含量正常。

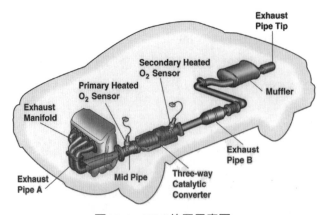

圖13-4　EGO位置示意圖

（圖片來源：HDABOB's Tech Notes，2015）

2. 廢氣循環系統（EGR）

　　廢氣再循環（Exhaust Gas Recirculation，EGR）是指在引擎排氣過程中，將一部分廢氣引入進氣管，與油氣混合氣混合後進入氣缸燃燒。由於燃燒過程中會吸收熱量，所以降低了引擎溫度。廢氣中的氮氧化物（NO_x）主要是在高溫富含氧的條件下生成的，因而廢氣再循環降低引擎溫度的同時也減少NO_x的生成，但是如果廢氣再循環過度則會影響正常運行。

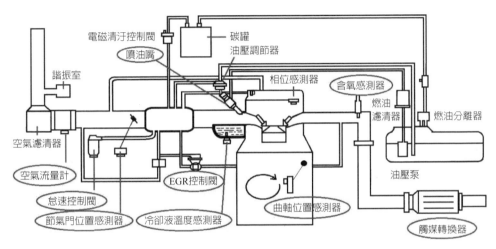

圖13-5　廢氣循環系統

13.2.3　汽車開放系統架構（AUTOSAR）

　　AUTOSAR是AUTomotive Open System Architecture（汽車開放系統架構）的首字母縮寫，是一家致力於制定汽車電子軟件標準的聯盟。AUTOSAR是由全球汽車製造商、部件供應商及其他電子、半導體和軟件系統公司聯合建立，各成員保持開發合作夥伴關係。自2003年起，各夥伴公司攜手合作，致力於為汽車工業開發一個開放的、標準化的軟件架構。

　　一般的軟體架構如圖13-6，由應用軟件、基本軟件、硬體組成。

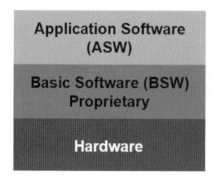

圖13-6　軟體架構圖

　　爲了重用應用軟件,它必須能夠與指定此軟件運行的硬件平台分開獨立使用。這個目標可以通過爲介於軟件硬件之間的界面(叫做運行時間環境RTE)開發一個適用的標準來實現(圖13-7)。

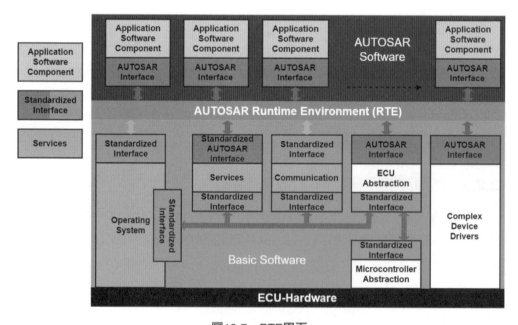

圖13-7　RTE界面

(圖片來源:ETAS,2015)

13.2.4　ECU的程式運作

　　我們以開啟前大燈做爲例子解釋，首先參考圖13-8，開啟大燈的步驟爲：打開大燈開關→ECU接收開關訊號→要求開大燈→通過網路（CAN）確認鑰匙插入→大燈就位→確認開啟大燈→透過基本軟件將訊號轉爲PWM類比訊號→前大燈亮起。

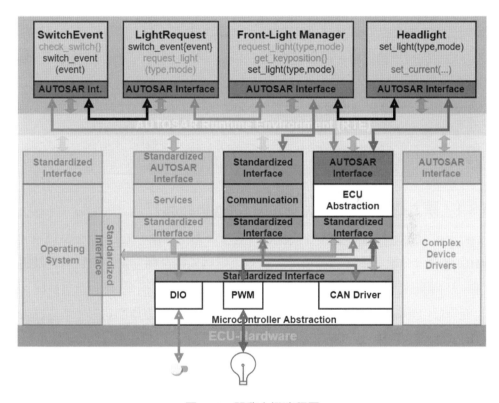

圖13-8　開啟大燈流程圖

（圖片來源：ETAS，2015）

　　再舉一個例子，ECU讀取油門踏板的值，決定引擎輸出的轉矩步驟如下：

1. 讀取連線的油門踏板通過類比數爲轉換器的數據。

2. 利用這些數據，比對內建圖表。

3. 比對後輸出的值乘以校正因素。

4. 計算引擎的輸出轉矩。

5. 每20毫秒重複一次。

13.3　ECU系統的錯誤檢查

當ECU在運作過程中，處理器不停地監控各輸入輸出的訊號，當訊號值與Data Base的資料不吻合時，則ECU必須採取一些應對的動作。如：節氣門位置感知器並沒有在相對的引擎轉速時，送出符合Data Base的輸入訊號。可能會造成以下幾個狀況：

1. 診斷錯誤的警告會出現。

2. 故障燈亮。

3. 部分運作將會受限。

13.3.1　車上診斷系統（On-board Diagnostics）

為了更有效地維護車子的各系統正常運作，車用診斷系統OBD（圖13-9、圖13-10）的安裝是必須的，該系統是經由車上電腦監控車輛空氣汙染防制設備使用狀況，及偵測故障之能力，並可儲存故障碼及顯示故障指示信號功能之系統，同時也能夠經由外裝配備來讀取診斷錯誤內容，及測試內部運作的功用。示意圖如圖13-11；診斷流程如圖13-12所示。

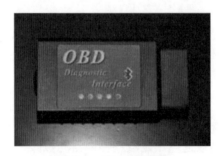

圖13-9　OBD實體圖

（圖片來源：Vehiclefixer.com，2015）

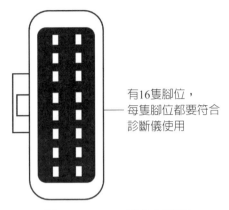

有16隻腳位，
每隻腳位都要符合
診斷儀使用

圖13-10　OBD腳位架構圖

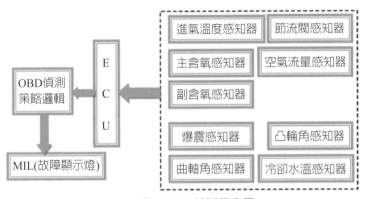

圖13-11　診斷示意圖

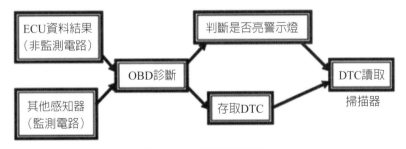

圖13-12　診斷流程圖

13.3.2 OBD的演進

車上診斷系統是一種裝置於車中用以監控車輛汙染的系統，可於車輛的排放控制元件出現問題時，早期產生訊號以通知車主送廠維修，避免問題車輛在不知情的情況下製造更多的汙染。

車上診斷系統的設計發想約起於1980年代中期的美國，當時發現配備空燃比控制系統的車輛如果排放汙染超過管制值時，其含氧感知器通常也有異常，由此逐漸衍生出設計一套可監控各排放控制元件的系統，以早期發現可能超出汙染標準的問題車輛。OBD發展如圖13-13。

1. ODB（I）與OBD（II）

(1) OBD（I）必須符合下列規定

a. 儀錶板必須有「故障警示燈」（MIL），以提醒駕駛注意特定的車輛系統已發生故障（通常是廢氣控制相關系統）。

b. 系統必須有記錄／傳輸相關廢氣控制系統故障碼的功能。

c. 電氣元件必須監控包含HO2S、EGR、EVAP。

(2) OBD（I）缺點

a. OBD（I）規定不夠嚴謹。

b. 各車廠的規格不一。

c. 無法診斷全部完整的系統。

(3) CARB所定義的OBD（II）系統必須有下列功能

a. 偵測廢氣控制系統的元件是否由「衰老」變成了「損壞」。

b. 必須有警示駕駛人員該進行廢氣控制系統的保養／檢修的功能。

c. 使用標準化的故障碼，並且可以通用的儀器讀取。

(4) OBD（I）／（II）比較

見表13-1。

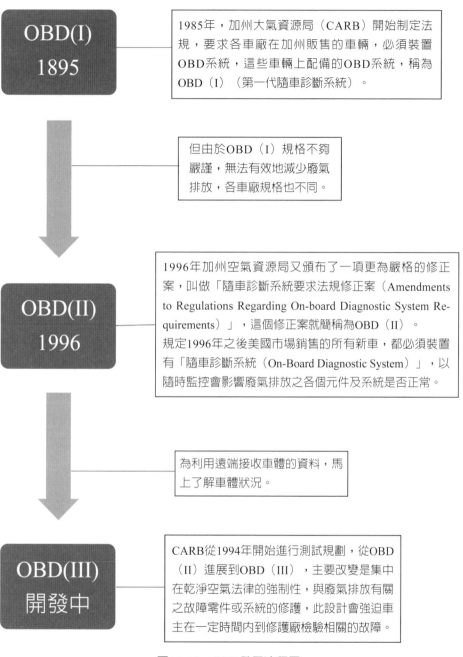

圖13-13　OBD發展流程圖

表13-1　OBD（I）/（II）

診斷項目	OBD（I）中的診斷項目	OBD（II）中的診斷項目
催化轉換器	─	劣化
失火	─	單缸/多缸失火
氧感測器	不活躍、電路診斷	劣化（不正常的電壓、響應）、不活躍、電路診斷
EGR	EGR流量下降	EGR流量過高或過低
供油系統	過濃或過稀	過濃或過稀
二次空氣系統	─	功能/電路診斷
蒸發控制系統	─	系統泄露/不良沖洗
排放相關電子部件	電路診斷	功能性診斷（對無功能性診斷的部件進行電路診斷）

2. OBD（III）

　　OBD（III）目前還在發展階段，OBD（II）雖然可以診斷出排放相關故障，但是無法保証駕駛者會接受警示燈的警告並對車輛故障作及時修復。為此出現以無線傳輸故障訊息為主要特徵的新一代OBD系統。OBD（III）系統能夠利用車上傳送器（On-board Transmitter），透過無線通信、衛星通信或者GPS系統將車輛的故障碼及所在位置等資訊自動通告管理部門。此資料可藉由路邊讀送器、區域站網路使車主收到指出問題的相關郵件，並要求在一定時間內修護故障（圖13-14）。

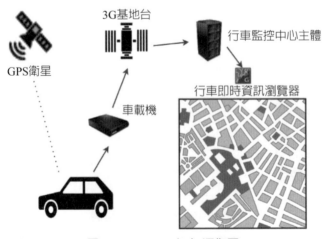

圖13-14　OBD（III）運作圖

3. 預期結果

(1) 道路緊急協助功能。

(2) 車輛狀態記錄、保養時程提醒。

(3) 車輛故障預測，減少車輛使用者維護車輛困擾。

(4) 加速車禍救援協助減少意外傷亡。

(5) 廢氣監控、提升車輛使用效能，減少能源損耗。

(6) 減少空氣汙染。

4. 目前困難

(1) 必須投資昂貴的軟、硬設備。

(2) 本身無線通訊、資訊管理、機電整合的技術，可能無法短在時間完備。

(3) 安全控制問題：遠距診斷系統因為連結車上系統，為避免一旦車機失效故障，影響車輛正常操作，所以必須加裝安全控制功能。

5. 診斷項目

OBD（II）系統中控制整個系統作用的元件，為PCM中的軟體程式，稱為診斷執行器（Diagnostic Executive）依照車輛廢氣控制系統的多寡，診斷執行器最多可進行七項廢氣系統的測試，另外可測試的第八項系統稱之為元件監測器（CCM），元件監測包括引擎控制系統的各種感知器（圖13-15）。

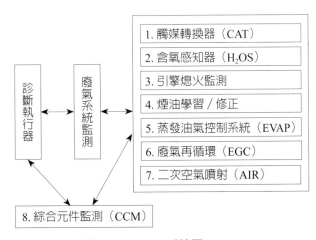

圖13-15　OBD系統圖

(1) 診斷結果處理流程

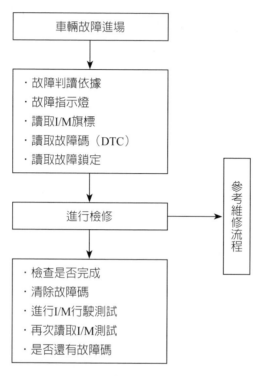

圖13-16　診斷結果處理流程圖

(2) 需要的數值

表13-2　診斷數值

項目
1. 故障碼（DTC）
2. 空燃比（AFR）
3. 進氣流率（單位：m^3/s）
4. 燃油修正值（長／短效）
5. 引擎轉速（RPM）
6. 引擎負荷（Load）

| 7. 引擎水溫（ECT） |
| 8. 車速（VSS） |
| 9. 進氣壓力／大氣壓力信號電壓（MAP/BARO） |
| 10. 噴油嘴基本噴油時間（ms） |
| 11. 控制迴路狀況（開式／閉式）（OPEN/CLOSED） |
| 12. 其他 |

(3) 名詞解釋

a. I/M行駛測試（Inspection & Maintenance (I/M) Readiness Drive Cycle）：在一特殊的行駛過程中，讓所有的廢氣系統監測器完成旗標設立；美國大多數州的廢氣檢測（I/M Test）均要求車輛檢測前，所有I/M旗標已設為正常（PASS）。

b. I/M測試旗標（I/M Flags）：一種表示廢氣監測器是否完成測試的訊息，一般儀器大多以通過測試、測試失敗或車輛無此系統的訊息（PASS（通過）、Fail（不良）、N/A（不存在））來表示。

c. 診斷執行器（Diagnostic Executive）：車輛PCM中的一組程式，用來管理元件監測（CCM）及廢氣控制系統監測器、故障碼、故障指示燈、故障數值鎖定（Freeze-Frame）與掃瞄儀介面。

d. 廢氣控制系統監測器（Emission Monitor）：OBD系統中測試廢氣控制系統是否正常的一組程式，在每一個「發動行駛行程」中執行測試，以判斷廢氣控制相關元件是否正常，測試結果將回報給判斷執行器。

(4) 掃描器（Scan Tool）

內含一個微電腦同時具備診斷及解釋錯誤代碼（DTC）的意義（圖13-17）。

圖13-17　掃描器實體圖

（圖片來源：Cdxetextbook.com，2015）

13.3.3　故障碼（Diagnostic Trouble Code）

根據美國OBD（II）與歐洲EOBD的規範，DTC必須和排氣系統相關，並可讓相關人員進行檢測。

為了達到此目的，DTC將包含任何排氣系統可能會發生的錯誤。

1. EOBD（European On-Board Diagnostics）

EOBD規定自2001一月起，各式車種必須裝載車載自動診斷系統及警示燈，以提醒駕駛任何可能導致廢氣增加的錯誤。然而警示燈的工作模式有二：

(1) 偵測到可能影響廢氣排放的錯誤，建議該進行保養或是查出原因的時候。

(2) 引擎轉速過快導致失火（Misfire），可能影響觸媒轉換器作用的時候。

2. DTC的結構

根據OBD（II）的準則，DTC可以分成五個部分，如：P0291就是噴油系統方面的地方出現錯誤。故障碼第一個字母代表意義如下：

P：Power Train（傳動系）。

B：Body（車體）。

C：Chassis（底盤）。

U：Network（網路）。

故障碼第二個數字代表意義如下：

0：Standard（SAE）（標準）。

1：Manufacturer's Own Code（廠商代碼）。

2：Manufacturer's Own Code（廠商代碼）。

故障碼第三個數字代表意義如下：

0：Fuel and Air Metering（燃油及進氣偵測）。

1：Fuel and Air Metering（燃油及進氣偵測）。

2：Fuel and Air Metering Specially Injector Circuit（燃油及進氣偵測，尤其是針對噴油嘴的部分）。

3：Ignition System and Misfire Detection（點火系統與失火）。

4：Auxiliary Emission Controls（輔助廢氣控制）。

5：Vehicle Speed Control and Idle Control System（車速及怠速系統）。

6：Computer Output Circuit（電腦輸出電路）。

7：Transmission-related Faults（傳動相關錯誤）。

8：Transmission-related Faults（傳動相關錯誤）。

以P0291為例，最後兩個數字代表特定的意義，需要靠診斷儀才能得知。表13-3為幾個例子。

表13-3　DTC例子說明

Malfuntion Code DTC	Description of Fault
P0301	汽缸1失火
P0741	離合器故障
P0303	汽缸3失火
P0421	觸媒轉換器暖機不足

3. DTC的使用極限

DTC可以顯示出哪個感知器或是哪個元件不能正常運作，但並不是100%能夠準確知道是儀器壞了還是迴路出了問題。因此正確的查明實際原因就是非常重要的環節。

以偵測空氣流量計電壓異常為例，此時要檢查的部分有二：

(1) 空氣流量計本身是否異常。

(2) 空氣流量計與ECU間的迴路是否正常。

4. 感知器

依據作用情況可以分成兩種：

(1) 主動感知器（Active Sensor）

通常是指由冷次定律透過磁場變化產生電流者，如：曲軸感知器。

(2) 被動感知器（Passive Sensor）

需要外加的電源供應才能運作者。如：溫度感知器等。

13.4　檢查電子迴路的方法

根據不同款式的儀器會有不一樣的量測標準，常見的方法如下：

- Digital Multimeter（三用電表）：用來量測電壓、電流和電阻。
- Oscilloscope（示波器）：常用來量測電壓。
- Scan Tool and Code Reader（診斷儀和解碼器）。
- Test Lamps（測試燈）：用來確認線路是否正常。

13.4.1　三用電表（The digital multimeter）

最被廣泛利用的測量工具之一，常用來測量：

- Voltage（電壓），單位：伏特（V）。
- Current（電流），單位：安培（A）。
- Resistance（電阻），單位：歐姆（ohm）。
- Duty Cycle（工作時間），單位：秒（s）。
- Frequency（頻率），單位：赫茲（Hz）。
- Temperature（溫度），單位：攝氏（°C）、華氏（°F）。

1. 壓降檢測（Voltage Drop Tests）

車中各元件形成之迴路通常會有下列幾種情況，導致迴路發生異常：

(1) Open Circuit （開路迴路）

指在整個迴路中有某個部分發生中斷的現象，使得電流或訊息無法正常傳輸（圖13-18）。

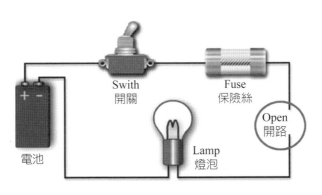

圖13-18　開路示意圖

造成開路的原因有：接線點鬆脫、線路斷裂、保險絲熔毀、元件內部線路斷裂、開關損毀。

(2) Short Circuit（短路迴路）

由於車用底盤爲了防止漏電通常會接地，若是線路或是元件有毀損直接接觸到底盤的話，就容易發生短路的現象（圖13-19）。

(3) High Resistance （高阻抗）

可能是因爲接點處卡了髒汙或是腐蝕，也有可能是元件組裝不合所導致（圖13-20）。

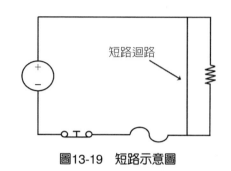

圖13-19　短路示意圖

圖13-20　接點腐蝕

（圖片來源：agcoauto.com，2007）

(4) Intermittent Break in a Circuit（迴路接觸不良）

可能會因為接頭鬆落，或是不正當維修造成。

2. 電阻檢測

一般而言，車用元件的電阻值都具有一定的規範大小，以噴嘴為例，其電阻值約為1.5～2.5Ω（圖13-21、圖13-22）。

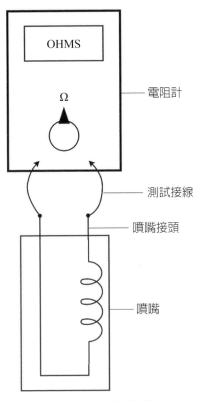

圖13-21　電阻檢測

圖13-22　電阻計測量水溫感知器

（圖片來源：LAFA Bulletin Board，2007）

3. 中斷盒（Breakout Box）

ECU為了接收各種不同的感知元件及作動器的訊息，會需要很多接點供每個元件使用，為了檢測方便會利用中斷盒將各腳位整合起來，如此一來在測試的時候就不需要拆卸ECU及各元件間的接點線路（圖13-23）。

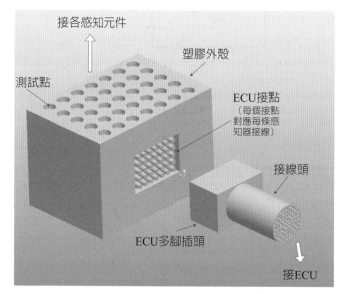

圖13-23　中斷盒

若已確認ECU與元件都沒問題，則需要檢查接頭是否穩定接上，若沒接好容易發生接觸不良的狀況，且往往是不容易找出發生問題的所在。

4. 感知器與作動器的檢測

利用示波器量測工作中的感知器或是作動器的工作電壓變化，並與Data Base中資料比對後，確認元件是否正常運作。

以曲軸感知器為例，作動器以EGR控制閥為例，用示波器所量測的電壓得知其開關的時間關係，再對應當時的引擎轉速，判斷其工作的正確性與否（圖13-24）。

600HZ 頻率
512V 峰值
46.0% 工作時間
83.3ms 脈波寬

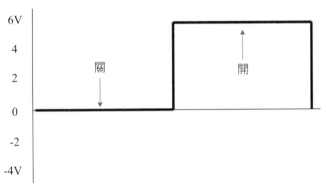

圖13-24　示波器顯示數值

5. 路上實測

　　路上實測是將診斷儀直接與ECU以並聯的方式連接，可以同時對多個元件進行檢測，同時也可以從示波器的電壓變化，很直接地看出各元件間的相互應作動情況。以Bosch KTS 500為例，示波器顯示結果如圖13-25。

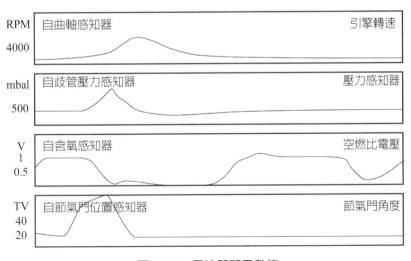

圖13-25　示波器顯示數值

13.4.2　ECU的測試

　　汽車電力系統的不當調節，會導致經常發生電壓驟降和過擊的現象。在正常的情況下，電壓範圍會介於11到15伏特之間；而在暫態開始和執行的情況下，則會介於8到24伏特之間。因此，在測試引擎控制單元（ECU）時必須執行電壓邊限測試，以驗證在極端的偏壓電壓情況下能否正常操作，以及容許度有多大。

　　依汽車的操作狀態而定，在汽車的電力系統中常會碰到某些電壓位準。這些位準會變成ECU測試的重要電壓。

　　在ECU的功能測試中，正確的測試系統資源會以控制的方式來模擬各種輸入信號，並且會載入及檢查輸出以獲得正確的響應。

　　在電源供應器設定為0或關閉時，檢查多個接地、功率和大電流驅動器接腳間的連續性。此時應用一個很低的電壓並量測產生的電流，以檢查短路或其他非預期性的錯誤。

　　各種功能測試應從大約8伏特的低位準（代表開始），一直到大約15伏特的高位準（代表充飽電的情況）。

　　如有包含ECU電壓監測電路，通常會使用至少兩個端點操作電壓來校驗或驗證。藉由檢查最小不作用（Must Not Trip）和作用的最大（Must Trip）臨界值，來驗證ECU的低電壓重設位準。

13.5　ECU改裝

　　ECU改裝，是依據車子的實際狀況來調整出最適合的引擎工作參數，能夠最大限度地提升該引擎的性能，使引擎的工作曲線貼近於其最理想的曲線。除了有效提高引擎功率外，同時也提高其燃燒效率，降低廢氣的排放。

13.5.1　方法

　　ECU改裝最簡單的是採用轉換儲存程式晶片方式，只要拔掉原來的晶片再換上新的晶片便完事了；由於一些舊款的E-ROM晶片僅可寫入程式一次，因此每次修改程式後都需用刻錄機把程式刻入空白晶片來替換出原來的晶片。近年很多新車

的ECU使用了可以多次重複讀寫的EEPROM晶片，在修改程式時不用更換空白晶片便可直接載入，較E-Rom方便許多。

13.5.2　隱憂

對引擎而言，其輸出功率會有一個上限，但對裝配引擎的廠家來說，他們絕對不會把引擎的工作功率調在引擎的最大輸出功率上，因為若是讓引擎一直在功率上限工作的話，其可靠性、穩定性、壽命等就得不到保證。就像短跑選手一樣，雖可100公尺跑9秒，但是卻不太可能維持這樣的速度跑數公里一樣。

另外，廠商還會根據引擎裝載的車型不同、使用的油品不同，調整引擎的參數，使其更穩定可靠的工作。

13.5.3　ECU改裝範例(一)

A車ECU強化前0～100km/hr跑出了12.74秒的成績表現。

0～100km/hr跑了218.9公尺（圖13-26）。

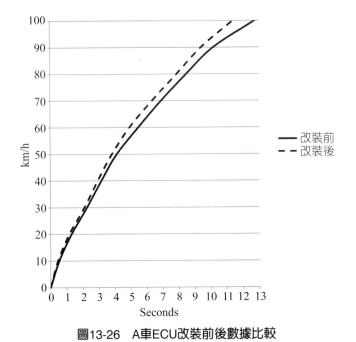

圖13-26　A車ECU改裝前後數據比較

A車ECU強化後0～100km/hr跑出了11.4秒。

0～100km/hr跑了192.9公尺，縮短了26公尺。也就是大約7個車身（圖13-27）。

參考文獻

1. ARTC財團法人車輛研究測試中心（2010）。OBD。檢自：http://www.artc.org.tw/chinese/03_service/03_02detail.aspx?pid=1595

2. ARTC財團法人車輛研究測試中心（2013）。汽車入門。檢自：http://www.artc.org.tw/chinese/03_service/03_02detail.aspx?pid=2397

3. ARTC財團法人車輛研究測試中心（2010）。車輛OBD未來發展與應用。檢自：http://www.artc.org.tw/chinese/03_service/03_02detail.aspx?pid=1815

4. ETAS(2014)。ECU Basics。檢自：http://www.etas.com/zh/

5. AUTOMOTIVE BASICS (2015)。AUTOSAR BASICS。檢自：https://automotivetechis.wordpress.com/autosar-concepts/

6. cdxetextbook.com (2015)。Scan tools。檢自：http://www.cdxetextbook.com/toolsEquip/workshop/diagnostic/scantools.html

7. agcoauto.com (2015)。The Cost of Battery Terminal Corrosion。檢自：http://www.agcoauto.com/content/news/p2_articleid/201

8. vehiclefixer.com (2015)。Find your inner mechanic。檢自：http://vehiclefixer.com/

9. LAFA Bulletin Board (2007)。BOSCH L-JETRONIC FUEL INJECTION IDLE ADJUSTMENT, DIAGNOSTIC AND TUNE UP PAGE for USA models of Alfa Romeo Spiders 1982-1989。檢自：http://www.hiperformancestore.com/ljetspider.htm

10. HDABOB's Tech Notes (2015)。Do you ever wonder how the exhaust system works?檢自：http://hdabob.com/exhaust.htm

11. Allan Bonnick. A Practical Approach to Motor Vehicle Engineering and Maintenance. Third Edition (2011).

第 14 章

車用感測器介紹

14.1 │ 前言

　　一般的電子儀器只能測量電子訊號，因此要求輸入的信號為電信號。非電量訊息需要轉換成與非電量有關係的電子訊號，再進行測量，而實現這種轉換技術的器件被稱為感測器。如果拿人的行為來與車子相較的話，感官、人腦、肢體就好比車子的感測器、ECU和執行器，其運作關係如圖14-1所示。

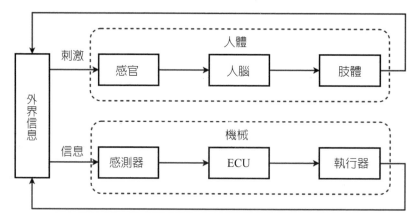

圖14-1　人體與機械比較

　　現代汽車電子控制中，感測器廣泛應用在引擎、底盤和車身的各個系統中。汽車感測器在這些系統中擔負著資訊蒐集和傳輸的功用，資訊由ECU進行處理後，向執行器發出指令，進行電子控制。各個系統的控制過程正是依靠感測器及時識別外界的變化和系統本身的變化，再根據變化的資訊去控制系統本身的工作。早期汽車在沒有電腦的情況下就先安裝了感測器在車體內，當車子故障時再藉由外接電腦來與感測器連接而了解問題所在。

1. 感測器的分類

　　感測器的種類繁多，分類方法也很多，但目前一般採用兩種分類方法；一種是按感測器的工作原理分類，另一種是按被測參數分類。

　　在本章節選用了被測參數作為分類依據，將車用感測器以測量的位置、壓力、溫度和其他分成四種類別，其他類別裡可能是以偵測空氣流量、震動或化學變

化等較複雜的參數所構成，其分類表如圖13-2所示。

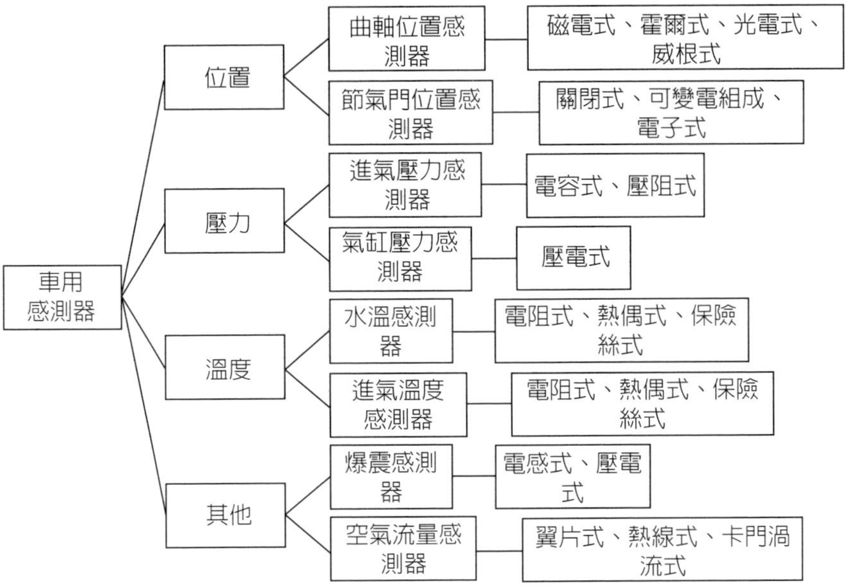

圖14-2　感測器分類表

2. 感測器輸入訊號比較

　　除了測量的物理量不同外，感測器輸出到ECU的電壓訊號也會隨著不同的運用原理而有所不同，現今大部分的感測器均還是以類比訊號為主，但輸出數位訊號的感測器開發將可能是未來的主流。如表14-1所示。

表14-1　感測器輸入訊號

感測器名稱	輸入ECU訊號類型
磁電式曲軸位置感測器	類比訊號
霍爾式曲軸位置感測器	數位訊號
光電式曲軸位置感測器	數位訊號
開關式節氣門位置感測器	數位訊號
可變電阻式節氣門位置感測器	類比訊號

感測器名稱	輸入ECU訊號類型
電子式節氣門	數位訊號
電容式進氣壓力感測器	類比訊號
壓阻式進氣壓力感測器	類比訊號
壓電式汽缸壓力感測器	類比訊號
電阻式水溫感測器	類比訊號
電阻式進氣溫度感測器	類比訊號
電感式爆震感測器	類比訊號
壓電式爆震感測器	類比訊號
翼片式空氣流量感測器	類比訊號
熱線式空氣流量感測器	類比訊號
卡門渦流式空氣流量感測器	數位訊號
含氧感測器	數位訊號

14.2 位置感測器

傳統的感測器是採用有三端點（VDD、OUT、GND）的電位計來測量位置。但是電位計的主要缺點來自於它的運作模式：電位計會產生一個與轉動軸角度成正比的類比電壓，然而，轉動軸的角度是刷子滑過圓形電阻板產生，這會讓電位計容易受到灰塵與磨損影響。所以電位計會因為較低精準度與耐久度，而不受注重安全的汽車系統製造商青睞。

磁性位置感測器是汽車設計工程師很喜歡採用的元件，因為這類元件有許多優點，不僅可靠，而且即使周圍震動或是環境遭受汙染，還是能提供精準的角位移測量數值。

14.2.1 曲軸位置感測器

曲軸位置感測器是ECU控制點火系統中最重要的測量器。它的作用是檢測活塞上死點、曲軸角度和引擎轉速，以供給ECU做點火正時和噴油正時的決策依據，

因此其精度亦要求非常高。曲軸位置感測器一般安裝於曲軸皮帶輪或鏈輪側面，有的安裝於凸輪軸前端，如圖14-3所示。

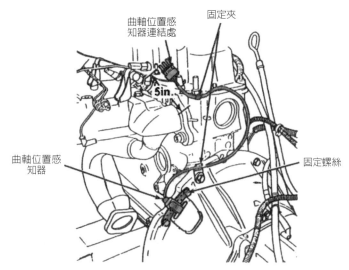

VIEW FROM REAR OF ENGINE SHOWING CPS LOCATION

圖14-3　曲軸位置感測器

（圖片來源：Another Freakin' Jeep Cherokee Website，2011）

曲軸位置感測器會因運用原理不同，其控制方式和控制精度也會不同，其分類如圖14-4所示。

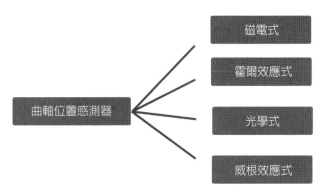

圖14-4　曲軸位置感測器分類表

1. 磁電式曲軸感測器

　　磁電式曲軸感測器是利用冷次定律與電磁感應原理，使磁力線切割感應線圈而感應出電壓訊號。因爲鐵的導磁性比空氣大很多，所以當磁芯與磁鐵的空氣間隙變小時磁場就變大，反之磁場就變小。而磁場的變化會使磁線圈產生感應電壓，其結構如圖14-5所示。

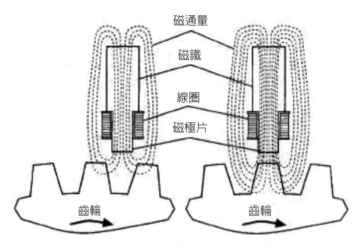

圖14-5　磁電式曲軸位置感測器結構圖

（圖片來源：Diesel Engine Troubleshooting，2011）

　　當引擎轉速越快時，鋼輪轉速跟著增快而電壓增加；當引擎靜止時則沒有輸出訊號，此特性使得引擎在啓動時的訊號設計上增加困難。

　　由於轉子是在旋轉狀態，因此磁通量是逐漸變大或變小，而ECU接收電壓訊號後，透過計算單位時間內脈衝電壓的數目，來確定引擎的轉速（圖14-6）。

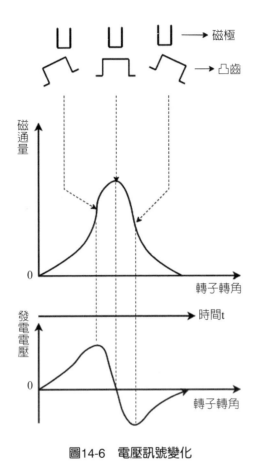

圖14-6　電壓訊號變化

(1) GM汽車磁電式感測器作用

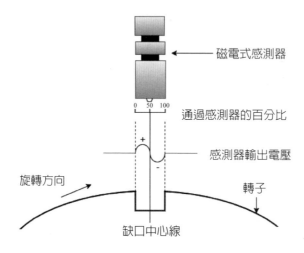

圖14-7　GM汽車採用磁電式曲軸感測器作用

(2) Bosch磁電式感測器構造

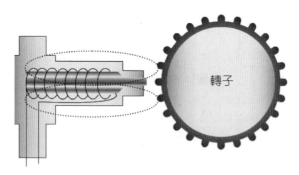

圖14-8　Bosch磁電式感測器構造

2. 霍爾式曲軸位置感測器

　　當電流垂直於外磁場通過導體時，其內帶電粒子受到勞倫茲力影響朝向導體兩側集中，而這些集中起來的正負電荷彼此間會產生電場和電位差，這一現象便是霍爾效應。這個電勢差被稱為「霍爾電壓」（圖14-9）。

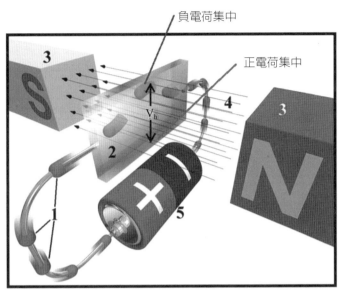

負電荷集中

正電荷集中

1. 電子　2. 導體　3. 磁鐵　4. 磁場　5. 電源　6. V$_h$霍爾電壓

圖14-9　霍爾效應示意圖

（圖片來源：維基百科，2015）

　　將霍爾感測器放在分電器內取代機械斷電器，用作點火脈衝發生器。這種霍爾式點火脈衝發生器隨著轉速變化的磁場在帶電的半導體層內產生電壓變化，ECU藉由其電壓大小及頻率高低，即可測知活塞位置及引擎轉速（圖14-10）。

　　相對於機械斷電器而言，霍爾式點火脈衝發生器無磨損、免維護，能夠適應惡劣的工作環境，還能精確地控制點火正時，能夠較大幅度提高發動機的性能，具有明顯的優勢。

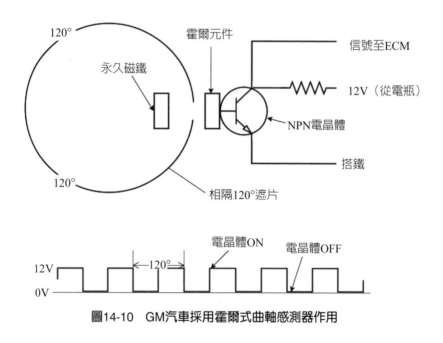

圖14-10　GM汽車採用霍爾式曲軸感測器作用

3. 光電式曲軸角感測器

亦稱光學式，由發光源、光子轉換器及放大器組成。其原理是利用光線遮擋板將發光二極體照射至光敏電阻的光線，作規則性的切斷與導通，此時光敏電阻的電阻值亦會作規律性的改變，進而從感測電路中得到頻率性的電壓訊號。因此此種感測器在引擎靜止時也有信號產生，且輸出信號波型振幅一定，不會因引擎轉速變化而改變。其缺點是容易因油汙而干擾光線的投射與接收，且不耐高溫。如圖14-11所示。

如圖14-14，細縫有360個，因此光線遮擋板轉一圈會有360個脈衝訊號，而每一個脈衝可以反映出曲軸的1度位置訊號。其中四個寬槽中特別寬的那一個代表第一缸上死點前70度的位置，剩下的三個寬槽代表其他三缸的上死點前70度的位置。

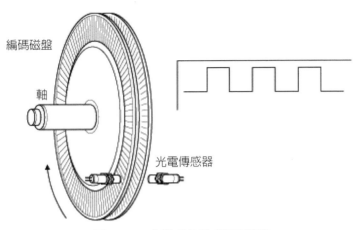

編碼磁盤

軸

光電傳感器

圖14-11　光學式曲軸感測器構造

（圖片來源：National Instruments，2008）

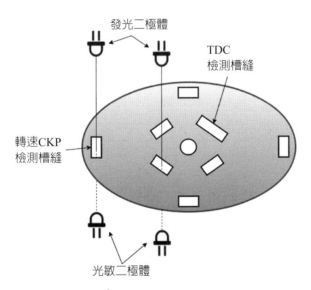

發光二極體

TDC
檢測槽縫

轉速CKP
檢測槽縫

光敏二極體

圖14-12　光學式曲軸感測器工作示意圖

4. 故障檢測方法

(1) 磁電式曲軸位置感測器的檢測方法

a. 電阻檢測

拔出其導線插接件，用萬用表測量傳感器上各端子之間的電阻，應符合附表的規定，否則應更換傳感器。

b. 輸出信號檢測

當轉動發動機時，端子間應有脈衝信號輸出。如果沒有脈衝信號輸出，則需更換傳感器。

c. 間隙檢測

傳感器線圈凸起之間的空氣間隙，其間隙為0.2～0.4mm。若間隙不符合要求，則需調整或更換。

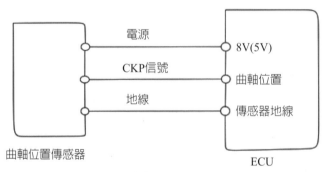

圖14-13　曲軸位置感知器電路

(2) 霍爾效應式曲軸位置傳感器的檢測

a. 輸出電壓檢查

在啓動狀態下傳感器的輸出電壓為0.8V-0.9V，曲軸轉角信號為2-3V

b. 測量霍爾傳感器輸出電壓

斷開點火開關，打開分電器蓋，拔出分電器蓋上中央高壓線並搭鐵，拔掉點火器連接插頭上的橡膠套管，但連接插頭仍插接著，接通點火開關，按發動機旋轉方向轉動發動機，觀察電壓表讀數應在0～7V之間變化，並且曲軸轉兩圈、電壓變化

4次，否則說明霍爾效應發生器有故障，應予更換。

　　c.模擬霍爾信號發生器動作

　　關閉點火開關，打開分電器蓋，轉動曲軸，使分電器觸發葉輪不在氣隙中。拔出電器蓋上的中央高壓線，使其端部距氣缸體5～7mm，接通點火開關，用螺釘旋具在信號發生器的氣隙中輕輕的插入和拔出，模擬觸發葉輪在氣隙中的動作，如圖5所示。若此時高壓線端部跳火，說明信號發生器等良好；若不跳火，說明信號發生器有故障，應更換。

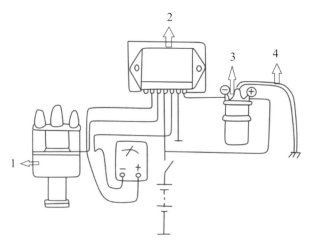

1.分電器 2.點火控制器 3.點火線圈 4.中央高壓線

圖14-14　霍爾位置感知器電路

13.2.1 節氣門位置感測器

　　節氣門感測器可將節氣門開啟的角度轉換成電壓信號傳到ECU，以便在節氣門不同開度狀態控制噴油量。可分類如圖14-15。

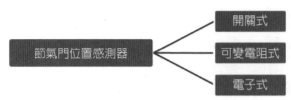

圖14-15　節氣門位置感測器分類表

1. 開關式節氣門感測器

　　此種線性的節氣門位置感測器裝於節氣門轉軸上,有一個可移動的接點隨著同一個轉軸滑動,其中一個接點是感測節氣門開啓時(強力接點)的角度,另外一個接點則是感測節氣門關閉時(怠速)的角度,其結構如圖14-16所示。

　　開關式節氣門感測器電壓訊號如圖14-17所示。

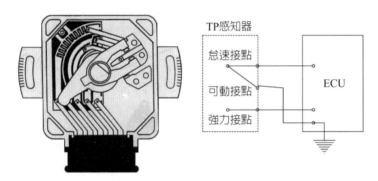

圖14-16　開關式節氣門位置感測器結構圖與電路圖

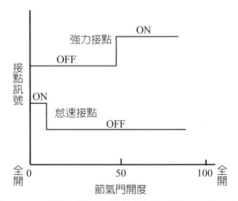

圖14-17　開關式節氣門位置感測器電壓訊號傳

2. 可變電阻式節氣門感測器

　　各類位置感測器隨著可變電阻轉軸的變化會提供不同的直流類比電壓給電腦（圖14-18），而TPS就是一個固定在節氣門轉軸上的可變電阻，它所送回的直流電壓被當做電腦的一個輸入訊號，再經A/D轉換器進入ECU進行判讀（圖14-19）。

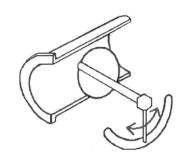

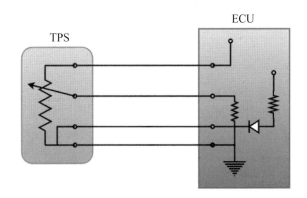

圖14-18　可變電阻式節氣門位置感測器結構圖與電路圖

（圖片來源：Motor Vehicle Engineering and Maintenance，Third Edition）

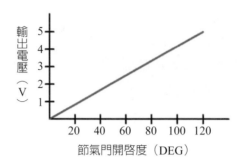

圖14-19　TPS輸出電壓特性圖

3. 電子式節氣門

　　駕駛員踩下加速踏板，加速踏板位置感測器將資訊以電信號的形式傳遞給電控單元，ECU再根據得到的其他資訊，解析駕駛人意圖，計算出相應的最佳節氣門位置，發出控制信號給節氣門執行器，將節氣門開到最佳位置。此節氣門的實際開度並不完全與駕駛員的操作意圖一致。電子節氣門控制系統的最大優點是可以實現引擎在行駛過程中全範圍的最佳扭矩的輸出。如圖14-20所示。

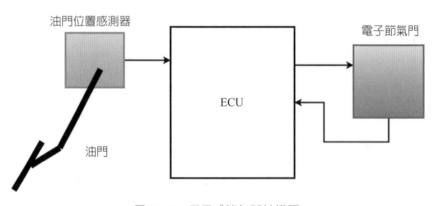

圖14-20　電子式節氣門結構圖

　　末代款的2JZ-GTE引擎即採用電子式節氣門系統，以往國內對這套系統改裝方面一直無法突破，但是近年已經有許多人掌握改裝要點，因此也出現許多大馬力的2JZ-GTE改裝車（圖14-21）。

圖14-21　2JZ-GTE引擎

（圖片來源：Carthrottle，2015）

4. 故障檢測方法

(1) 霍爾式節氣門位置傳感器的檢測

a. 檢查傳感器的工作電壓

連接ECU連接器，接通點火開關，用三用電表測量B25-5與B25-3之間的電壓，應為4.5～5.5V，否則，檢查ECU電源電路，如果ECU電源電路正常，則更換ECU〔下圖(a)〕。

b. 檢查傳感器的信號電壓

連接故障診斷儀，接通點火開關，踩動加速踏板，並讀取節氣門位置傳感器數據，VTA1讀數應在0.5～4.9V之間連續變化，VTA2讀數應在2.1～5.0V之間連續變化。

c. 檢查傳感器線束及連接器

拆下傳感器及ECU連接器，用萬用表測B25-5與B31-67、B25-6 與B31-115、B25-4 與B31-114、B25-3 與B31-91 之間的電阻，均應小於1Ω；測量B25-5或B31-67與車身搭鐵、B25-6或B31-115與車身搭鐵、B25-4或B31-114與車身搭鐵、B25-3或B31-91與車身搭鐵之間的電阻，均應大於10kΩ。如果不符合要求，則維修或更換線束或連接器。

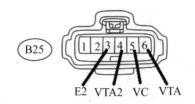

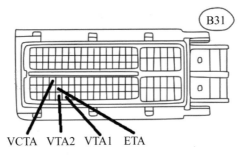

圖14-22　ecu與傳感器接角

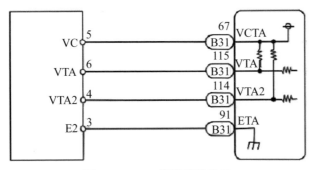

圖14-23　ecu與傳感器接角

14.3　溫度感測器

　　現代汽車引擎、自動變速器和空調等系統均使用溫度感測器，它們用於測量引擎的冷卻液溫度、進氣溫度、自動變速器油溫度、空調系統環境溫度等。老式溫度感測器所表現的非線性、低輸出電壓及易受高溫影響等不穩定因素，已逐漸獲得改善，而現代的車用溫度感測器分類如圖14-24。

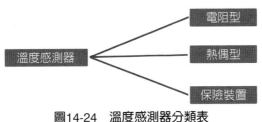

圖14-24　溫度感測器分類表

1.熱阻器式溫度感測器

　　熱阻器亦稱為熱敏電阻式，為依溫度而改變電阻之裝置，只需少量的溫度變化，就會有大幅度的電阻變化，其敏感度非常高，常常與橋式電路或分壓器電路組合來提供輸出電壓訊號給ECU。熱阻器又可分兩種，即負溫度係數型（NTC）與正溫度係數型（PTC），NTC型電阻的變化與溫度成反比，而PTC型電阻的變化與溫度成正比。此種溫度感測器可依熱敏電阻的溫度／電阻變化的線性範圍的不同，廣泛地應用於引擎冷卻水溫度、進氣溫度和排氣溫度的量測中。如圖14-32、圖14-25所示。

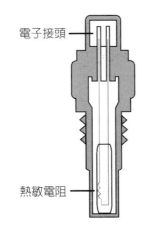

電子接頭

熱敏電阻

圖14-25　熱阻式溫度感測器結構圖

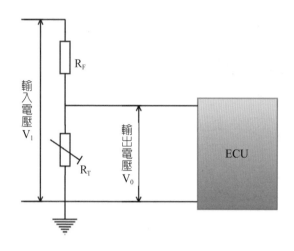

圖14-26　熱阻式溫度感測器電路圖

2. 水溫感測器

　　冷卻水溫度感測器是安裝在引擎缸體或缸蓋的水套上，與冷卻水接觸，用來檢測發動機的冷卻水溫度，其電路圖如圖12-23所示。感測器的兩根導線都和電控單元相連接，其中一根為地線，另一根的對地電壓隨熱敏電阻值的變化而變化。電控單元根據這一電壓的變化測得發動機冷卻水的溫度，和其他感測器產生的信號一起，用來確定噴油脈衝寬度、點火時刻和EGR流量等（圖14-27）。

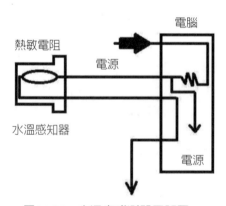

圖14-27　水溫度感測器電路圖

3. 進氣溫度感知器

採用負溫度係數的電阻，可藉由感測引擎進氣的溫度，將溫度訊號傳給ECU微調空燃比。當空氣溫度高時，應減少噴油量，反之則增加噴油量。通常裝置在空氣流量計或空氣濾清器上與空氣接觸，當空氣溫度高時電阻值變小，反之電阻值變大，所以經由橋式電路，ECU就可以從電阻值的改變得到電壓值的變化，進而推算當時的引擎工作溫度（圖14-28）。

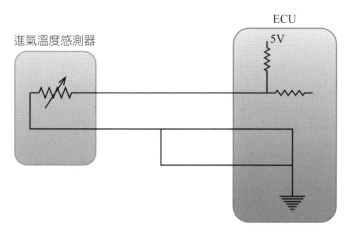

圖14-28　進氣溫度感知器電路圖

4. 故障檢測方法

(1) 檢測供電電壓

拔下插頭，用三用電表檢測兩線之間的電壓是否為基準電壓5V左右（有的車型直接供12V電壓給水溫感測器，如給水溫表的）。

(2) 檢測數據

正常的水溫信號一般在95℃左右（高溫發動機在115℃左右）。

如果檢測發現水溫感測器信號異常，則應進行檢修。如：水溫信號顯示-40℃說明有斷路或者對負極短路，如果顯示在130℃不變化那說明對正極短路（有些車會顯示在140℃）。

(3) 檢測電阻

可對水溫感測器進行加熱處理，然後測量其阻值（在外部溫度30℃時電阻約為1.4千歐到1.9千歐）。

14.4 | 壓力感測器

壓力感測器是輔助設定點火、噴油和爆震偵測的重要感測器，以量測方法來區分可分為絕對壓力及相對壓力檢測兩種，如圖13-25所示。以工作原理來區分則可分為電容式、壓阻式和壓電式三種。其中量測進氣歧管壓力可影響點火與噴油，通常採用電容式與壓阻式壓力感測器；而汽缸內壓力需採用高壓、抗環境變化的壓電式為佳，以下將分別介紹這三種壓力感測器的原理（圖14-29）。

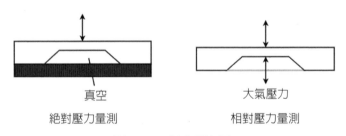

真空　　　　　　　　　　　大氣壓力

絕對壓力量測　　　　　　　相對壓力量測

圖14-29　基本壓力量

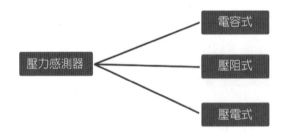

圖14-30　壓力感測器分類表

13.4.1 電容式壓力感測器

　　電容式壓力感測器的原理是將待測壓力經通道導入施加於一個可動膜片上，膜片受壓時與固定電擊板間產生相對位置變化，如圖14-31所示，使固定電極板內電容量隨之改變，因此可藉由量測電容量變化而得到壓力值，較適用於低壓力及真空測量方面。

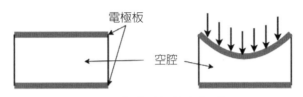

圖14-31　電容式壓力感測器工作原理

　　以材質區分則可分為陶瓷及矽質電容兩種，其中陶瓷電容感測器以氧化鋁薄膜片與基板間採用密封玻璃接合，其間兩導電層即構成電容，如圖13-28所示。而矽質電容感測器則以蝕刻膜片與一玻璃或矽基板靜電接合，其間導電層亦為電容電極，如圖14-32所示。

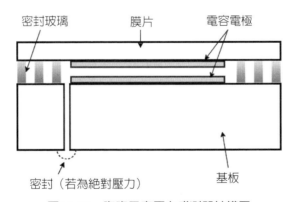

圖14-32　陶瓷電容壓力感測器結構圖

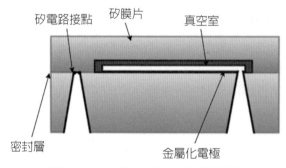

矽電路接點　矽膜片　真空室

密封層　金屬化電極

圖14-33　矽電容壓力感測器結構圖

14.4.2 壓阻式壓力感測器

　　其原理為利用惠斯登電橋的平衡與否產生壓差，如圖13-34所示。其感測器圓形膜片上有四個電阻，當正反面兩端發生壓差即會使膜片變形，造成中央區的R1、R3拉長；且邊緣帶的R2、R4壓縮（電阻值減），因此電橋不平衡，得到電壓線性輸出Vout。而基版內開通的孔隙，若接大氣，則可測相對壓力；反之，密封並抽真空，即得絕對壓力感測器，如圖14-35所示。

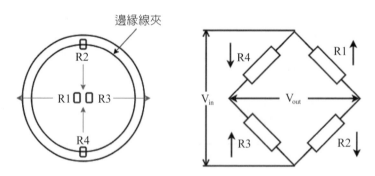

邊緣線夾

R2

R1 R3

R4

V_{in}

R4　R1

V_{out}

R3　R2

圖14-34　壓阻式壓力感測器工作原理

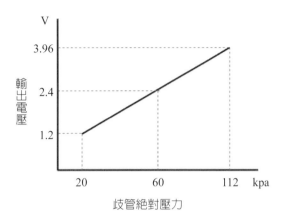

圖14-35 歧管絕對壓力感測器電壓訊號輸出

14.4.3 壓電式壓力感測器

　　1880年居里兄弟發現某些晶體介質，當沿著一定方向受到機械力作用發生變形時，就產生了帶電荷；當機械力撤掉之後，又會重新回到不帶電的狀態（圖14-36）。科學家就是根據這個效應研製出了壓力感測器（圖14-37）。其中石英是極適合的壓電材料，並具有抗高壓高溫的特性。壓電式壓力感測器即利用此效應來輸出電壓訊號給ECU，並且依照安裝的方法不同可分為直接接觸式和墊片式兩種。

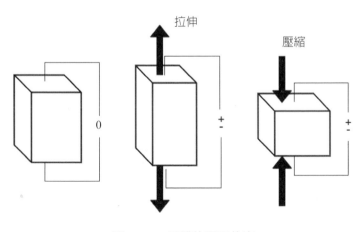

圖14-36 晶體的壓電效應

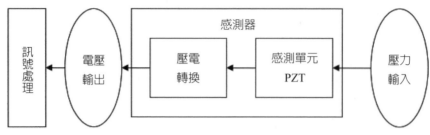

圖14-37　壓電感測器運作原理示意圖

1. 直接接觸式石英壓電感測器

　　此種感測器通常要額外加工以安裝在汽缸上，結構圖如圖14-38所示。儀器的外殼以密閉熔接方式使石英元件固定在殼內，而緊密焊接於外殼上的膜片則使外界環境壓力傳達至石英體，該元件即生出一正比例關係的電壓值。

2. 墊片式石英壓電感測器

　　墊片式壓電感測器其結構如圖14-39所示，其中壓電材料則多以PZT材料（成

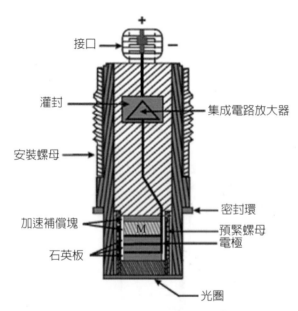

圖14-38　直接接觸式石英壓電感測器結構圖

（圖片來源：PCB Piezotronics, Inc., 2015）

分爲鉛、氧化鋯以及鈦等）爲主，並使用銅質電極環與抗高溫、腐蝕效果甚佳的矽封膠當絕緣材料。當汽缸內點火、爆炸、燃燒導致壓力上升時，會推動火星塞本體，使壓電元件產生一與汽缸壓力成正比之電壓訊號輸出到ECU。

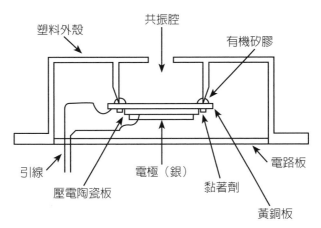

圖14-39　墊片式石英壓電感測器結構圖

（圖片來源：Maxim Integrated，2011）

14.5　其他

14.5.1 爆震感測器

　　引擎的爆震是指汽缸內的可燃混合氣在點火的火焰尚未到達之前，因壓力增加而產生自燃現象所導致的缸體震動，如圖14-40所示。而產生爆震的原因則可能是由點火角過於提前、引擎溫度過高和氣缸內積碳所造成。

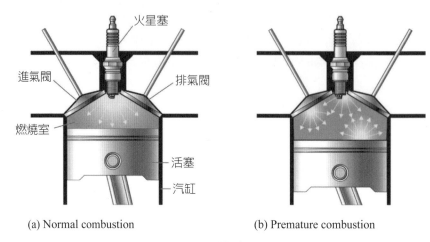

(a) Normal combustion   (b) Premature combustion

圖14-40　引擎的爆震

（圖片來源：Chemwiki，2015）

　　爆震感測器即是利用爆震時所產生的振動來轉換成電壓訊號傳送給ECU進行判斷。當有爆震時減小ECU會減少其點火提前角，而無爆震時則會增大點火提前角來達到最佳的扭力輸出值，如圖14-41所示。爆震感測器通常安裝在燃燒室中或是火星塞上，分類如圖14-42所示。

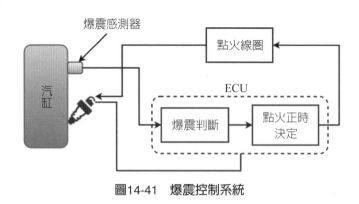

圖14-41　爆震控制系統

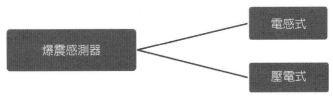

圖14-42　爆震感測器分類表

1. 電感式爆震感測器

　　其結構如圖14-43所示，當引擎振動時，會使磁心振動偏移，線圈內產生感應電動勢，輸出電壓信號，其大小與振動頻率有關，爆震時發生諧振，輸出最大信號（圖14-44）。

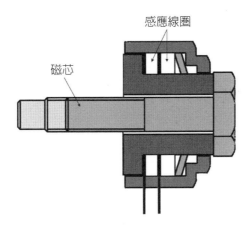

圖14-43　電感式爆震感測器結構圖

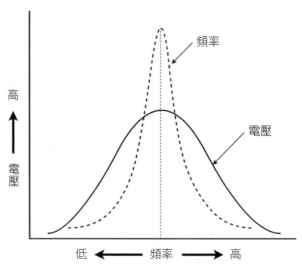

圖14-44　電感式爆震感測器輸出電壓圖

2. 壓電式爆震感測器

其原理如同壓電式壓力感測器，當發生爆燃時，振子與引擎共振，壓電元件輸出的信號電壓也有明顯增大、易於測量，如圖14-45所示。

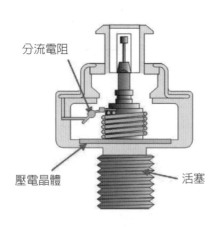

圖14-45　壓電式爆震感測器結構圖

（圖片來源：AZO sensor，2012）

3. 故障檢測方法

(1) 拆卸事項：

a. 從爆震感測器上斷開連接器的連接。

b. 注意每個爆震感測器線束的路徑。

c. 拿開把每個爆震感測器固定到缸體上的螺栓並拿開感測器。

(2) 安裝事項：

a. 安裝爆震感測器時，一定要按照規定力矩標準擰緊螺栓，否則，有可能發動機電控單元採集不到爆震感測器信號而導致發動機加油遲緩等故障。

b. 清潔爆震感測器缸體的結合面。

c. 裝上爆震感測器，確保線束是正確布置的，裝上並擰緊螺栓至規定力矩。

d. 連接爆震感測器連接器。

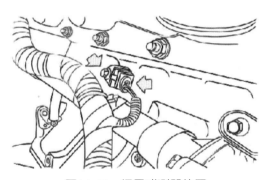

圖14-46　爆震感測器位置

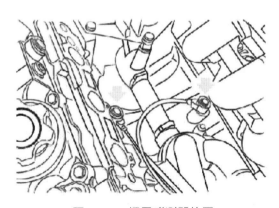

圖14-47　爆震感測器位置

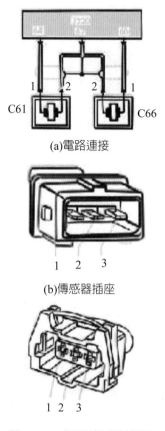

(a)電路連接

(b)傳感器插座

圖14-48　爆震感測器接頭

14.5.1 空氣流量感測器

　　空氣流量感測器是用來直接或間接檢測進入發動機氣缸空氣量大小，並將檢測結果轉變成電信號輸入電子控制單元ECU。電子控制汽油噴射發動機是爲了在各種運轉工況下都能獲得最佳濃度的混合氣，必須正確地測定每一瞬間吸入發動機的空氣量，以此作爲ECU計算（控制）噴油量的主要依據。電子引擎的空氣流量感測器有多種型式，其分類如圖14-49所示。

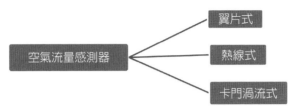

圖14-49　空氣流量感測器分類表

1. 翼片式空氣流量計

　　翼片式流量計的結構，如圖14-50所示。在主進氣道內安裝有一個可繞軸旋轉的翼片；在引擎工作時，空氣經空氣濾清器後推動翼片旋轉，使其開啓。翼片開啓角度由進氣量產生的推力大小和安裝在翼片軸上的彈簧彈力平衡情況決定。當駕

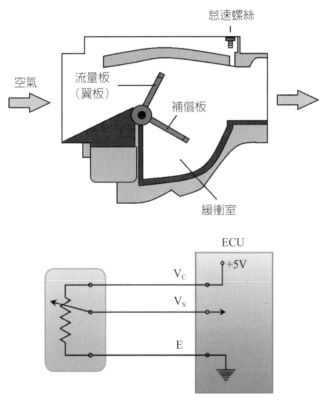

圖14-50　翼片開啓角度與輸出電壓關係圖

駛員操縱加速踏板來改變節氣門開度時，進氣量增大，進氣氣流對翼片的推力也增大，這時翼片開啓的角度也會增大。在翼片軸上安裝有一個與翼片同軸旋轉的電位計，這樣在電位計上滑片的電阻變化轉變成電壓信號（圖14-51）。

　　當空氣量增大時，其可變電阻值增加，輸出的信號電壓降低；當進氣量減小時，進氣氣流對翼片的推力減小，推力克服彈簧彈力使翼片偏轉的角度也減小，可變電阻值減小，使輸出的信號電壓升高。ECU即通過變化的信號電壓來控制引擎的噴油和點火時間。翼板式由於容易產生振動誤差及機械磨損，且電位計使用過久，常有接觸不良的問題，現今已較少採用。

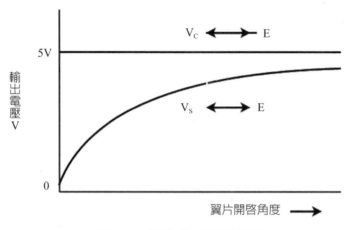

圖14-51　翼片式流量計結構圖

2. 熱線式空氣流量計

　　熱線式空氣流量計無翼板之振動誤差及機械磨損問題，且其體積小、構造簡單，反應速度快與計量精確，故已取代翼板式，成爲質量流量計測法之主流。因是計測空氣質量，非翼板式的空氣體積，故不需要進氣溫度感知器與高度補償用之壓力感測器。

　　基本原理是保持吸入空氣溫度（冷線）與細白金線（熱線）間的溫度差固定。因此當流經熱線的空氣量少時，爲保持溫度差一定，送往熱線的電流量少；反之，當空氣量多時，流經熱線的電流量也多。電流之變化，經惠斯登橋式電路輸出

信號給ECM，即可測出吸入的空氣量（圖14-52）。

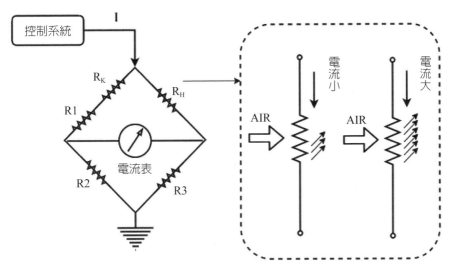

圖14-52　熱線式空氣流量計電路圖

(1) R_H為屬PTC（正溫度係數）的「白金熱線」。

(2) R_K為NTC（負溫度係數）的「溫度補償電阻」。

(3) R1、R2均是「高阻抗固定電阻」。

(4) R3則為「固定精密電阻」。

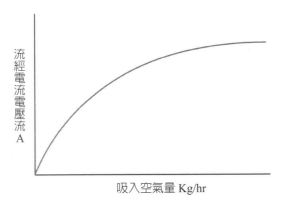

圖14-52　電流與吸入空氣量的關係圖

3. 卡門渦流式空氣流量感測器

　　為生產成本較高的一種流量感測器，其設計原理是在空氣通道中放置一個物體，當空氣流動時，則會在物體的後方產生一個或多個的漩渦（圖14-53），因為漩渦產生率會與進氣量成正比，因此可以藉由測量漩渦產生的頻率，得知進氣量。另外卡門式的進氣阻力較前兩種小，並且可直接輸出數位信號，無需轉換，因此將會是未來的發展趨勢。而其測量的方式可分為光電式和超音波式兩種。

圖14-53　卡門渦流原理

(1) 光電式

　　空氣流經漩渦發生體，在發生體兩側之壓力變化，經導壓孔引導，使薄金屬製的反射鏡產生振動，由LED與光電晶體偵測反射鏡之振動，以其反射光為信號，檢測漩渦數，如圖14-54所示。

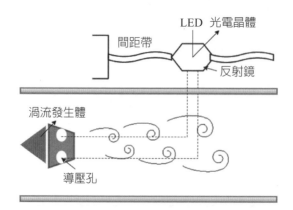

圖14-54　光電式卡門空氣流量感測器結構圖

(2) 超音波式

　　在空氣通道處的信號發射器，連續發出一定的超音波，由信號接收器所接收的信號是經過漩渦干擾產生密度變化，因而電腦能根據此檢測出漩渦數得知進氣量，如圖14-55所示。

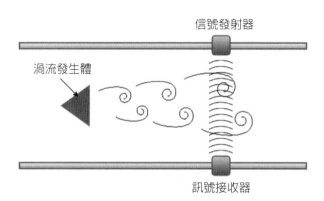

圖14-55　超音波式卡門空氣流量感測器結構圖

4. 故障檢測方法

　　翼片式空氣流量計檢測

(1) 用手撥動翼板，使其轉動，檢查翼板是否運轉自如、有無破損。

(2) 檢查復位彈簧能否使翼板回位。

(3) 檢查電位計觸點有無磨損。

2. 電阻檢測

　　檢測條件：點火開關置於「OFF」位。

　　檢測設備：汽車萬用表。

　　就車檢測法：拔下傳感器線束側的導線連接器，用萬用表電阻檔測量各端子間的電阻。

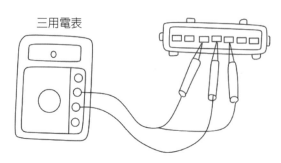

圖14-56　翼片式空氣流量計接頭

3. 電壓檢測

表14-2　標準電壓值

端子	Vc-E2	Vs-E2	
		葉片全開	葉片全開
標準電壓（V）	4-6	0.2-0.5	3.7-4.8

4. 信號波形檢測

　　檢測條件：關閉所有附屬電氣設備，起動發動機，並使其怠速運轉。 檢測設備：發動機綜合分析儀（示波器）。 利用信號波形分析判斷故障的方法：

　　(1) 節氣門全開時應超過4V。

　　(2) 全減速（急抬加速踏板）時輸出電壓並不是非常快地從全加速電壓回到怠速電壓。

　　(3) 波形的幅值在氣流不變時應保持穩定，一定的空氣量應有相應的輸出電壓。

　　(4) 通輸出電壓隨空氣流量的變化，關聯性正常。

5. 數據流檢測

　　檢測條件：怠速運轉，並關閉空調和其他所有用電設備。

　　檢測設備：汽車電腦診斷儀。

　　檢測步驟：

(1) 將點火開關置於「OFF」位，按操作規程連接診斷儀。

(2) 起動發動機，怠速運轉。

(3) 採用診斷儀的標準診斷測試模式，讀取「當前動力系統診斷數據。

參考文獻

1. Diesel Engine Troubleshooting (2011)。Diesel Engine Sensors。檢自：http://www.dieselmotors. info/electronic-systems/diesel-engine-sensors.html

2. Another Freakin' Jeep Cherokee Website (2015)。CAMshaft Position Sensor。檢自：http://www. lunghd.com/Tech_Articles/Engine/Cam_Position_Sensor_and_Sync_Pulse_Stator.htm

3. 維基百科（2015）。霍爾效應。檢自：https://zh.wikipedia.org/wiki/%E9%9C%8D%E7%88%BE %E6%95%88%E6%87%89

4. National Instruments (2008)。Tachometer Signals and Transducers。檢自：http://zone.ni.com/reference/en-XX/help/372416B-01/svtconcepts/tacho_sig/

5. D. Vatansever, E Siores and T. Shah (2012)。Alternative Resources for Renewable Energy: Piezoelectric and Photovoltaic Smart Structures。檢自：http://www.intechopen.com/books/global-warming-impacts-and-future-perspective/alternative-resources-for-renewable-energy-piezoelectric-and-photovoltaic-smart-structures

6. PCB Piezotronics, Inc. (2015)。Introduction to Piezoelectric Pressure Sensors。檢自：http://stage. pcb.com/TechSupport/Tech_Pres

7. Maxim Integrated (2015)。Driving Audio Piezoelectric Transducers。檢自：https://www.maximintegrated.com/en/app-notes/index.mvp/id/988

8. efunda (2015)。Vortex。檢自：http://www.efunda.com/designstandards/sensors/flowmeters/flowmeter_vtx.cfm

9. Diagnóstico Electrónico Automotriz (2015)。Sensores MAF。檢自：http://encendidoelectronico. com/sensores-maf-parte-4/

10. Chemwiki (2015)。Gasoline: A Deeper Look。檢自：http://chemwiki.ucdavis.edu/?title=Textbook_ Maps/Organic_Chemistry_Textbook_Maps/Map:_McMurray_8ed_%22Organic_Chemistry%22/ Unit_03:_Organic_Compounds:_Alkanes_%26_Their_Stereochemistry/3.8_Gasoline:_A_Deeper_Look

11. AZO sensor (2012)。Inside a Car-Knock Sensor。檢自：http://www.azosensors.com/Article. aspx?ArticleID=50

12. Allan Bonnick. A Practical Approach to Motor Vehicle Engineering and Maintenance. Third Edition (2011).

13. 每日頭條（2015）。曲軸位置傳感器的檢測方法。檢自：https://kknews.cc/zh-tw/car/onvyg5. html

14. 華人百科（2019）。曲軸位置感知器。檢自：https://www.itsfun.com.tw/%E6%9B%B2%E8% BB%B8%E4%BD%8D%E7%BD%AE%E6%84%9F%E6%B8%AC%E5%99%A8/wiki-9723796- 4768576

15. 壹讀（2015）。發動機轉速和曲軸位置傳感器原理與檢修方法！檢自：https://read01.com/zh- tw/G4LeDG.html#.XQklbFwzaUk

16. 每日頭條（2018）。霍爾式節氣門位置傳感器的工作原理與檢測方法。檢自：https://kknews. cc/zh-tw/car/xqbno3o.html

17. 愛車網(2017)。節氣門位置傳感器的檢修。檢自：http://www.2828.online/lovecar/maintenance/ qcxl/cgq/201705/21970.html

第 15 章

電路系統

15.1　前言

在汽車中，往往一條線束包裹著十幾根甚至幾十根電線，密密麻麻令人難以分清它們的走向，加上電看不見摸不著，因此汽車電路對於許多人來說，是很複雜的東西。但是任何事物都有它的規律性，汽車電路也不例外。

一般家庭用電是用交流電，實行雙線制的並聯電路，用電器起碼有兩根外接電源線。從汽車電路上看，從負載（用電器）引出的負極線（返回線路）都要直接連接到蓄電池負極接線柱上，如果都採用這樣的接線方法，那麼與蓄電池負極接線柱相連的導線將會多達上百根。因此，汽車電路與一般家庭用電有著明顯不同：汽車電路保護全部是直流電，實行單線制的並聯電路，用電器只要有一根外接電源線即可。

全車電路按照基本用途可以劃分為燈光、信號、儀表、啟動、點火、充電、輔助等電路。每條電路有自己的負載導線與控制開關或保險絲盒相連接。

燈光照明電路是指控制組合開關、前大燈和小燈的電路系統；信號電路是指控制組合開關、轉彎燈和警報燈的電路系統；儀表電路是指點火開關、儀表板和感測器電路系統；啟動電路是指點火開關、繼電器、啟動機電路系統；充電電路是指調節器、發電機和蓄電池電路系統。

以上電路系統是必不可少的，為構成全車電路的基本部分。輔助電路是指控制雨刷、音響等電路系統。隨著汽車用電裝備的增加，例如電動座椅、電動門窗、電動天窗等，各種輔助電路將越來越多。

15.2　汽車電器配備介紹

本節將介紹幾個重要的汽車電器系統，首先是中央門鎖系統，它是一種方便的門鎖控制系統，可以讓所有的門鎖隨著駕駛員或者前排乘員的門鎖一起動作。

汽車防盜系統，是指防止汽車本身或車上的物品被盜所設的系統，它由電子控制的遙控器或鑰匙、電子控制電路、警報裝置和執行機構等組成。

喇叭是汽車的音響信號裝置。在汽車的行駛過程中，駕駛員根據需要和規定發

出必須的音響信號，警告行人和引起其他車輛注意，保證交通安全，同時還用於催行與傳遞信號。

　　汽車大燈作為汽車的眼睛，不僅關係到一個車主的外在形象，更與夜間開車或壞天氣條件下的安全駕駛緊密聯繫；方向燈在車輛轉彎時，通過開啓相應方向的閃爍指示燈，來警示車前或車後的行人或車輛，提示本車的行駛方向。

15.2.1　中央門鎖定系統

1. 中央控制門鎖功能

　　中央控制：當駕駛員鎖住其身邊的車門時，其他車門也同時鎖住，開啓其身邊的車門時，其他車門也同時開啓。

　　速度控制：當行車速度達到一定時，各個車門能自行鎖上，防止乘員誤操觸車門把手而導致車門打開。

　　單獨控制：除在駕駛員身邊車門以外，還在其他門設置單獨的彈簧鎖開關，可獨立地控制一個車門門鎖的開啓和鎖住。

2. 中央控制門鎖結構

　　(1) 電磁式

　　內設2個線圈，分別用來開啓、鎖閉門鎖的線圈，當ECU給閉鎖線圈通電流時，磁鐵往右移，門被鎖住，當ECU給開鎖線圈通電流時，磁鐵往左移，門被開啓，如圖15-1所示。

　　(2) 直流電動機式

　　是通過直流電動機轉動並經傳動裝置（傳動裝置有螺桿傳動、齒條傳動和直齒輪傳動）將動力傳給門鎖，藉由直流電動機能正反轉來控制門鎖開啓或鎖住，如圖15-2所示。

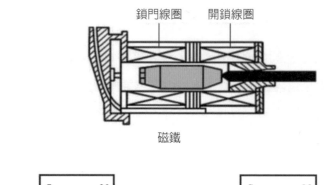

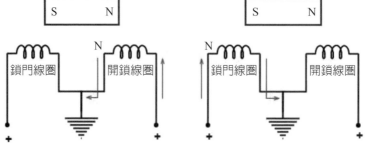

圖15-1　電磁式中央控制門鎖結構

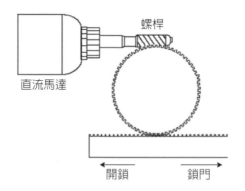

圖15-2　直流電動機式中央控制門鎖結構

3. 中央控制開鎖方式

　　可由鑰匙插入鑰匙孔方式解鎖或藉由無線遙控的方式來進行解鎖，如圖15-3所示。

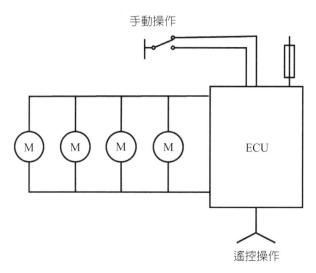

手動操作

ECU

遙控操作

圖15-3 中央控制開鎖示意圖

4. 無線遙控的基本原理

從車主身邊發射器發出微弱的電波，由汽車天線接收該電波信號，經電子控制器ECU識別信號代碼，再由該系統的執行器（電動機或電磁線圈）執行啓／閉鎖的動作。

15.2.2 防盜系統

1. 機械鎖防盜

機械鎖主要分爲方向盤鎖和排擋鎖兩大類。

2. 電子式防盜系統

(1)單向的電子防盜系統功能

當車上鎖時，會因震動或非法開啓車門，導致防盜警報器響起，如圖15-4所示。

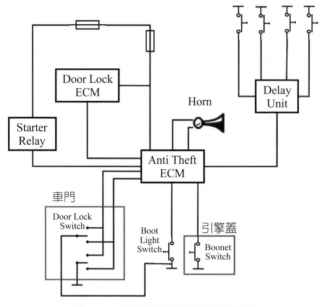

圖15-4　單向電子防盜系統架構圖

(2) 雙向的電子防盜系統功能

　　當車有異動啟動警報時，同時遙控器的液晶顯示器會顯示汽車遭遇的狀況。

3. 晶片式數碼防盜器

　　基本原理是鎖住汽車的馬達、電路和油路，在沒有晶片鑰匙的情況下無法啟動車輛，要用晶片鑰匙接觸車上的晶片鎖才能開鎖，如圖15-5所示。

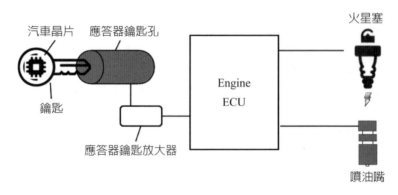

圖15-5　晶片式數碼防盜器架構圖

15.2.3　喇叭

1. 風音喇叭

　　喇叭電路是由電瓶、繼電器、喇叭、按鈕開關所組成，如圖15-6所示，喇叭的音量以分貝（dB）為單位，一般規定在車前公尺處音量應為70～90分貝，主要目的是用以警告其他車輛或行人用。

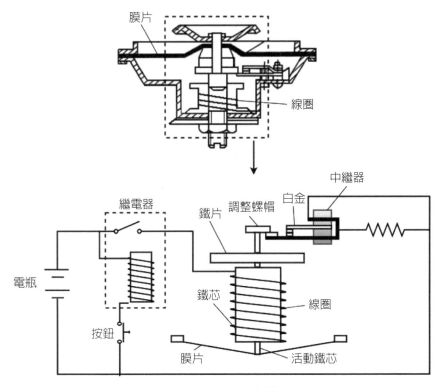

圖15-6　風音喇叭架構圖

　　實際運作為通入電流，鐵片被下吸，白金接點被拉開，如圖15-7所示。

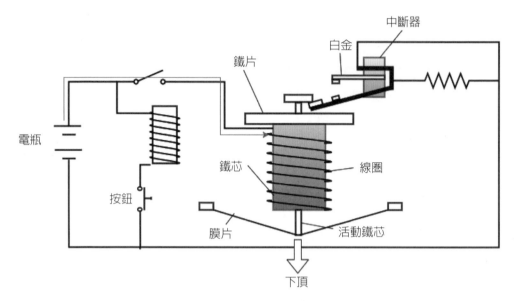

圖15-7 風音喇叭電路流程圖-1

白金接點被拉開，電流斷，回復原樣，如圖15-8所示。

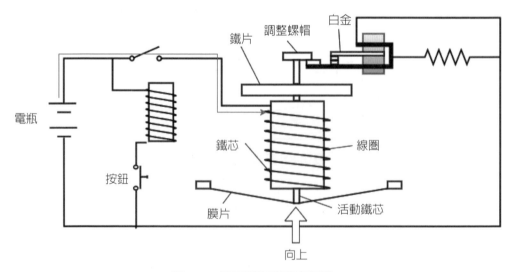

圖15-8 風音喇叭電路流程圖-2

2. 壓縮空氣喇叭

利用壓縮空氣吹過高壓膜片，使膜片產生振動，再利用空氣管共鳴發出聲音，如圖15-9所示。

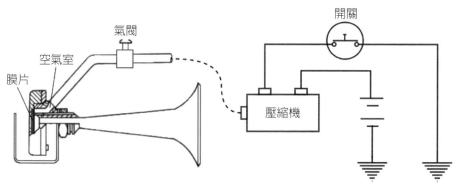

圖15-9　壓縮空氣喇叭架構圖

15.2.4　燈光系統

汽車燈光系統為保障行車安全最重要之裝備，包括照明、指示及警告用燈光。

1. 頭燈

可分為普通燈泡（Ordinary Bulb）與石英鹵素燈（Quartz Halogen Bulb），石英鹵素燈比起普通燈泡在同電功率下亮度高、壽命長、光度穩定。

(1) 封閉式頭燈構造

近遠燈是藉由近燈絲與遠燈絲兩個位置構成的，遠燈絲的光是正好在反光鏡的焦點上，可使光線平行折射出去；另外近光燈絲的光會在反光鏡焦點上方，使光線下向折射出去，如圖15-10所示。

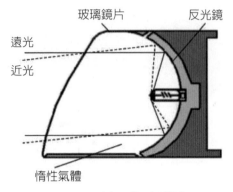

遠光

近光

玻璃鏡片　　　　反光鏡

惰性氣體

圖15-10　封閉式頭燈構造

(2) 頭燈電路

為汽車中最主要的照明設備，其電路圖如圖15-11所示。

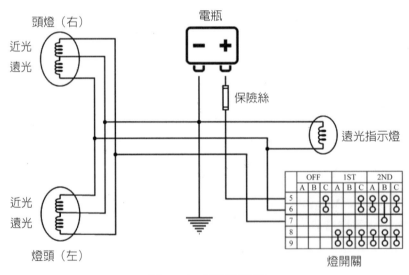

頭燈（右）

近光
遠光

電瓶

保險絲

遠光指示燈

近光
遠光

燈頭（左）

	OFF			1ST			2ND		
	A	B	C	A	B	C	A	B	C
5		○				○		○	○
6		○				○		○	○
7								○	
8				○	○	○	○	○	○
9				○	○	○	○	○	○

燈開關

圖15-11　頭燈電路圖

當燈開關在第二段（2ND）輸出為近光燈（B）時，電流走向，如圖15-12所示：電瓶正極→保險絲→燈開關5號腳→B接點→燈開關7號腳→近光燈→接地。

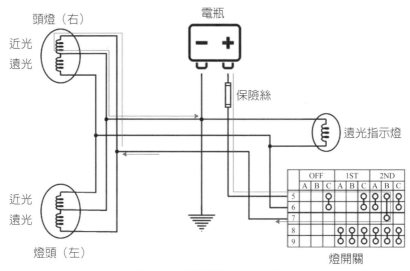

圖15-12　頭燈電路流程圖-1

當燈開關在第二段（2ND）輸出爲遠光燈（A）時，電流走向，如圖15-13所示：電瓶正極→保險絲→燈開關5號腳→A接點→燈開關7號腳→遠光燈→接地。

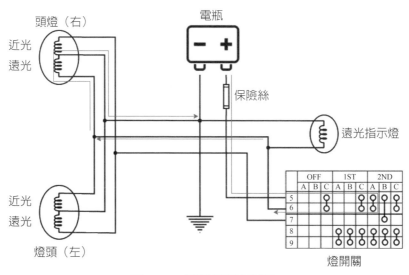

圖15-13　頭燈電路流程圖-2

407

2. 方向指示燈

方向指示燈於汽車欲變更行駛方向時打開，使車子前後之車輛及行人了解車子動向，確保行車安全。

(1) 電磁熱線式

主要的原理是利用鎳鉻絲（電熱線）的熱漲冷縮來控制開關的通斷。其結構圖如圖15-14所示。

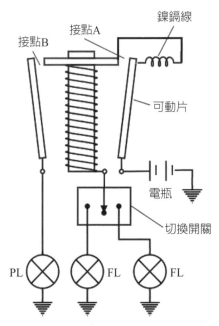

圖15-14　電磁熱線式方向指示燈構造

其原理流程可以分成三個步驟來介紹：

a. 鎳鉻線正在加熱時

當駕駛人向左扳動切換開關，電流由電瓶經過鎳鉻絲再經過磁線圈，透過切換開關通過方向指示燈之後接地，但是因為鎳鉻絲的電阻很大，所以經過磁線圈及轉向指示燈泡（FL）的電流很小，因此無法點亮，如圖15-15所示。

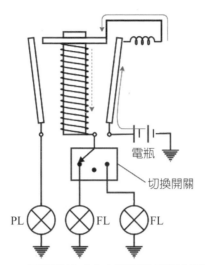

圖15-15　電磁熱線式方向指示燈電路流程圖-1

b. 受熱伸長，接點閉合

　　鎳鉻絲加熱一段時間後會伸長，將可動片向前頂，接點A閉合，此時電流便經由接點A通往磁線圈送至轉向指示燈（FL）使其發亮，這時候電流夠大，所以磁線圈產生很大的磁力將接點B閉合，使得儀錶板的轉向指示燈（PL）也可發亮，如圖15-16所示。

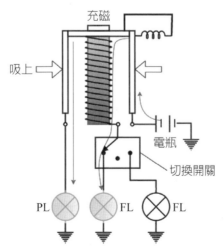

圖15-16　電磁熱線式方向指示燈電路流程圖-2

c. 鎳鉻絲冷卻，接點斷開

通電一段時間後，鎳鉻絲冷卻，回復原來長度，將接點A拉開，電流中斷，並回到步驟a使鎳鉻絲加熱的狀態，重複循環，如圖15-17所示。

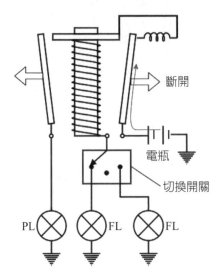

圖15-17　電磁熱線式方向指示燈電路流程圖-3

(2) 電容繼電器式

利用電容的充放電來改變磁線圈的磁力方向，控制接點的開斷，如圖15-18所示。

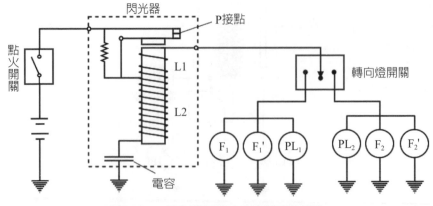

圖15-18　電容繼電器式方向指示燈構造

a. 引擎點火開關ON時，電容器充電

電流從電瓶經由P接點到L2線圈使電容器充電，如圖15-19所示。

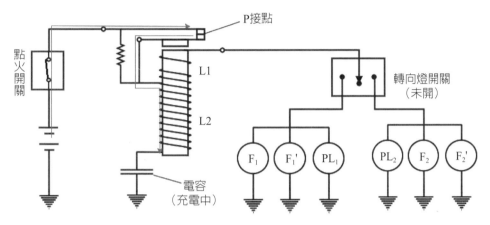

圖15-19　電磁熱線式方向指示燈電路流程圖-1

b. 轉向燈開關打下瞬間

　　當駕駛人向左扳動切換開關，電流經由P接點通過L1線圈到轉向燈開關使轉向燈亮。此時電容仍在充電，其電流方向與L1線圈正好相反，所以其產生出來的磁力可以相互抵銷，P接點得以保持相接，如圖15-20所示。

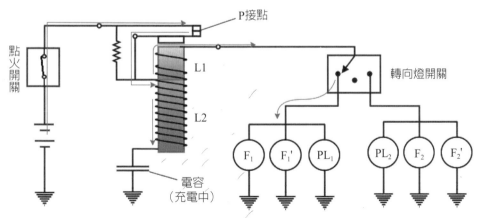

圖15-20　電磁熱線式方向指示燈電路流程圖-2

c. 轉向燈開關打下的下一個瞬間

當電容充飽電時，隨即進行放電，電磁力使P接點分開，轉向燈熄滅。電流經L2、L1線圈時兩磁力相加，使P接點保持分開，此時因為有經過一電阻，所以電流甚小，燈不亮，如圖15-21所示。

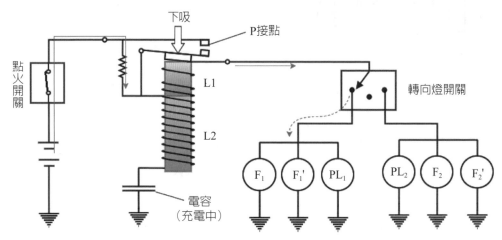

圖15-21　電磁熱線式方向指示燈電路流程圖-3

d. 放電停止，開關回彈

等到電容器放電停止之後，P接點因為彈力而閉合，電流經P接點後分兩路，一路經L2線圈使電容充電，一路經轉向燈開關使轉向燈亮。

此時L1及L2線圈因為電流相反所以磁力相互抵銷，P接點保持閉合，等到電容充滿電之後L2線圈電流停止，L1線圈才可將P接點下吸，斷開後熄燈，再重複上述動作流程，如圖15-22所示。

3. 剎車燈與倒車燈

(1) 剎車燈

當駕駛踩下剎車踏板時，剎車油壓頂膜片使白金接點接合導通剎車燈電路，剎車燈開關構造如圖15-23所示，電路圖如圖15-24所示：電瓶正極→電源易熔絲→保險絲→倒車燈開關→倒車燈。

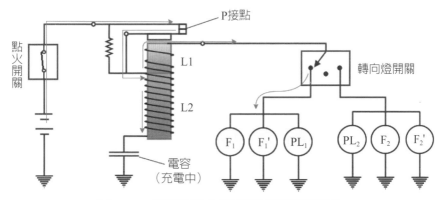

圖15-22　電磁熱線式方向指示燈電路流程圖-4

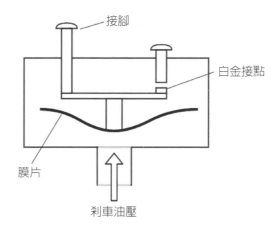

圖15-23　刹車燈開關構造

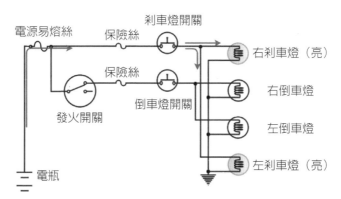

圖15-24　刹車燈電路圖

413

(2) 倒車燈

變速箱排入P檔時，導電部便會與絕緣部接通，使倒車燈電路導通，倒車燈開關構造如圖15-25所示，電路圖如圖15-26所示：電瓶正極→電源易熔絲→發火開關→保險絲→倒車燈開關→倒車燈。

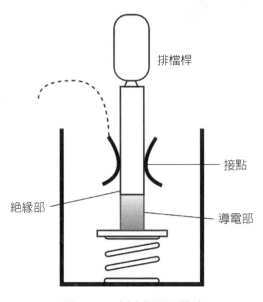

圖15-25　倒車燈開關構造

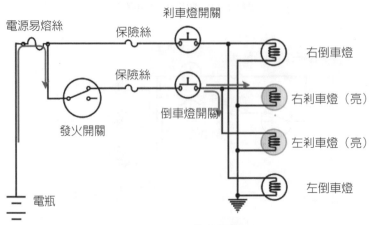

圖15-26　倒車燈電路圖

15.2.5　除霧器

　　車輛行駛於下雨天或有濃霧地區時，由於溫度的關係，水汽易凝結於車窗玻璃上，對行車視線有極大的影響，因此利用電熱元件來清除後窗玻璃上的霧或霜。當電流經過電熱元件時，因溫度上升，蒸發霧或水汽，如圖15-27所示：電瓶正極→電源易熔絲→燈開關B腳位→ON接點→燈開關I腳位→保險絲→除霧燈開關和指示燈→除霧器→接地。

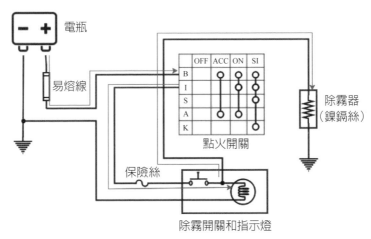

圖15-27　除霧器構造

15.3　汽車電流流程

　　大部分的電流都會先經過保險絲再經過繼電器最後送往電器中，這樣做是為了保護電器不至於一下子受到太大電流的衝擊，但是也有些電器不需經過保險絲或是繼電器即可作用流程圖，如圖15-28所示。本節會介紹保險絲與繼電器的功能、位置、主要電器，及其之間的電路關係。本節主要以保時捷跑車930為說明實例。

圖15-28　汽車電流流程圖

15.3.1　保險絲盒的位置與說明

1. 行李箱保險絲

　　保險絲編號、規格說明見表15-1、表15-2、表15-3。

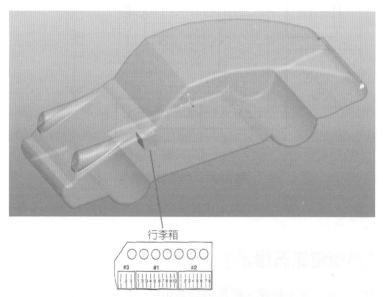

行李箱

圖15-29　行李箱保險絲位置架構圖

表15-1　行李箱保險絲盒-1

保險絲編號	規格	保護的線路
1	5A	時鐘
		行李箱照明燈
		無線電
2	16A	中控鎖系統
		緊急閃光燈
3	25A	燃油泵
4	8A	刹車燈
		巡航控制器
5	16A	外部鏡子
		暖氣／空調模組
6	25A	點菸器
		送風機
		後車窗除霧
7	25A	後雨刷開關
		後窗墊圈
		擋風玻璃刮水器
8	25A	Back-up Light
		緊急閃光燈繼電器
		儀表板
		後轉向燈
9	5A	前轉向燈（左）
10	5A	前轉向燈（右）

417

表15-2　行李箱保險絲盒-2

保險絲編號	規格	保護的線路
1	8A	遠燈（左）
		遠燈指示燈
2	8A	遠燈（右）
3	8A	近燈（左）
4	8A	近燈（右）
5	5A	停車燈（左）
		引擎旁照明燈
6	5A	停車燈（右）
7	5A	車牌照燈
8	16A	霧燈
		後霧燈

表15-3　行李箱保險絲盒-3

保險絲編號	規格	保護的線路
1	25A	電動車窗
		椅墊加熱
		天窗
2	25A	外置鼓風機
		空調系統
		座椅調整
3	25A	頂蓬
		大燈清潔器

2. 引擎室保險絲

　　引擎室內也會有保險絲盒，通常位於引擎室的左右兩側，引擎室保險絲位置如圖15-30所示。

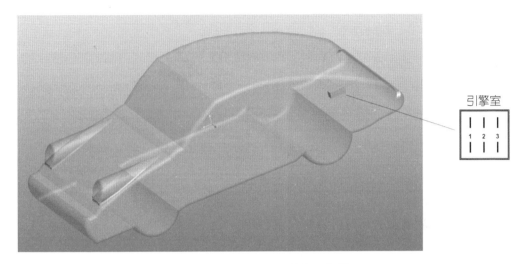

引擎室

圖15-30　引擎室保險絲位置架構圖

保險絲編號、規格說明見表15-4。

表15-4　引擎室保險絲盒

保險絲編號	規格	保護的線路
1	16A	熱風機繼電器
2	25A	熱風機
3	25A	除霧器

15.3.2　繼電器的位置與說明

　　保險絲及繼電器在車用電路中發揮了保護的作用，避免車上重要的電器因爲電流過大等因素而燒毀。車用繼電器的位置如圖15-31所示。

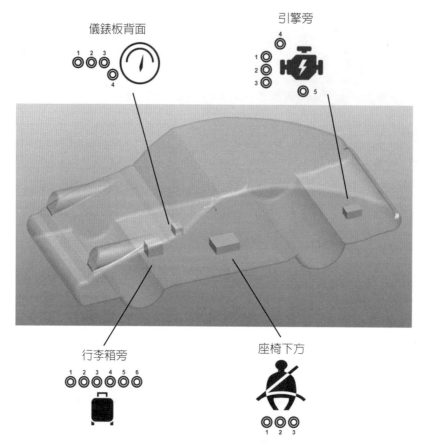

儀錶板背面

引擎旁

行李箱旁

座椅下方

圖15-31　繼電器位置架構圖

繼電器編號、規格說明見表15-5、表15-6、表15-7、表15-8。

表15-5　行李箱旁

編號	品項
1	腳部暖風馬達繼電器
2	油冷風扇繼電器
3	巡航模式控制繼電器
4	喇叭繼電器
5	霧燈繼電器
6	冷氣送風繼電器

表15-6　儀錶板背面

編號	品項
1	車窗繼電器
2	警報器繼電器
3	擋風玻璃清洗機繼電器
4	轉向燈／警示燈／閃光燈繼電器

表15-7　座椅下方

編號	品項
1	DME控制模組
2	燃油幫浦繼電器
3	高度感知器

表15-8　引擎旁

編號	品項
1	引擎室保險絲
2	熱風送風機繼電器
3	後車窗除霧繼電器
4	點火線圈
5	接地點

15.3.3　總電路圖

在前面小節分別說明了保險絲與繼電器的功能及位置及主要電器，本小節將介紹之間的電路關係。

1. 總電路圖

總電路圖如圖15-33所示，我們將電器分為五個主要部分，分別為供油系統、啟動系統、A部分、B部分、收音機與車速計，其中A部分與B部分包含許多電器，將在後面小節介紹。

當點火開關為ACC時，收音機與車速計、B部分導通。當點火開關為RUN時，A部分導通。當點火開關為START時，供油系統、啟動系統導通。

電器對應位置如圖15-32所示，電腦控制噴油時期電流電器流程圖如圖15-34所示。

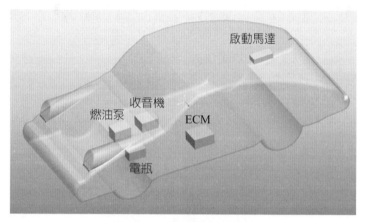

圖15-32　電器對應位置圖

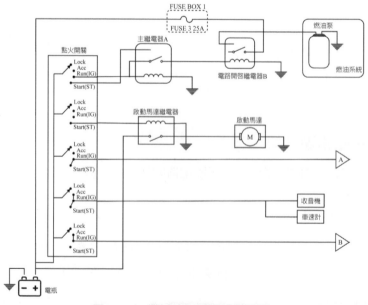

圖15-33　機械噴射時期總電路圖

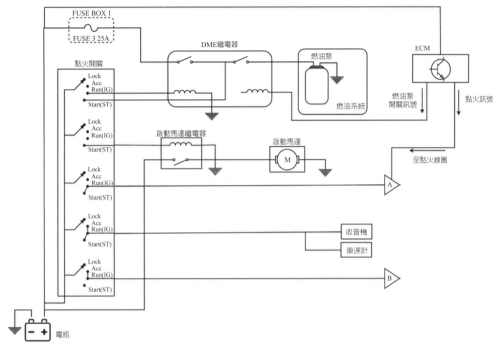

圖15-34　電腦控制噴油時期總電路圖

2. A部分

　　A部分電路圖如圖15-36所示，包含的電器包括：點火系統、倒車燈、雨刷馬達、冷氣送風機、頭燈清洗馬達。

　　A部分電器對應位置如圖15-35所示，電腦控制噴油時期電流電器流程圖如圖15-37所示。

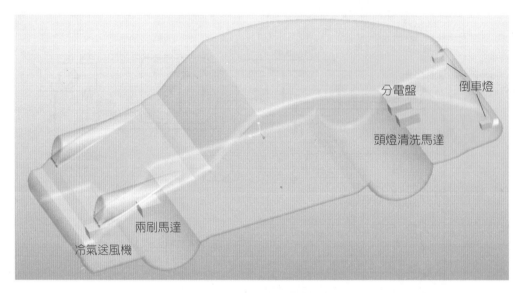

圖15-35　A部分電器對應位置圖

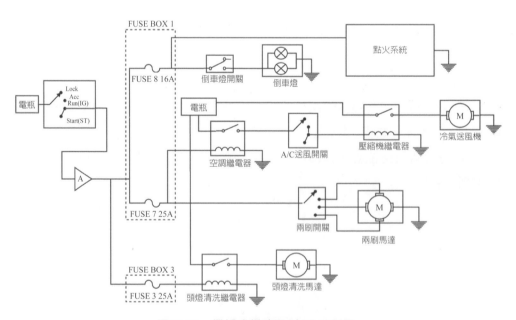

圖15-36　機械噴射時期A部分電路圖

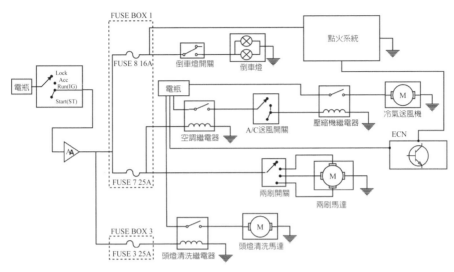

圖15-37　電腦控制噴油時期A部分電路圖

3. B部分

　　B部分電路圖如圖15-39、圖15-41、圖15-43所示，包含的電器包括：後視鏡馬達、點菸器、除霧器、頭燈組、尾燈組、方向燈、牌照燈、車窗馬達、椅墊馬達、椅背馬達。

　　B部分電器對應位置如圖15-38、圖15-40、圖15-42所示。

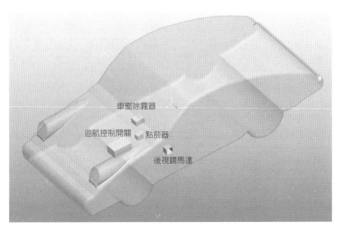

圖15-38　B部分電器對應位置圖-1

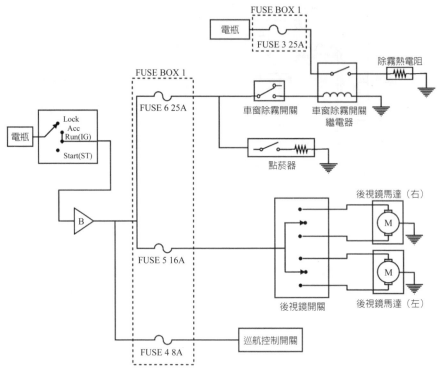

圖15-39　B部分電器電路圖-1

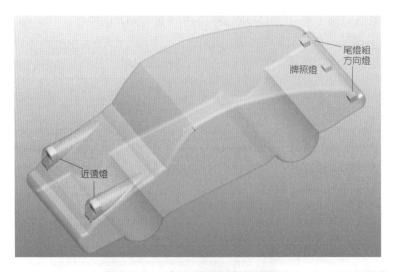

圖15-40　B部分電器對應位置圖-2

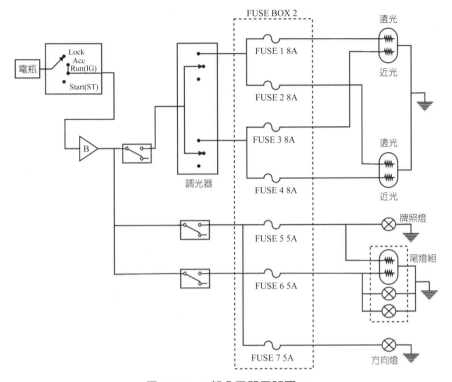

圖15-41　B部分電器電路圖-2

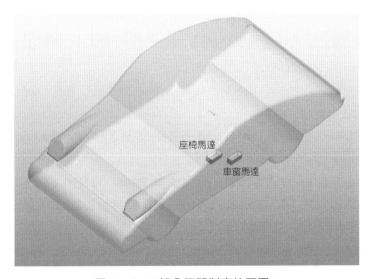

圖15-42　B部分電器對應位置圖-3

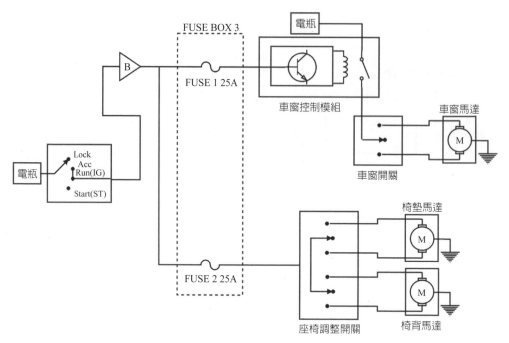

圖15-43　B部分電器電路圖-3

參考文獻

1. 中國百科網（2013）。汽車結構之汽車中央控制電動門鎖和防盜裝置。檢自：http://www.chinabaike.com/t/30660/2013/0717/1303098.html

2. Citroen Xsara Owners' Club (2011)。My Headlight Beam Problem。檢自：http://www.cxoc.net/index.php?topic=15014.0

3. 《汽車與駕駛維修》雜誌（2010）。Sportback技術亮點解讀。檢自：http://www.car-repair.cn/zzzx/20108/xcjsld/302170_2.shtml

4. alldatadiy.com (2015)。Air Bag Supplemental Restraint System。檢自：http://www.alldatadiy.com/alldatadiy/DIY～G～C41407～R0～OD～N/0/80851247/83204708/83204719/110671822/34853741/34866154/34866155/34866161/134543262

5. VINASTAR (2015)。The supplemental restraint system。檢自：http://www.vinastarmotors.com.vn/en/technology.php?id=2&lg=en

6. Allan Bonnick. A Practical Approach to Motor Vehicle Engineering and Maintenance. Third Edition (2011).

第16章

汽車傳動系統

16.1 | 前言

汽車引擎與驅動輪之間的動力傳遞裝置稱為汽車的傳動系，它應保證汽車具有在各種行駛條件下所必須的牽引力、車速，以及保證牽引力與車速之間協調變化等功能，使汽車具有良好的動力性和燃油經濟性；還應保證汽車能倒車，以及左、右驅動輪能適應差速要求，並使動力傳遞能根據需要而平穩地結合或徹底、迅速地分離。傳動系包括離合器、變速器、傳動軸、主減速器、差速器及半軸等部分。

16.1.1 基本汽車傳動構件

汽車的傳動系構件主要包含了離合器、差速器，若車子需要較遠距離的傳遞動力，則需要安裝萬向軸，根據不同的車型驅動方式、整體布局，以及不同的功能需求，這些傳動機構外型及操作上也會隨之變化，以下將介紹這些傳動構件的基本外型及作動原理。

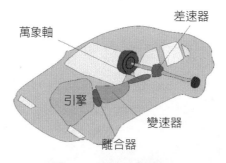

圖16-1 汽車傳動系統

1. 離合器（Clutch）

離合器便是引擎動力與變速箱之間連結的開關裝置，架構層次從引擎飛輪到變速箱之間，分別為驅動板（有時稱為離合器片、中心或摩擦板）、壓板總成、推力環總成。動力連線的斷點便是驅動板與壓板之間，平時汽車行走時，兩者貼合以摩擦力傳動，踩下離合器踏板，兩者分開。依照零件上些許的不同可以分為三類，多彈簧式離合器、膜片彈簧式離合器、多片式離合器。以下為早期所使用的多彈簧式

離合器。

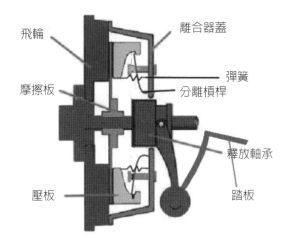

圖16-2 多彈簧式離合器結構

(1) 膜片彈簧式離合器

傳統的離合器形式，飛輪與壓板以鉚釘連接，與引擎的曲軸一同旋轉，變速箱輸入軸穿過釋放軸承與摩擦板相連結，離合器踏板未踩下時，壓板會因爲彈簧負載作用，緊壓著摩擦片，飛輪動力也能順利傳達到變速箱輸入軸；離合器踏板一踩

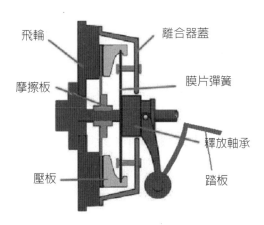

圖16-3 膜片彈簧式離合器結構

下，釋放軸承便下壓分離槓桿內側，依槓桿作用，壓板反而抬升，移除彈簧施加在摩擦板的壓力，摩擦板依然旋轉，摩擦板與變速箱輸入軸則因為沒有摩擦力的作用而緩緩停下。膜片彈簧式離合器，則是將彈簧與分離槓桿替換成膜片彈簧。

(2) 多片式離合器

機械多片式離合器早期應用在大型車上，更多的摩擦板可以使離合器可傳遞扭矩更大。現今自動排檔汽車變速箱主要原理是使用多片式離合器來選擇行星齒輪，其採用液壓當做控制動力，離合器組中的多個離合器片等距排列，油壓系統可以控制油路進油，推動活塞進而推動其中一組離合器組，則兩組離合器組中的摩擦面一個對一個貼合，完成行星齒輪系統的離合工作。

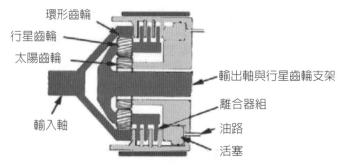

圖16-4　油壓控制多片離合器

2. 差速器

差速器（Differential）的發明，是因為汽車於轉彎時，外側輪子需要走的路徑要比內側輪子走的路徑大，汽車想順暢和精確地轉彎必然要讓外側的車輪轉速高於內側車輪，人們藉由設計一個特殊的機械結構來彌補兩輪轉速上的差異，此機構便是差速器。差速器是一組由四個錐形齒輪組合而成的、兩兩相接的行星齒輪組，兩個太陽齒輪（在這裡又稱作半軸齒輪），每個半軸齒輪都與兩個行星齒輪相咬合，每個行星齒輪也與兩個半軸齒輪相接，如此一來四只齒輪變為成一個方形結構。而實際應用上行星齒輪不是主動控制的，而是當車子轉彎時兩半軸前進的阻力差迫使其自轉，彌補兩輪轉速差。

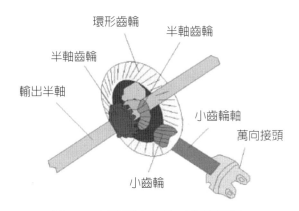

環形齒輪
半軸齒輪
半軸齒輪
輸出半軸
小齒輪軸
萬向接頭
小齒輪

圖16-5　最終動力組件（含差速器）

　　我們可以從下圖更清楚的了解差速器的作用，移除一個行星齒輪簡化系統且外加一個紫色外框代表行星齒輪會隨者半軸連線旋轉，大的齒輪則代表從變速箱傳來的動力，恆往汽車前進方向旋轉。當汽車直線行駛時，兩半軸齒輪受到的阻力大致相同，因此行星齒輪並不會自轉，而是充當連結兩邊半軸使其等速前進的連桿作用；當汽車向左轉彎，左側車輪所受阻力較大，左邊半軸齒輪轉速就會慢下來，極端情況下我們可以假設它完全停下來，但是大齒輪照常轉動，連同外框帶動行星齒輪向車前進方向運轉，這時行星齒輪已經因為兩端半軸齒輪的阻力不同而無法使兩者保持等速，必然是右側半軸較容易被推動，行星齒輪因此順時針自轉，將右側半軸齒輪加速旋轉。

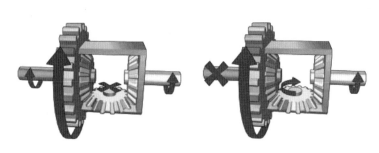

圖16-6　差速器作用，直線行駛（左）；向左轉彎（右）

3. 萬向軸

　　萬向軸是用於傳遞扭矩和旋轉的機械部件，通常用於連接因距離而不能直接連接，而卻需要有相對應運動之傳動系統的其他部件。作爲扭矩載體，驅動軸承受扭轉和剪切應力，相當於輸入扭矩和載荷之間的差異。 因此，它們必須足夠強大以承受壓力，同時避免過多的額外重量，從而增加慣性。爲了允許驅動部件和被驅動部件之間的同步，驅動軸經常包括一個或多個萬向接頭、爪耦合聯接器或彈性接頭，有時是花鍵接頭或棱柱形接頭。

圖16-7　萬向軸

16.2　手排變速箱

　　最早的手排變速箱出現於十九世紀末，法國工程師ÉmileLevassor所設計，Levassor推出了許多對現代汽車極具影響力的概念，其中一項便是離合器與排檔桿的組合裝置。當時由Levassor設計的一整套傳動系統：SystèmePanhard，被譽爲最頂尖的汽車工藝，其包含了四輪、ER layout和三段滑動齒輪式變速箱（Non-synchronous Transmission、Crash Boxes、Sliding Mesh Transmissions）。這種舊式的變速箱設計有著齒輪不同步問題，因此齒輪發出噪音、容易損壞，也增加了汽車的操作難度。現今比較常使用的手排變速箱又可以稱爲固定嚙合齒輪變速箱（Constant-meshed Transmission），降低了最早滑動齒輪式變速箱齒輪磨耗及噪音問題。

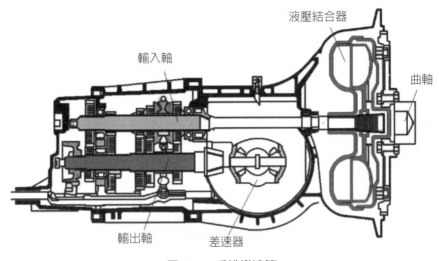

圖16-8　手排變速箱

16.2.1 變速箱動力傳輸

　　變速箱在汽車傳動系統中是極其重要的一環，手排變速系統中，引擎曲軸將動力通過離合器傳至變速箱的輸入軸，經過變速箱中的齒輪傳輸後，再經由變速箱輸出軸傳遞至傳動軸中，便完成了引擎至車輪上的動力傳遞。由於手排變速箱是機械結構，內部的金屬齒輪硬碰硬的直接接合，因此動力傳輸僅於齒輪咬合間些許浪費，雖然無法將引擎輸出動力全盤的傳遞至車輪上，但以目前車輛科技發展而論，此變速傳動系統已是最不浪費的設計，且相較於自排變速系統，動力傳輸絕對較直接。

1. 變速箱傳動比

　　變速箱設計的基本目的便是藉由不同斜齒輪的搭配形成不同的減速比，配合作用在不同的汽車行進速度要求；或是咬合三個正齒輪完成倒車動作。手排變速箱每位在一個前進檔位，將可以看到兩個不同直徑的齒輪，咬合再一起運轉。令主動輪、從動輪齒輪數分別為d、D，則減速比可以如下計算D/d，當主動輪直徑較小的時候，減速比的數值也恰是引擎扭矩放大的倍率。一般汽機車減速比計算，包含一

段減速比、齒輪箱傳動比、終傳比，必須將三者相乘才是眞正的汽車減速比。

　　文中範例以一款前置引擎後輪驅動的同步嚙合四段變速箱介紹，一次減速於減速箱內完成，輸入軸上的零件從右到左分別爲一檔齒輪、二檔齒輪及三檔齒輪，相對的，在主軸上也有分別與其對應的齒輪，該範例變速箱可以將輸入輸出軸相接形成四檔，傳動比1：1的直接傳遞，輸出軸上的1、2、3檔齒輪齒數分別爲50、42、34；副軸上1、2、3檔齒輪齒數則是16、28、32，一次減速齒輪齒數34、30可以實際計算出齒輪箱各檔位的傳動比。

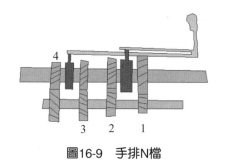

圖16-9　手排N檔

　　一檔（First Gear），撥動排檔桿到一檔位置，換檔撥叉撥動一二檔之間的同步器向右使主軸隨一檔齒輪旋轉，動力即由離合器 —— 輸入軸其齒輪 —— 副軸 —— 副軸一檔齒輪 —— 輸出軸一檔齒輪 —— 同步器 —— 輸出軸，輸出軸一檔齒輪齒數爲50、副軸一檔齒輪數爲16，一次減速比34/30 = 1.133，齒輪對減速比50/16 = 3.125，總齒輪箱傳動比3.54，動力流向圖如下：

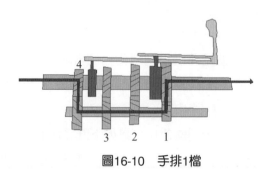

圖16-10　手排1檔

二檔（Second Gear），撥動排檔桿到二檔位置，換檔撥叉撥動一二檔之間的同步器向左使主軸隨二檔齒輪旋轉，動力即由離合器——輸入軸其齒輪——副軸——副軸二檔齒輪——輸出軸二檔齒輪——同步器——輸出軸，輸出軸二檔齒輪齒數為42、主軸一檔齒輪數為28，齒輪箱傳動比1.133*42/28 = 1.69，動力流向圖如下：

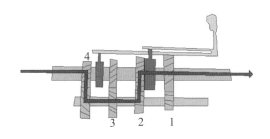

圖16-11　手排2檔

三檔（Third Gear），撥動排檔桿到三檔位置，換檔撥叉撥動三四檔之間的同步器向右使主軸隨三檔齒輪旋轉，動力即由動力即由離合器——輸入軸其齒輪——副軸——副軸三檔齒輪——輸出軸三檔齒輪——同步器——輸出軸，輸出軸三檔齒輪齒數為34、主軸一檔齒輪數為32，齒輪箱傳動比1.133*34 / 32 = 1.20，動力流向圖如下：

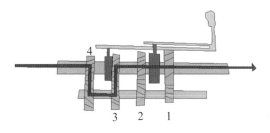

圖16-12　手排3檔

四檔（Fourth Gear），撥動排檔桿到四檔位置，換檔撥叉撥動三四檔之間的同步器向左使主軸隨輸入軸旋轉，動力即由離合器——輸入軸——輸出軸，動力直線

傳輸,傳動比即為1,動力流向圖如下:

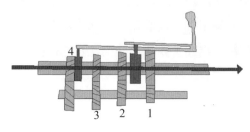

圖16-13　手排4檔

　　倒檔(Reverse），如下圖,範例齒輪箱加上了倒檔齒輪。駕駛撥動排檔桿到R檔位置,換檔軸帶動倒檔惰輪嚙合主軸倒檔齒輪軸,因為動力傳輸過程多了惰輪而造成輸出軸反向運轉,動力傳遞即由離合器──輸入軸其齒輪──副軸──副軸到檔齒輪──輸出軸倒檔齒輪──同步器──輸出軸,輸出軸倒檔齒輪齒數為16、惰輪齒數為26、主軸倒檔齒輪數為46,減速比26*46/16*26 = 2.875,動力流向圖如下:

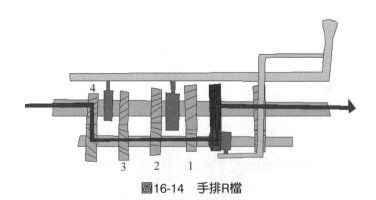

圖16-14　手排R檔

2. 變速箱構成

　　變速箱的構成,一是將引擎輸出扭力放大傳至輸出軸的齒輪組;二是將人力傳送到齒輪箱內控制這些齒輪互相組合的換檔機構。汽車於行進中切換檔位,這點必然需由一些機械機構來操作,而非人力直接接觸改動,這些機構大致上包含了排檔

桿（Gear Shift）、換檔軸（Shift Rod）、換檔撥叉（Shift Fork）、轉動件耦合元件。

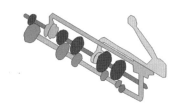

圖16-15　四段同步嚙合變速箱選擇器機構

(1) 換檔機構

四輪變速箱的連鎖機構像是一個方形模塊讓三根換檔軸平行穿過，中間有垂直三根軸的穿孔用來放置鋼珠，短銷則是穿過中間的換檔軸，兩端與鋼珠相觸。所有換檔軸上皆有弧形縱向截面的環形凹槽可以與鋼珠配合，換檔時，其中一根軸被推出模塊，軸的外緣推擠兩顆鋼珠向外進到剩下兩根未動軸的凹槽內，將兩根軸卡住，如此可以防止兩根以上的換檔軸同時推出，造成亂檔情形；彈簧定位機構則是用定位彈簧及鋼珠安裝在變速箱外殼末端，鋼珠以彈力抵住換檔軸上的凹槽定位，若鋼珠或是軸磨損，則檔為維持能力變差，即有可能發生滑齒（跳檔）。

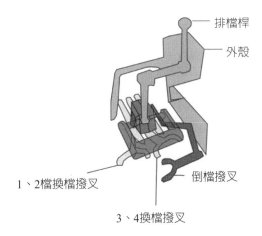

圖16-16　變速箱換檔軸與排檔桿

(2) 齒輪與傳動耦合元件

齒輪與傳動軸耦合元件便是將軸帶動隨齒輪轉動之元件。犬牙形離合器（Dog Clutch）便是一個外觀對稱的耦合元件，提供兩轉動件非滑動耦合機制，其以花鍵使之與輸出軸配合在軸上滑動，藉由換檔機構操控其前或後，犬牙形離合器內側有環狀排列的凸起（犬牙）方可與軸上的凹槽接合，便可實現輸出軸與輸入軸偶合。因為變速叉操控選擇器卻不能隨其轉動，所以選擇器的外圓必須是一個環形止推軸承。

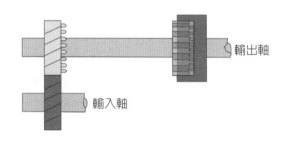

輸出軸

輸入軸

圖16-17　犬牙型離合器連接兩軸

當使用選擇器想要連接兩旋轉件時，可以發現犬牙形離合器兩端轉件的轉速不一樣，相接時便發生磨耗。叫後來發展出來的同步器機構便是為了解決這個問題，同步機構可以分為同步器（Synchronizer）輪轂、同步器袖套、阻擋環（Blocking Ring）。同步器中心件內邊以花件嚙合輸出軸，輸出軸便隨之轉而轉；阻擋環環形內面呈楔形，恰可以與位在齒輪上的錐面嚙合，是為錐形離合（Cone Clutch），為了增加離合器面的摩擦力，阻擋環材質將選用摩擦係數交高的金屬，如黃銅，並且環內側帶有細小的溝槽。換檔時，離合器先作用，藉由摩擦力使選擇器速度漸漸跟上欲換檔位齒輪轉速，同時帶動同步器中心及輸出軸旋轉；而後兩邊犬齒才扣合，這時同步器便和齒輪有相同轉速，完成換檔。

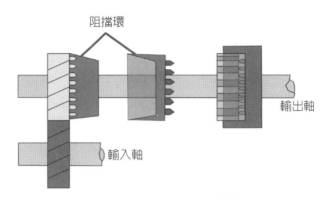

圖16-18　同步器換檔機構

(3) 倒檔齒輪（Reverse）

　　倒檔是一組正齒輪對，一個在副軸；一個在輸出軸。與其他前進檔齒輪對不同，到檔齒輪對並沒有永久接觸，而是各自接在所在位置的軸上。倒檔的選擇是靠一只惰輪（Idler Gear）滑進到檔齒輪對之間將其連接，在動力傳輸過程多接了一個齒輪，可以想見輸入輸出軸會由同向運轉變為反向。在倒檔選擇的過程中並沒有同步器的幫助，故切換倒檔之前必須完全停止輸出軸的運轉。

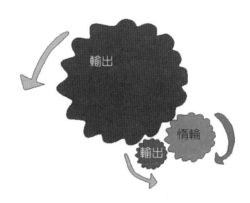

圖16-19　倒檔齒輪組

4.2.2 手排變速箱發展

　　手排變速箱從最早Levassor所設計至今，中間也發生了許多次重大的概念革新。縱觀人類早期的汽車發展，早期的動囓合變速箱只有兩對簡單的齒輪組，但有齒輪囓合不同步問題出現，因此發展出較先進的固定囓合、同步囓合變速箱，而後，又隨著技術逐漸成熟以及科技的進步，手排變速箱變得更加人性化及方便，加入了電子油壓系統的半自動化手排車，縮短了手排換檔耗費的時間與傳動力，我們給予專門的稱呼為自手排，也是現在非常普遍見到的變速箱形式。

1. 滑動囓合變速箱

　　主軸（輸出）上的齒輪藉由換檔機構沿著軸移動，與副軸上的齒輪進行配對而有不同齒數比，而齒輪換檔機構則由齒輪槓桿來操作。如圖，當撥叉撥動輸出軸1、2檔齒輪沿輸出軸縱向右移可以連接副軸一檔齒輪，這時汽車位在一檔，又稱為「下位齒輪」；如果將1、2檔齒輪依同向左移動，則可以得到二檔的減速效果；若要切換到三檔，則必須將輸出軸三檔齒輪又移達成配對；與輸出軸三檔齒輪為一體的是犬牙離合器，撥桿將其左移，與輸出軸末端齒輪上的犬齒接上，這時輸出軸與輸入軸變異起旋轉，減速比為1：1，謂之四檔，也可以稱為「上位齒輪」。滑動囓

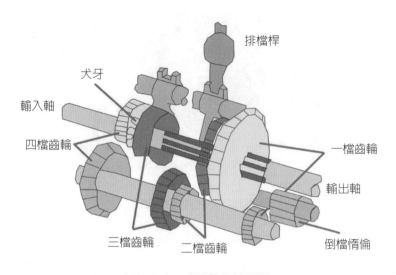

圖16-20　滑動囓合變速箱

合變速箱的倒檔惰輪是一只厚度較厚的齒輪，倒檔惰輪向左移動一定的位移量，與一檔齒輪對相接，而且此時兩個一檔齒輪並沒有連結，如此一來便能形成標準的倒檔動力傳輸作用方式。滑動嚙合變速箱齒輪嚙合過程中常常彼此衝擊而發出噪音，故此種變速箱又稱為衝擊式變速箱（Crash Gearbox）。

2. 固定負載嚙合變速箱

　　滑動嚙合變速顯然並不順暢，因此人們想到將一對對的減速齒輪一開始便嚙合在一起，主軸上的齒輪自由轉動（不隨主軸旋轉），需要其作用時以帶有鍵槽的嚙合離合器將該齒輪與主軸連接。如圖是一個五速固定負載嚙合變速箱，且倒檔惰輪也行固定負載嚙合。1、2檔齒輪間；3、4齒輪間；以及5、R檔齒輪間都會有一個犬牙形離合器，跟滑動嚙合變速箱不同的是，三個離合器以檔位撥叉沿主軸後移動，而不是移動齒輪。只要離合器上的犬牙與齒輪上的犬牙嚙合，便只有該齒輪的轉速能傳達至輸出軸，其餘的齒輪則是繼續自由轉動。

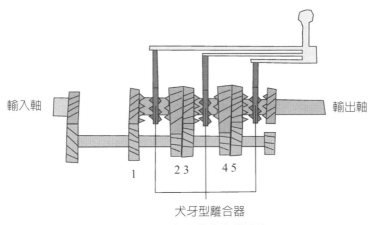

輸入軸　　　　　　　　　　　　　　　　　　　　　　輸出軸

1　　2 3　　4 5

犬牙型離合器

圖16-21　固定負載嚙合變速箱

3. 同步嚙合變速箱

　　同步嚙合、同步齒環嚙合皆與固定負載嚙合結構相同，唯一的差異在嚙合離合器改座小型的錐形離合器，同步嚙合輪轂在主軸上有鍵槽，並由齒輪換檔機構控制，可沿主軸方向移動。輪轂的周圍放式彈簧及鋼珠，提供外側套筒負載，在非操

作階段不至於滑開。同步嚙合機構能與嚙合齒輪上的相應齒嚙合。換檔初時先將同步錐與齒輪上的相應摩擦面接合，慢慢兩者轉速接近，換檔機構進一步作棟達到完全嚙合。同步齒環嚙合則是將彈簧鋼珠組合替換為同步健及換檔板保持彈簧。

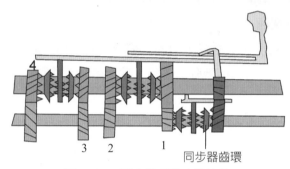

圖16-22　同步齒環嚙合變速箱

4. 序列式變速箱

　　序列式變速箱（Sequential Manual Transmission）是用於摩托車和高性能汽車的非傳統類型的手動變速器，序列式的意思就是該變速箱只能提供使用者從當前應用之齒輪對切換到相鄰的的較高檔位或相鄰的下檔，而無法直接切換到任意檔位，序列式變速的排檔方式不會像傳統排檔的H-pattern，而是呈一直線，摩托車的檔位切換更不用說，只有加檔減檔兩種選擇。

　　排檔桿單一的前後運動如何能控制檔位不斷的向下或向上切換，便是依靠序列式變速箱的勾爪與選擇器滾筒設計，下面舉例摩托車中的棘輪來了解其作用原理，如圖16-23（左）是維持檔位時勾爪狀態，圖16-23（右）是加檔動作，當採下踏板勾爪被往上推並推動選擇器滾筒旋轉，並由右側勾爪限制滾筒轉動量，踏板放開使勾爪回位，回到圖16-23（左）的狀態，並且左側勾爪維持滾筒狀態。

　　當駕駛不斷踩動踏板或推動排檔桿欲上切檔位，選擇器滾筒就會同方向不斷等間距旋轉，見圖16-24，選擇器滾筒是一個鑿有多行相同形狀不同相位的Z字形凹槽，選擇器上端有短銷扣入凹槽，短銷並不會隨滾筒旋轉，但當滾筒旋轉，短銷相對地像是在凹槽內行走，遇到凹槽Z字形的變化便帶動選擇器向左或向右切換，至

圖16-23　勾爪與選擇器滾筒

於選擇器與齒輪對的作用關係，與固定嚙合變速箱相同。一般SMG變速箱多搭配犬牙型離合器使用而非同步器，這點是因為序列式變速箱多用在賽車當中，犬牙型離合器相較於同步器更能快速的換檔。

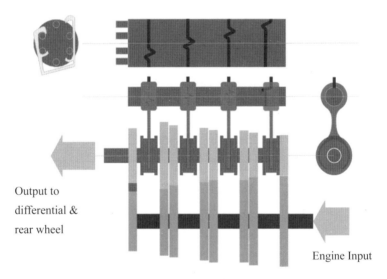

Output to differential & rear wheel

Engine Input

圖16-24　序列式變速箱換檔原理

5. 自手排變速箱

　　較現代的變速箱，為了增加使用者的安全性與便利性，使用電子油壓系統取代部分人力操作，是具有計算機控制機構的常規手動變速器，在必要時使離合器脫離的伺服裝置。變速器計算機控制這種傳動裝置的早期版本是從1967年到1976年在

大眾甲殼蟲和卡曼Ghia使用的Autostick，而現今依然有被使用的手排變速箱大體上可以依離合器數量分爲兩種，單離合器與雙離合器。

第一種單離合器手排變速箱，最初是爲了塞車減少換檔踩離合器的動作而開發，可以說是傳統變速箱演進而來，1990年代Ferrari Mondial與第一代Renault Twingo皆使用類似系統。 單離合自手排基本構造與傳統手排變速箱相仿，只是離合器以及變速箱內部換檔機構改用電子油壓系統控制，所有的換檔過程中，駕駛人「扳動換檔桿」的動作並不會直接連動變速箱內的換檔機構，而是化爲電子訊號，經由變速箱控制單元（Transmission Control Unit, TCU）傳至油壓控制系統，完成換檔機構的控制，其中電子油壓系統中包含了兩種執行器：換檔執行器，離合執行器，分別操作換檔機構與離合器。自手排變速箱有越多的檔位就必須安裝更多的同步器，一般而言，也代表需要更多的換檔執行器，不過對於電力油壓系統控制的序列式變速箱，即便是高達七段變速，也只需要一個換檔執行器。

第二種，雙離合器自手排變速箱（Double Clutch Transmission）在現今幾家汽車大廠對雙離合技術有不同的命名方式，比如Porsche的PDK，Ford的PowerShift，或通用的DCG，Volkswagen的DSG。雙離合的概念早在二戰時期由法國工程師Adolphe Kégresse提出，1980年代由配置了雙離合器自手排變速箱的Porsche 962C於賽場上發揚光大，雙離合器自手排變速箱開始受人們到矚目。

DCT相較於傳統手排與自排變速箱，缺少了自排的扭力轉換器，整體傳輸效率接近傳統手排變速箱，透過雙離合器快速銜接檔位，換檔速度快是其最大優勢。雙離合變速箱可以快速換檔的原理在於期兩個離合器分別控制一組齒輪組，單看一組離合器與所控制的齒輪組，其作用方式與手排變速箱相同，名爲雙離合，便像是將兩個手排的齒輪組放進同一個齒輪箱一般。DCT的兩個多片式離合器顯示於下圖，中間一個連接實心的轉軸；外圈的離合器則是連接空心的齒輪轉軸，並且空心軸是套在實心軸之外。兩根轉軸一根控制奇數檔位一根控制偶數檔位，升檔過程中，兩個離合器輪流作用，引擎動力恆能傳輸至輸出軸，因此雙離合器變速箱能得到比手排手排變速箱更流暢得換檔，而不會有明顯的頓挫感。

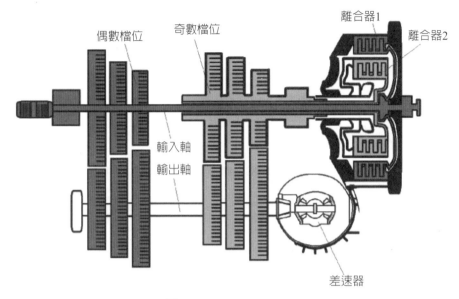

圖16-25　Porsche PDK

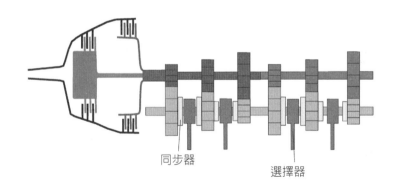

圖16-26　雙離合變速箱結構

　　下面將部分介紹雙離合器齒輪變速箱升檔過程。圖16-27(a)，顯示一個平穩地於三檔下運轉的雙離合器變速箱，內部離合器作用中，將引擎動力帶給實心軸g，同步器正處於與主軸三檔齒輪嚙合狀態，此時空心軸r並不會運轉。此時駕駛撥動排檔桿切換四檔，傳動控制單元接收訊號，驅動2、4檔間的同步器嚙合四檔齒輪；圖16-27(b)，此時主軸上同時有兩個同步器作用，而外圈離合器未離合，空心軸四

檔齒輪反而被主軸四檔齒輪帶動，圖16-27(c)，兩離合器同時切換，這時引擎動力將傳導至空心軸，由該軸主導動力流向，實心軸因為沒有接收到引擎動力而減速，最後三檔同步器斷開就算是切換到四檔。

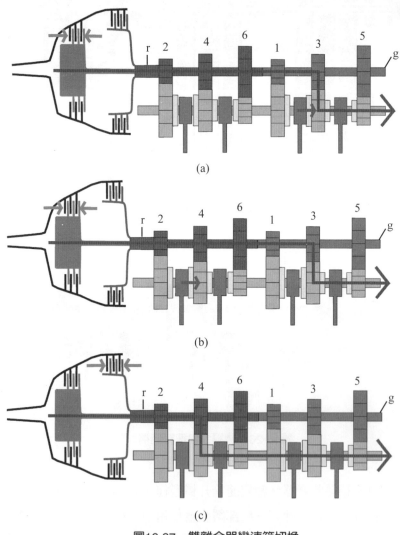

(a)

(b)

(c)

圖16-27　雙離合器變速箱切換

　　因為輸入兩相鄰檔位齒輪都不會在同樣的一根軸上，所以傳動控制單元偵測到

換檔訊號時，可以直接將下一個檔位的同步器先行嚙合，如此一來，換檔速度便可以比手排變速箱快上許多。不過雙離合器變速箱的缺點也很明顯，因為配置兩組輸出軸與離合器，使得變速箱本體體積會大於傳統手排變速箱，而且在低速運行時，若車輛又時走時停，離合器被迫長時間處於半接合狀態，容易產生過多熱能，以致離合器過熱耐用度不佳。濕式雙離合器變速系統，以油液浸泡離合器片能減緩離合器過熱的情形，卻又因此增加變速箱成本而不適用於一般民用車使用。

16.3　自排變速箱

　　自動排檔變速（Automatic Transmission、Automatic Transaxle, A/T），其歷史可以追朔到20世紀初，1904年Sturtevant Brothers的兩段變速箱，透過隨著引擎運轉而轉動的飛錘「Flyweights」，搭配機械連桿作用，達到傳動減速比的改變，因為當時的冶金技術無法完成常態齒輪對切換所需強度，所以變速箱常常在無預警情況下故障。另一個重要的發展是在1908年美國Ford Model T，這款標榜經濟且實用的車款，擁有二段變速及倒檔的行星齒輪變速系統，不過駕駛卻必須使用踏板控制其離合，1932年由巴西的兩名工程師José BrazAraripe and Fernando LehlyLemos開

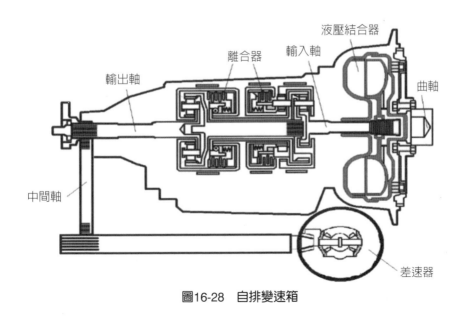

圖16-28　自排變速箱

發出第一台使用液壓自動變速箱，同一時期美國Chrysler汽車公司發展了液壓結合器。今後大家使用的自排變速系統就是結合了「行星齒輪變速」與「液壓結合器」的變速傳動系統。

16.3.1 自排變速箱動力輸出

自排變速箱變速發展至今將近百年，現今的自排變速系統便是一個龐大的油路系統與多個行星齒輪組的結合。其中系統內部的油泵供應扭力轉換器、行星齒輪組制動帶、離合器以及油壓控制系統所需要的自動變速箱液（Automatic Transmission Fluid, ATF），提供各零件所需液壓及潤滑。傳統自排變速箱油壓控制系統的控制壓力可以分為三種形式，主管路壓力、節氣門壓力、速控器壓力。主管路壓力又稱為主油壓或管路壓力，用來控制離合器與制動帶作用；節氣壓力正是因為其隨引擎負荷、節氣門開度約成正比變化之特性，用來控制油壓系統各個閥門作動；速控器則是一個變速箱輸出速度感知裝置，隨變速箱輸出速度提高進而增加其輸出至各油路的壓力，三種壓力隨著車速以及引擎的狀態不同而發生壓力變化，導致變速系統依據檔位不同來控制位置閥門打開或關閉而影響到離合器或制動帶狀態，間接控制行星齒輪組運動模式，選擇當下操作條件最佳的傳動比，不過現代的自動變速器中，閥門都已經改用電子機械伺服機構控制，較不需要如此複雜的管路設計。

1. 自動變速箱傳動

自動變速箱動力傳遞比起手排變速箱來的更複雜，換檔並不是單純選擇一個齒輪對即可決定變速箱的傳動比，自排變速箱位於某些檔位情況下，動力必須經過多組行星齒輪系層層傳遞，而非選擇單一行星齒輪系。文章中將介紹一款Allison算段變速自動變速箱，其共具有五個多片式離合器，如圖16-29，從引擎承接的動力透過C1、C2兩個離合器將有可能藉由層層套筒結構直接傳到C4、C5位置的太陽齒輪；亦可能直接傳輸至C4位置的行星齒輪架，而剩下三個C3、C4、C5離合器則是用來使各對應位置之環形齒輪制動，接下來將講述Allison如何藉由操作這五個離合器來完成六段的齒輪變速。

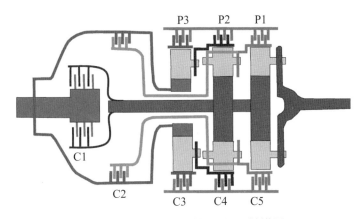

圖16-29　Allison變速箱平切面結構圖

　　當變速器處於一檔狀態，液壓油推動C1、C5離合器，將離合器片壓制住，當C1離合器被液壓油壓縮時，輸入軸帶動的軸b將會與P1行星齒輪相連接且同向旋轉；再將C5離合器片壓住，P1的環形齒輪將會被固定住，P1行星齒輪因此被太陽齒輪單獨驅動，進行同方向繞軸公轉，並帶動輸出軸r。

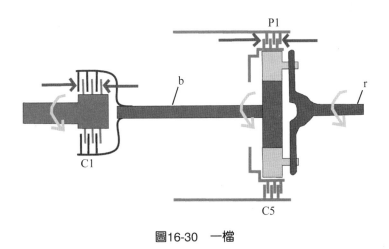

圖16-30　一檔

　　C5離合器鬆開且液壓油壓制C4離合器，即切換到二檔，軸b與軸上P2太陽齒輪隨輸入軸運轉，P2環形齒輪因C4離合器被制動，故P2行星齒輪被太陽齒輪單獨驅

動。且P2的行星齒輪架與P1環形齒輪為相連物件，因此P2行星齒輪並不是直接輸出，而是將動力傳到P1的環形齒輪。P1的行星齒輪系此時呈現環形齒輪與太陽齒輪同方向運轉一同帶動P1行星齒輪。相比一檔，輸出軸多了P1環形齒輪旋轉的效應，因此轉速些微提升。

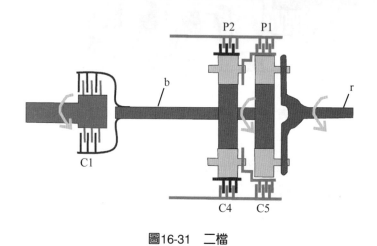

圖16-31　二檔

　　三檔及五檔的傳動比都是藉由P3第三組行星齒輪系進行調整而得到，P3行星齒輪系中的太陽齒輪為連接在輸入軸罩狀結構上，故P3太陽齒輪的轉速等同於輸入軸轉速。三檔動力傳輸與二檔接近，由C1、C4離合器作用改為C1、C3作用。三檔的動力傳輸，三組行星齒輪系皆有參與，P3行星齒輪系動力由太陽齒輪傳輸至行星齒輪，這個過程是減速作用，但P3太陽齒輪與行星齒輪的尺寸較接近，因此減速效果幅度較小。而P3行星齒輪架與P2環形齒輪為一體，造成P3行星齒輪系的作動提供了P2環形齒輪一個較慢的轉速，P2環齒輪與太陽齒輪皆轉動，使P2行星齒輪架轉速加快，帶動P2行星齒輪架加速連帶的P1環齒輪轉速跟著變快，最後P1環齒輪與太陽齒輪一同帶動P1行星齒輪與輸出軸。相比二檔的運動原理，三檔便是多了P2環形齒輪轉動帶來的加速效應。

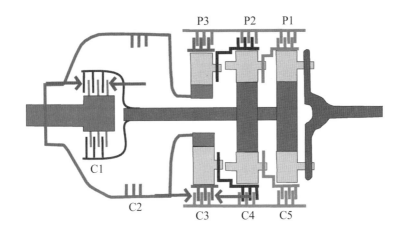

圖16-32　三檔

　　在Allison變速箱中，四檔狀態為引擎與變速箱的直接傳遞，為了使輸出跟輸入等速度運轉，Allison變速系統必須使P1的環形齒輪與太陽齒輪的旋轉速度、方向等同於輸入軸，如圖16-33所示，C1離合器作用即可使P1太陽齒輪速度等於輸入軸，C2離合器片相連著一體式機構且與P1環形齒輪、P2行星齒輪為連動關係，當液壓油壓制C2離合器片時，便將引擎動力由同步旋轉的罩狀結構直接導引至P1環齒輪。因為P1環齒輪與太陽齒輪等速旋轉，整個行星齒輪系就有如一個整體，並

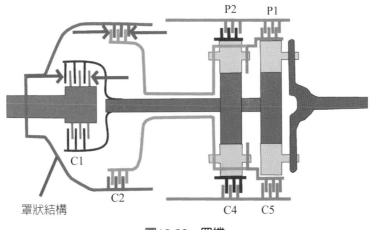

圖16-33　四檔

不會有加速或是減速作用。

五檔傳動同樣經過三組齒輪系，油壓壓緊C2，C3離合器，P3齒輪系運動狀態為太陽齒輪輸入行星齒輪輸出，帶有減速作用，P3行星齒輪系運動提供了一個較慢的速度予P2環形齒輪；C2作用而C1分開，在P2行星齒輪系中可以看出行星齒輪帶動太陽齒輪，效應為加速，不過因為P2環形齒輪的轉動使加速效應降低（可以想像環形齒輪轉速越來越快，與行星齒輪架等速，整體行星齒輪系便可視為一體，傳動比為1，從環形齒輪加速的過程中可以觀察到整個行星齒輪系加速效果降低的趨勢）；P1位置行星齒輪系環形齒輪與太陽齒輪皆轉動，運動效應雖為減速，卻因為P1環形齒輪的轉動而減速效應降低。相比四檔，五檔P2行星齒輪系帶有加速效應，因此齒輪箱輸出五檔較快；而相比六檔，則差異在於P3行星齒輪系造成P2加速效應降低，所以相比之下又以六檔三組行星齒輪的搭配能提供變速箱更高的速度輸出。

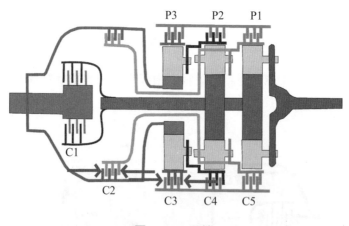

圖16-34　五檔

六檔也就是所謂的OD（overdrive）檔，輸出轉速要高於輸入轉速，扭力降低，應用於汽車高速巡航，六檔時油壓壓住C2、C4離合器。此時雖然P1行星齒輪系依然帶有減速效應，C2離合器的作用將帶動P1環形齒輪正向旋轉，如此可以降低P1行星齒輪的減速比。C4離合器制動住P2環形齒輪，而且C1離合器分離，造成

P2的行星齒輪系處於「行星齒輪帶動太陽齒輪」的運動模式，而此運動模式也是帶來加速效應。

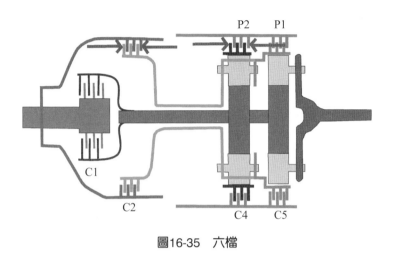

圖16-35　六檔

　　倒檔的行星齒輪運動狀況較特別，油壓壓制C3、C5離合器片，P3行星齒輪系依然提供了較低的轉速給P2環形齒輪，此時因為C5離合器的作用使P2的行星齒輪只能自轉而無法公轉，這時環形齒輪的轉動不是用來調整其他行星齒輪系的轉速比，而是透過P2行星齒輪驅動太陽齒輪反向旋轉。P2行星齒輪系提供了逆轉減速

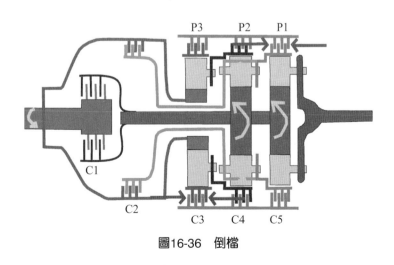

圖16-36　倒檔

作用，P1行星齒輪系則是再作一次減速，這樣的設計非常合理，實際上倒檔的速度並不需要太快。

2. 自排變速系統構成

　　自動變速箱以輪系機構為主體，並搭配液壓結合器、離合器、制動器（Brake），以及油壓控制系統所組成，液壓結合器又被稱作自動變速箱的自動離合器，比起手排變速系統中的離合器，其優勢在於，即使將整台車煞停，引擎也不會熄火，這是因為引擎動力是透過ATF進行傳遞，變速箱即使完全停下，引擎的輸出端依然可以在ATF中緩速運轉，故液壓結合器並不需要一個將引擎與變速箱之間動力完全切斷的動作，不過動力經過ATF傳遞，效率並無法達到手排離合器固態接合的傳遞效率；液壓結合器除了作為自動離合器，有時也充當油泵的驅動器，隨著液壓結合器外殼旋轉，油泵運轉並將ATF傳輸到油壓系統各處；油壓系統則是依據自動變速箱隨著汽車運行狀況自動操作行星齒輪機構的重要角色。

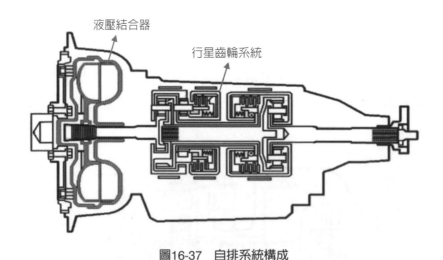

圖16-37　自排系統構成

(1) 液壓結合器

　　自動變速系統內的液壓結合器取代了傳統倚靠摩擦傳遞動能的離合器。液壓結合器同屬於液壓設備，比起傳統離合器更適合安裝在以液壓驅動的自排變速系統

內；現代的液壓結合器又稱為為「自動離合器」，除了可以平滑地傳遞引擎到變速箱之間的動力，還可以在汽車到達巡航速度時，自動調整機構的些微變化，改變結合器內ATF流動方式來達到變速箱的高轉速。雖然液壓結合器無法直接切斷引擎與變速箱之間的動力傳遞，但並不影響變速系統提供臨時空檔的功能，只要藉由油壓系統釋放所有離合器及制動機構，即可形成空檔。液壓結合器隨時代演進，大致上可以分為兩種，液體接合器（Fluid Coupler）及扭力轉換器（Torque Converter）。

　　液體接合器，是由主動葉輪（Drive Tours）及被動葉輪（Driven Tours）組成，分別又被稱作泵輪（Pump Impeller）與渦輪（Turbine），兩者安裝在密封的容器內，泵輪固定於驅動板上連接引擎飛輪；渦輪則與變速箱輸入軸相連。液體接合器利用流體傳輸原理作用，其密閉空間內會充入85～90%的ATF。

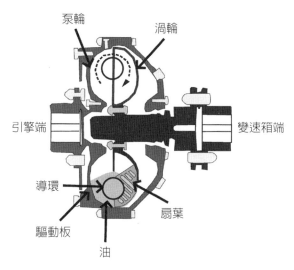

圖16-38　Fluid Coupler

　　當引擎運轉時，隨著飛輪旋轉泵輪也會一起轉動，泵輪內的ATF受到旋轉離心力作用，沿著葉片流向泵輪外緣，且以一定的角度流到渦輪外緣，渦輪因為受到ATF的摩擦力而被帶動旋轉，ATF隨後順著渦輪葉片流向渦輪內側，再回到泵輪中心。當泵輪轉速越快，離心力越強，加壓在渦輪的衝擊力越大，則渦輪速度也會跟

著加快，ATF帶動渦輪旋轉時的流動形式，稱之為「渦流」，渦流對液體接合器來說是一種能量損耗，如果泵輪的速度與渦輪差距太大，渦流增強便會增加能量損耗，為了減少渦流造成的能量損失，兩葉輪的中央會加裝半圓管以減少渦流發生，這兩個半圓形管被稱為「導環」。隨著引擎加速，渦輪轉速會越來快，ATF加壓在渦輪的力量越小，直到渦輪的速度趨近於泵輪轉速，泵輪與渦輪視為一個整體，ATF便不再於兩者之間循環，只循著渦輪及泵輪旋轉方向一起旋轉，這種流動方式稱之為「迴流」。渦輪的轉速不斷提升，卻始終不會超過泵輪的轉速，兩者的轉速差比值，稱為「滑差」（Slip），滑差計算如下：

$$\frac{泵輪轉速 - 渦輪轉速}{泵輪轉速} \times 100\%。$$

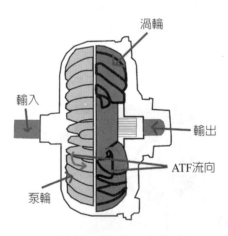

圖16-39　Fluid Coupling

　　扭力轉換器其實跟液體接合器差異不大，傳動原理也相同，相比之下，扭力轉換器在其渦輪與泵輪之間多增加了一只定子（Stator）。定子是一個固定的葉輪，葉片呈現特定的弧度，定子的正面反彈從渦輪迴流的ATF，反射後的ATF衝擊泵輪增強泵輪扭力，此效應稱為「扭矩增強作用」。渦輪起步時泵輪與渦輪轉速差較大，撞擊渦輪壁回流的ATF能量較強，扭矩增強作用也最強；當渦輪轉速越來越

快，則ATF撞擊渦輪反彈的力道會越來越小，扭矩增強作用也降低；當汽車處於巡航狀態或是換檔點，渦輪速度接近泵輪，這時的泵輪、渦輪、ATF轉速接近，定子反而成為了整個結合器運轉的阻礙，導致ATF撞擊定子背面而損失能量。

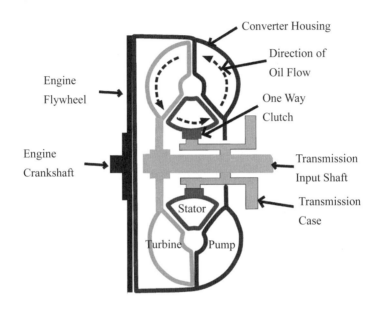

圖16-40　增加單向離合器的扭力轉換器

　　後來則改良定子的設計，在定子下方安裝單向離合器，當泵輪速度比渦輪快時單向離合器鎖住，如同固定的定子一般；當泵輪速度等於渦輪，ATF衝擊定子背面，釋放定子鎖定讓定子一同旋轉，這時候扭力轉換器的作用就有如液體接合器。汽車高速運轉時渦輪轉速會漸漸追上泵輪轉速，但恆不相等，當汽車處於巡航狀態時，渦輪與泵輪依然會有4～5%的滑差，為了彌補這部分滑差造成的能量損失，自排車發展出了「鎖定離合器（Lock-up）」裝置，在渦輪與扭力轉換器外殼間設有離合器，離合器片與渦輪一端連為一體，在高速運轉時，離合器片作用，自動接合外殼與渦輪，扭力轉換器此時的作用就如同固態接觸的摩擦式離合器，傳動效率接近1：1。較早的Lock-up是由外部油壓系統自動控制，現在都自排車則是改用電子式控制。

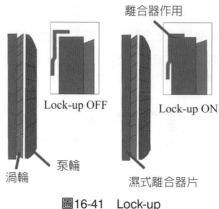

圖16-41　Lock-up

　　綜合以上敘述，可以對液壓結合器繪製出不同轉速比下，扭矩比與傳遞效率的變化，其中扭矩比為轉換器輸出扭矩／輸入扭矩，轉速比為轉換器輸出轉速／輸入轉速，傳遞效率則是扭矩比轉速比，定子釋放時間點稱之為接合點。

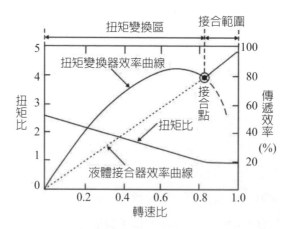

圖16-42　扭力轉換器轉速與扭力比、傳遞效率圖

3. 行星齒輪傳動

　　自排變速箱傳動比是依靠不同的行星齒輪系互相結合調配出輸出所需要的傳動比，行星齒輪系是以一個環形齒輪、一個太陽齒輪以及數個行星齒輪組合而成，行星齒輪架固定每只行星齒輪間的位置關係，其自轉速度即代表了行星齒輪的公轉速

度，也可以視爲行星齒輪作爲輸出的橋梁。

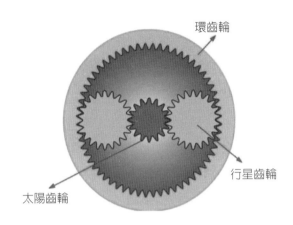

環齒輪

行星齒輪

太陽齒輪

圖16-43 行星齒輪系

行星齒輪系的減速比計算並不同於手排變速，因爲行星齒輪並不單純作自轉運動，而是齒輪會繞著固定軸公轉，較難直接從齒數關係看出其速度的轉變，故必須先重新定義減速比爲輸入轉速／輸出轉速（此定義於手排變速箱依然適用）。令太陽齒輪、行星齒輪、環形齒輪齒數分別爲Z_s、Z_p、Z_r；半徑各個轉速情形的減速比公式皆可以以三個齒輪的齒數表示，推算如下：

令環形齒輪固定，行星齒輪運轉帶動太陽齒輪，行星齒輪轉速ω_p、太陽齒輪轉速ω_s、行星齒輪中心切線速度V_p，$\omega_p = \dfrac{V_p}{R_s + R_p}$，行星齒輪與太陽齒輪箱接觸點之切線速度根據平移旋轉定律得知爲$2V_p$，則 $\omega_s = \dfrac{2V_p}{R_s}$，減速比根據定義 $\dfrac{\omega_p}{\omega_s} = \dfrac{R_r}{2R_s + 2R_p} = \dfrac{R_r}{R_r + R_s} = \dfrac{T_r}{T_r + T_s}$。

令環形齒輪固定，太陽齒輪運轉帶動行星齒輪，太陽齒輪端點切線速度令爲V_s，則 $\omega_s = \dfrac{V_s}{R_s}$，根據平移旋轉定律得知行星齒輪中心速度爲 $\dfrac{1}{2}V_s$，如此可求得行星齒輪架轉速 $\omega_p = \dfrac{\frac{1}{2}V_s}{R_s + R_p}$，減速比根據定義 $\dfrac{\omega_s}{\omega_p} = \dfrac{2R_s + 2R_p}{R_r} = \dfrac{R_r + R_s}{R_r} = \dfrac{T_r + T_s}{T_r}$。

若欲使用行星齒輪系提供相反轉向，只需要將行星齒輪架固定，讓行星齒輪只能原地自轉，則環形齒輪和太陽齒輪兩者與行星齒輪的接觸點將擁有相同量值方向相反的切線速度。已知環形齒輪爲輸入，令環形齒輪與行星齒輪接點切線速度爲 V_r，則 $\omega_r = \dfrac{V_r}{R_r}$，又 $V_r = V_s$，得到 $\omega_s = \dfrac{V_s}{R_s} = \dfrac{V_r}{R_s}$，減速比根據定義 $\dfrac{\omega_r}{\omega_s} = \dfrac{R_s}{R_r} = \dfrac{T_s}{T_r}$。

4. 油壓系統

油壓系統基本功能在於提供扭矩變換器ATF、導引油壓至多片式離合器、潤滑A/T內部零件，以及供油以去除扭矩變換器以及其他運動零件產生的熱。油壓系統構成包括了儲油室（油盆）、油泵、油道（閥體）、控制閥。系統內有三道壓力同時作用在換檔閥進行換檔，其分別爲主油路壓力、節氣壓力、速控器壓力。

(1) 主油路

主油路壓力又稱爲管路壓力，泛指驅動所有機械裝置與伺服的油壓。

主油路ATF從油槽經油泵吸起àATF送入壓力調節閥，進行壓力調節à手動閥決定ATF將導入哪一個換檔閥à換檔閥內柱塞位置決定主油壓是否驅動對應機械裝置。經壓力調節閥調整過的油壓還會送至節氣閥，並經由節氣閥調整爲節氣壓力導入各個換檔閥。節氣壓力與速控器壓力分別在換檔閥不同位置推動柱塞。

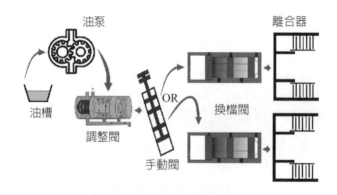

圖16-44　主油路行經元件

不同換檔閥內彈簧張力並不相同，高檔位的換檔閥內彈簧張力較大，必須以較高的節氣壓力與速控器壓力才能推動柱塞足夠的行程，使主油路孔口開啓。機械端

通常是一個活塞結構以接受主油路油壓。制動環形齒輪的多片式離合器旁連結著活塞機構，當主油路ATF注入而推動活塞，活塞施加力量於離合器鋼片，將鋼片與摩擦片緊貼，一同運動；當換檔閥切換油壓於其他機械裝置，原本作用於離合器活塞的ATF會被釋放，活塞被回位彈簧推回原來位置。油泵送出的ATF除了用來操作換檔機構，經過調節的油壓也會被運送到扭矩變換器做為其操作流體。

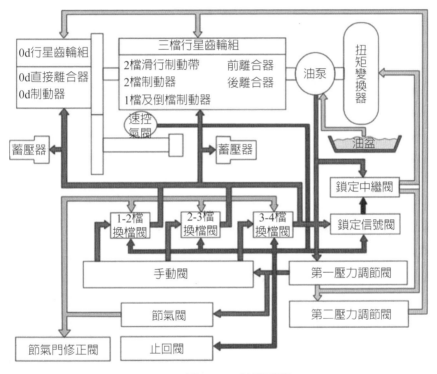

圖16-45　油壓系統

油泵

　　油泵供應了整個油壓系統所有的動力，其可分為可變位移量式以及固定位移量式，兩者差在位移量可否變化，而「位移量」在油壓系統內被定義為油泵每一循環所傳遞的油液容積，只要油泵運轉速度相同，每次運轉會有相同的輸出，一般常見的四段變速A/T，其所使用的齒輪式油泵（Gear Pump）是屬於固定位移量式。

齒輪式油泵由泵體、內齒輪、外齒輪、固定新月片組成。油泵被安裝在液壓結合器旁，液壓結合器旋轉直接驅動油泵內齒輪，內齒輪作為轉子帶動外齒輪轉動，兩齒輪於新月片處開始分開產生真空，將ATF從油盆吸入，ATF便會隨著內外齒輪的運轉被輸送到油泵的出油孔。

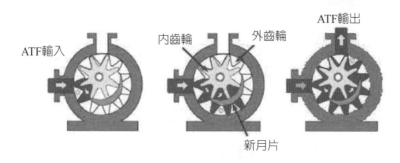

圖16-46　齒輪式油泵

壓力調整閥

　　A/T油壓系統使用的閥門多為線軸閥（Spool Valve），線軸安裝於閥體各處，線軸上較寬處稱為閥環，用來打開或關閉閥體上的孔口；窄處稱為閥谷；閥環平面稱之為閥面，末端閥面為尖端狀以免線軸移至末段被吸住。線軸閥依照其功能可以分為三類，單向閥、平衡閥、開關閥。

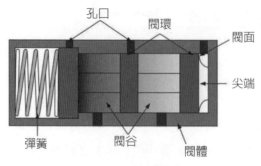

圖16-47　線軸閥構造

　　單向閥作用在於使流經該閥門的ATF只能單一方向流動，階級孔與鋼珠便能組成簡單的單向閥；平衡閥是一種由彈簧張力、油壓共同控制的線軸閥，兩種壓力互相對抗平衡，推動線軸閥於閥體內移動，閥環移動產生限孔或調整洩油孔開度，以此調節該閥輸出的油壓；開關閥則是藉由閥環的移動，控制閥體上孔洞開閉，導引ATF流入不同的油道。油壓系統內基本控制閥中，壓力調節閥、節氣閥、速控閥皆屬於平衡閥；換檔閥、踢低閥（Kick-Down）則是屬於開關閥。

　　因為輸出ATF的油泵是由引擎驅動，輸出容積與引擎轉速約成正比，此容積的變化無法完全符合不同車速及負荷時離合器及制動帶的需要，壓力調節閥的作用便是調整油泵出油量及壓力。下圖是油壓及彈簧合併作用壓力調整閥，彈簧是有洩油孔。引擎加速使油泵滿單位時間於主油管注入更多的ATF，主油路油壓增加使調整閥線軸向左推進抵抗組側彈簧張力，當線軸左移一定程度時，最左側閥環移動並打開洩油孔，降低主油管壓力。

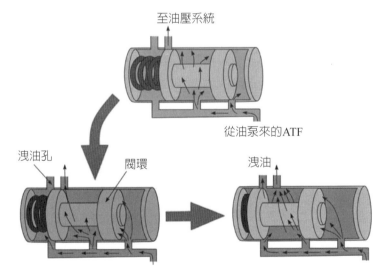

圖16-48　壓力調整閥

　　當ATF沿著油泵以及主油道各個壓力閥門流動，最終會到達主油道的中端機構，行星齒輪組的多片是離合器，或是行星齒輪的制動帶，提供壓力以執行適當的

多片離合器及制動帶選擇。

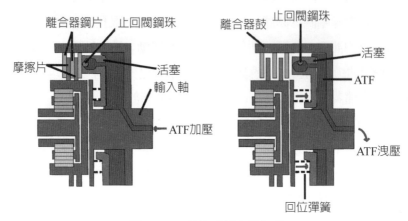

圖16-49　多片式離合器作動

(2) 換檔閥控制機制

　　換檔閥「柱塞位置」控制是由主油路以外的另外兩油路控制，分別為節氣壓力油路、速控器油路。兩油路壓力協同作用控制換檔閥柱塞位置，參考實例－3A/T D1檔位示意圖（圖16-54），節氣壓力控制2-3檔換檔閥柱塞左側；速控器則控制右側。

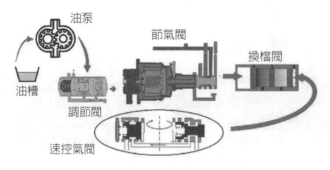

圖16-50　換檔閥控制油路行經元件

　節氣閥

　　經過壓力調整閥後的ATF除了會被送往手動閥、亦會被送往節氣閥，這些柱閥

皆有特殊的機構設計得以感知汽車行駛狀況，並即時做出反應，提供正確大小的油壓給換檔閥。節氣閥分為機械式與眞空式，機械式節氣閥透過機械連桿機構或鋼繩直接感知油門踏板踩踏力度進而移動閥內柱塞調整輸出油壓，眞空式節氣閥則是將閥內一端以管路接通至進氣歧管感知其管內眞空度，節氣門開度小，眞空度大，節氣閥總成內膜片連帶膜片桿接受歧管負壓，被向外吸以抵抗膜片外彈簧張力，節氣閥內柱塞隨膜片桿移動打開排洩位置孔口，降低節氣閥壓力；反之，節氣門開度大則柱塞反方向移動堵住排洩口位置，則節氣壓力較高。

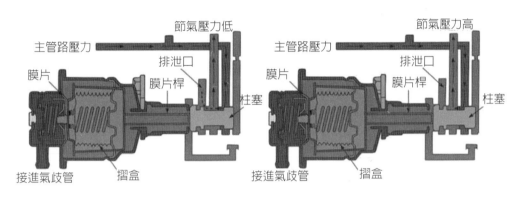

圖16-51　眞空節氣閥

速控閥

速控器閥由變速箱輸出軸帶動旋轉，離心力使閥內機構動作，進一步影響閥內洩油孔開度，決定速控器閥輸出壓力。速控閥擁有主、副兩門柱塞閥垂直安裝於速控器旋轉軸頂端兩側，速控器末端銜接輸出軸驅動齒輪以感知變速箱輸出轉速。輸出軸轉速低時離心力作用小，主、副兩閥柱塞皆靠近軸心，主閥柱塞關閉速控器閥輸出孔口，因此速控器閥沒有輸出油壓；輸出軸轉速高則離心力作用大，主、副兩閥柱塞皆遠離軸心，主閥開啟油壓輸出孔，而副閥隨轉速提高漸漸降低洩油孔開度，使輸出油壓提升。

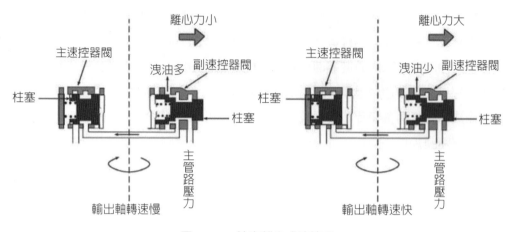

圖16-52　柱塞離心式速控閥

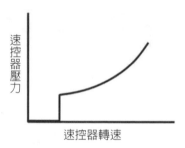

圖16-53　柱塞離心式速控器壓力與轉速關係

　　傳統A/T的系統控制要藉由繁多的控制閥來達成控制目的，維修與調整都非常麻煩，而現代的A/T使用電磁閥代替諸多的壓力調整閥，並且統一由引擎控制模組（ECM）與變速箱控制模組（TCM）控制。電子控制A/T擁有許多的優點，能更精確的拿捏換檔時機，並且在每個換檔點鎖定扭矩變換器，增加其傳輸效率以減少油耗；取代了傳統A/T的壓力調節閥、速控器閥與節氣閥，除了油壓供應較精準外，還能監測各油路運作狀況，若偵測到異常能即時做出油壓補償；另外ECU可以進行程式編譯，只要更改其基準參數，單一自動變速箱可以適應多種車款。

　　實例

　　從圖16-54可以看到手動閥門控制結合節氣壓力與速控器壓力協同作用，自動

進行換檔的概略狀況。圖16-54為三段A/T一檔位示意圖，單看ATF流經的主油道壓力元件，分別為液壓結合器及油泵壓力調節閥手動閥，然後到換檔控制閥（2-3檔、1-2檔）離合器或是制動帶。

可以看到圖16-54的換檔控制閥在節氣壓力以及速控器壓力作用下柱塞位置，使的主油道ATF最終只對後離合器施壓作用，汽車運行狀態為一檔；當速控器壓力及節氣負壓增加，兩換檔控製閥柱塞向右，前後離合器作用，汽車運行狀態提升為二檔；速控器壓力及節氣負壓再次增加，兩換檔控製閥柱塞向右至與左端相抵，制動帶作用使後離合器制動，只有前離合器繼續作用，狀態為三檔。

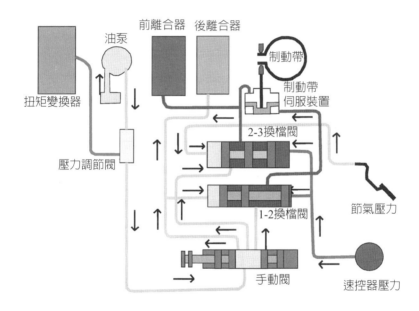

圖16-54　3A/T D1檔位示意圖

16.3.2 自排變速系統演進

與手排變速箱相較之下，自排變速箱優勢在於簡便的操作、加速及起步較平穩，其因變速原理採用行星齒輪減速，在製造技術精密的情況下，體積相同的自排變速箱能提供比變速箱更多的檔位數。相對的，自排變速箱換檔反應較慢、傳動效

率較差，而對駕車愛好者來說，自排車減少了駕駛快感也是一大問題。為了彌補這些缺憾，傳統自排變速箱被推往革新之路，進而發展出能提升傳動效率的電子控制式自排，以及能提供手排模式，增加駕駛樂趣的手自排。

1. 電子控制式自排與手自排

電子控制式自動變速箱即使用電腦控制變速箱作用的A/T，電腦需要配合感知器及作動器，才能精確控制變速箱。自排電子控制系統基本包含兩個電子控制單元（Electrical Control Unit, ECU），一個控制引擎；一個控制變速箱。ECU接收的訊號多來自於安裝在汽車各處的感知器，如速度感知器、節氣門位置感知器等，而部分訊號則是由A/T本身送出，如換檔訊號、模式選擇訊號，ATF溫度感知器信號等。作動器則是電磁閥，用來控制換檔、鎖定、管路壓力，一般的A/T，電磁閥會安裝在閥體上，隱匿在A/T內部。

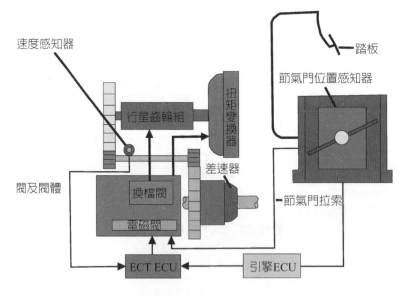

圖16-55　電子控制式自動變速箱組成概念圖

2. 電磁閥在A/T中的應用

電磁閥的應用是傳統自排變速箱與電子控制式變速箱間最大的差異。A/T中使

用的電磁閥分為直接控制油壓式與間接控制油壓式，直接控制式電磁閥通電即電磁閥針閥上升，開啟洩油孔使主油壓產生壓降；間接控制油壓式則是以電磁閥樞軸堆動控制閥柱塞以控制ATF流向。ECU控制電磁閥的方式除了基本的On/Off型固定行程控制電磁閥；而需要精確控制油壓的「管路壓力」油路，必須使用可以控制行程的比例電磁閥以PWM形式控制，此種電磁閥稱為工作週期（Duty Cycle）型電磁閥。如圖是一個間接控制油壓型電磁閥，當引擎怠速時ECU以PWM信號控制流經線圈的電流量維持最大，線圈產生最大磁場將樞軸向右吸抵抗樞軸彈簧張力，隨樞軸向右洩油孔達到最大開度而油壓降低；當節氣門打開時，ECU則控制流經線圈的電流減少，線圈磁場減弱而樞軸被彈簧張力推向左，擋住洩油孔使油壓增加。

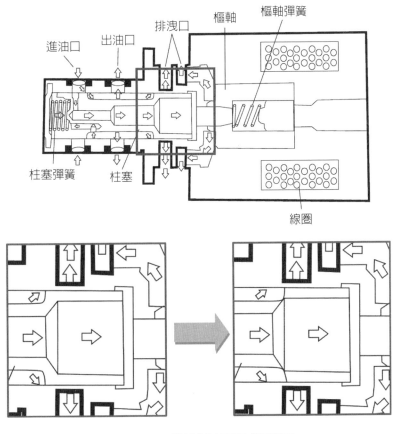

圖16-56　間接控制油壓型式電磁閥

　　管路壓力之外的油路使用操作簡單的On/Off型電磁閥。Toyota早期3 A/T的鎖定作用電磁閥包含了On/Off型電磁閥。ECU輸入On信號給予電磁閥，針閥向下封閉洩油孔，1-2換檔閥油壓作用在鎖定控制閥上端將其柱塞向下堆，開啓扭矩變換器鎖定離合器施壓側油路，因此鎖定離合器結合；當ECU輸入Off信號給予電磁閥，針向上開啓洩油孔，1-2 換檔閥油壓作用於控制閥柱塞上方的油壓降低，柱塞被況制閥彈簧推回，使ATF流向扭矩變換器鎖定離合器釋放側油路，因此鎖定離合器釋放。

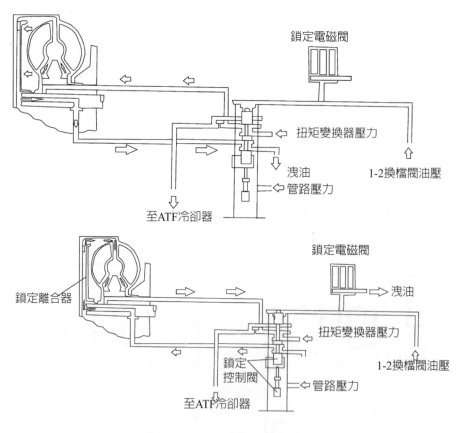

圖16-57　電子控制式A/T鎖定功能作用

　　換檔電磁閥的作用原理與鎖定作用電磁閥相同，結合油壓系統控制閥原理與

On/Off電磁閥。如圖16-58，一檔時1-2換檔電磁閥狀態為Off，控制閥上端油壓較強，將控制閥柱塞向下推，管路壓力被閥環阻擋而無壓力傳輸至行星齒輪鎖定離合器；將1-2換檔電磁閥切換為On，控制閥端油壓降低，柱塞向上開啟管路壓力，使行星齒輪離合器作用，檔位切換至二檔。觀察文章中所提及的鎖定及換檔功能，可以發現電磁閥可能被設計為常開試或常閉式。

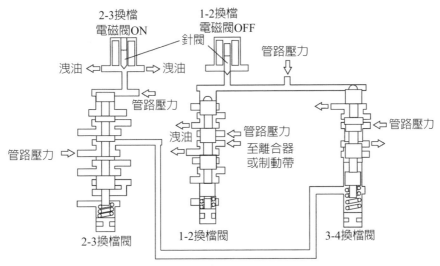

圖16-58　電子控制式A/T換檔控制閥（未制動）

3. 行使模式選擇開關

　　汽車在不同路況下或是隨著駕駛者操控變化，相對需求的換檔點時機並不相同，因此駕駛可以在汽車儀表板上找到行車模式選擇開關，一般常見的行車模式有「經濟模式」，ECU將較高引擎檔位配合低引擎轉速，以降低油耗為目的；「運動模式」，當駕駛人想以較激烈方式驅動汽車可以切換此模式，ECU會提供較晚的換檔時機，因此汽車在同樣車速擁有較高的扭力，同時也會更耗油；「雪地模式」則是讓汽車以較高檔位起步，避免汽車在磨擦係數低的路面上因扭力過大造成汽車打滑。另外在汽車排檔桿上設有OD開關，如4檔A/T汽車，開關未開啟時，變速箱並不會切換到超速檔，只會在1-2-3檔切換；若OD開關啟動，則可以1-2-3-4檔切換。

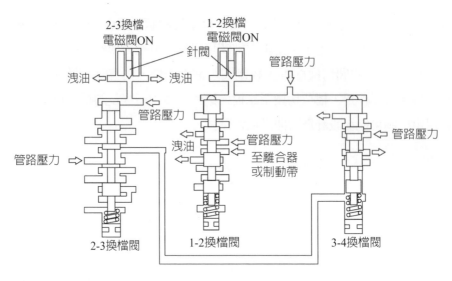

圖16-59　電子控制式A/T換檔控制閥（制動狀態）

4. 手自排

　　除了前述的行車換檔模式可供駕駛人選擇，另外還有些許車款提供手自排
（Manumatic）自動變速箱，手自排自動變速箱設計理念就是提供讓駕駛人隨意
換檔的手排模式，雖然只有升檔及降檔操作，手自排的出現都已經讓自排車的樂
趣大幅提升。這類的電子控制變速箱出現在各家汽車大廠，而各自擁有不同的名
字，好比Porsche的Tiptronic、Volvo 的Geartronic、Benz的Touchshift、Mitsubishi的
Sportronic。手自排的手排模式會設計在排檔桿D檔位置旁邊，將排檔桿排往手排模
式，即可手動操作A/T升降檔。雖然手自排提供了駕駛換檔的自由，如駕駛者將引
擎轉速拉高至超過當前檔位紅線轉速而未切換檔位， ECU依然會自動升檔防止變
速箱損壞。

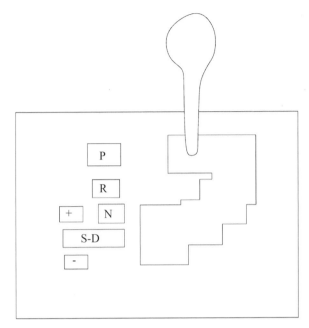

圖16-60　Manumatic

16.3.3 無段變速箱

　　無段變速箱（Continuously Variable Transmission, CVT）沒有固定的齒數比，可以連續無斷變化，使引擎輸出能達到最高效益，比起行星齒輪式的自排變速箱及永嚙齒輪式變速箱，CVT更加省油、換檔更平穩，比起一般自排變速箱其動力損耗也較低。CVT以兩組帶輪及V型鋼帶取代一般變速箱的齒輪組，V型鋼帶斜面與兩帶輪椎面重合，以摩擦力傳遞旋轉動力。軸上兩帶輪可以油壓控制距離，當帶輪距離拉遠，V型鋼帶便會下滑至帶輪中心處，此段鋼帶的作用好比套在小齒輪上；當帶輪距離縮減，V型鋼帶會被推擠至椎面外緣，此段鋼帶的作用就像是套在大齒輪上。

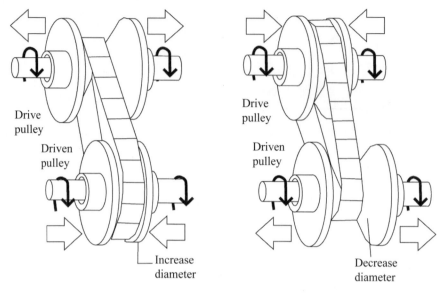

Drive pulley

Driven pulley

Increase diameter

Drive pulley

Driven pulley

Decrease diameter

圖16-61　CVT傳動機構

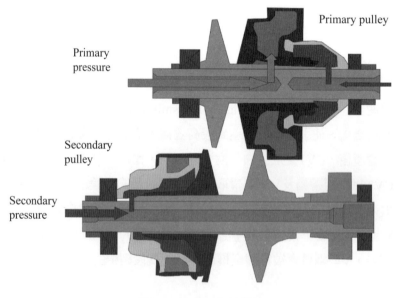

Primary pulley

Primary pressure

Secondary pulley

Secondary pressure

圖16-62　CVT作用概念

低檔位時輸入軸上兩帶輪距離較遠，而輸出軸上兩帶輪距離較近，動力傳輸

效果如小齒輪傳輸至大齒輪，輸出軸轉速將會被降低；高檔位時輸入軸兩帶輪距離近，而輸出軸帶輪距離遠，動力傳輸要果如大齒輪傳至小齒輪，輸出軸轉速被提高。而兩組帶輪之間的距離可以隨意控制，CVT可以任意調配想要的減速比。

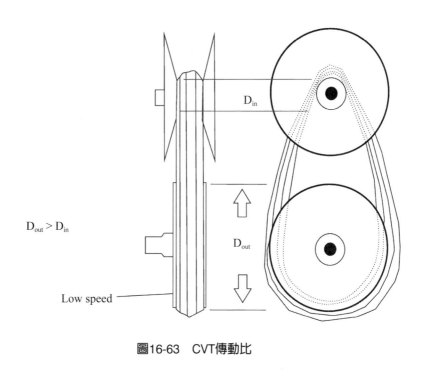

圖16-63　CVT傳動比

　　無段變速箱因為不需要許多的齒輪來搭配減速比，因此結構比起手排及自排變速箱都來的簡單。CVT變速箱包含有電磁離合器、前進與後退切換機構、輸入及輸出鋼帶、帶輪與油壓控制系統。前進與後退切換機構是由兩圈行星齒輪的行星齒輪系配合內外兩組多片式離合器組成，而外圈行星齒輪設計與輸入軸帶輪連動。當CVT於前進檔位，內離合器作用鎖定太陽齒輪與環形齒輪，則輸入軸與帶輪同向直接傳動；當CVT需要切換倒檔模式，內離合器鬆開同時作用外離合器，鎖定環形齒輪，則太陽齒輪自轉帶動內圈行星齒輪反向自轉，內圈行星齒輪帶動外圈行星齒輪同向自轉，依平移旋轉法可以得知外圈行星齒輪中心速度必定與最接近的太陽齒輪外緣切線速度向相反，即行星齒輪帶動帶輪反向旋轉。

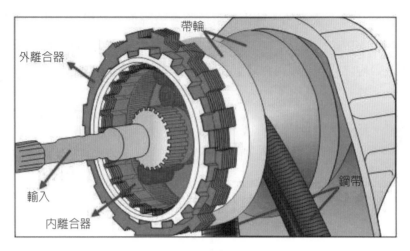

圖16-64　CVT前進與倒退切換機構

　　CVT因爲換檔的連續性，升降檔並不需要離合器，不過汽車臨停以及從空檔排入倒車檔時依然需要離合器暫時切斷引擎動力。日本自動變速器公司——JATCO所產的N-CVT，其離合器採用適合於遠程操作的電磁粉離合器，因爲不需要機械

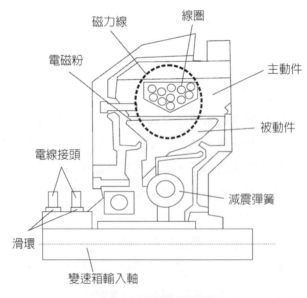

圖16-65　電磁式離合器

連接來控制它們的嚙合，從而提供快速、平穩的操作，電磁粉離合器主要零件為主動件、從動件、從動彈簧，及電線接頭等，電磁粉則包含在主動件與從動件之間。主動件中心內含線圈，當線線圈通電，金屬粉於主從動件之間產生鏈狀連結，電流強度與離合器扭矩傳輸能力約成正比。缺點是當離合器接合時，激活能量作為電磁制動器中的熱量消散，存在過熱的風險。

　　CVT自動變速箱受到日本車廠偏愛，不過因為其可承受極限扭矩較小，加速感較差，對於以性能車為主要生產方向的車廠並不流行，即便Audi採用了鍊條式鋼帶增加了CVT可承受扭矩也無法於駕駛性能上和Benz、Porsche的高檔數A/T相比，因此於2015年Audi也全面棄用CVT變速箱。

參考文獻

1. 黃靖雄（1995）。實用現代汽車自動變速箱。臺北：全華圖書股份有限公司。

2. Panhard (2019). Retrieved from https://tractors.fandom.com/wiki/Panhard.

3. Harshavardhan Ramanna. (2014).What's the difference in working between a manual and automatic transmission? Retrieved from https://www.quora.com/Whats-the-difference-in-working-between-a-manual-and-automatic-transmission (Oct 9 2014)

4. Mahmudi Restyanto. (2018).Tidak Banyak Yang Tahu, Transmisi Manual Ada Banyak Jenisnya Lho. Retrieved from https://mobilmo.com/pengemudian-mobil/tidak-banyak-yang-tahu-transmisi-manual-ada-banyak-jenisnya-lho-aid3377 (Nov 10 2018)

第_第**17**_章

懸吊系統

17.1 　前言

　　大家常說：汽車的輪胎相當於人的四肢，而汽車底盤就代表人的所有骨骼，如果沒有汽車底盤，那所有車子的一切皆會受到影響。

　　「底盤」就字面的意思看起來，的確指的就是車輛的底部；好的底盤能讓車子更加舒適、安全；而不好的底盤即便車子的其他零件裝得再好再屬害，除了會耗損零件之外，也無法發揮其真正的效果，而車輛的底盤，是否就是專指「懸吊機構」呢？其實這倒不然。底盤系統裡面，是「包含」懸吊機構的，但它不只有懸吊；舉凡變速系統、傳動系統、轉向系統、刹車系統…等，都是屬於底盤的範圍。

17.2 　汽車底盤

17.2.1 承載式車體（Unibody）

　　目前大多數轎車多採用的承載式車架，這也是爲了解決大梁式車架所研發，解決了大梁式車架的質量重、體積大、重心高等問題，透過整個車身來承載所有載荷和衝擊，所以也可叫做「無車架結構的承載式車身」。此車體的汽車沒有剛性車架，只是加強了車頭、側圍、尾車、底板等部位，所謂承載指車身承載，指車身底盤以上的部分，然而承載的零件像是發動機、懸掛、傳動系統等等，承載式車身的汽車部件都直接安裝在車架上，而承載式車體的優點，由於質量輕與重心低，所以公路行駛非常平穩；而且因爲整個車身爲一體，所有固有頻率震動低，噪音小的好處；然而承載式車身在撞擊時前後車架可以潰縮保護駕駛，所以比較安全。然而像是由鋼材（或是鋁材）經沖壓、焊接而成，所以對設計和生產工藝的要求都很高，開發製造難度高且相對複雜；再來就是因爲沒有底盤大梁架，在承受大量貨物或是駕駛遇到顛頗時，車身扭曲容易彎曲，所以剛度（尤其是抗扭剛度）不足也是承載式車身的一大缺陷。

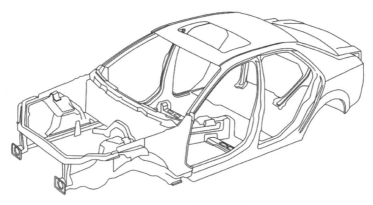

圖17-1　承載式車體

17.2.2 非承載式車體（Body on Frame）

　　非承載式車身的汽車有剛性車架，又稱底盤大梁架，由於非承載式車身有底盤大梁的結構，在遇到不平的道路時可以吸收衝擊和抵抗扭曲力；並且由於大梁和底盤分開，中間的銜接處會有一些彈簧構造可以吸收衝擊，所以行駛時的噪音較低；

圖17-2　非承載式車體

最後因為非承載式車身的引擎和懸吊都裝在底盤上，所以要更換零件或維修時較方便。非承載式車身也因底盤大梁的存在，大大的加重了車子的重量，所以比較耗油也是理所當然的；再來就是因為車身重心較高加上整體車子較重，導致車子在**轉彎**時會比較不靈活，較無法高速的轉彎；最後就是因為底盤大梁的剛性高，使得在受到衝擊時，不會有前後車架可以潰縮的好處。

17.2.3 鋼管車架（Tubular Chassis）

上面所說的兩種車架因為設計開發工藝複雜，只適合批量生產。雖然有共平台的策略，但對於不同的車身造型是不能共用車架。於是鋼管式（又稱「框條式」）車架便應運而生。為了打造擁有足夠強度又輕盈的底盤，鋼管車架以管狀鋼材取代鋼板，結構上則使用大量的三角幾何結構來達成高抗扭剛性。由於鋼管車架需要以手工焊接製作，不利於大量生產，加上三角幾何結構使得車架內幾乎沒有多餘的空間，因此只有少量的市售車採用鋼管結構設計，如LAMBORGHINI和TVR，原因是由於對鋼管車車架進行局部加強十分容易（只需加焊鋼管），在質量相等的情況下，往往可以得到比承載式車架更強的剛度，這也是很多跑車廠仍樂於用它的原因。

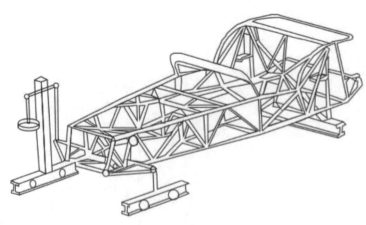

圖17-3　鋼管車架

17.3　　懸吊基本構造

懸吊系統除了支撐車輛重量的功能外，還提供車輪作上下的運動，減低或吸收來自路面的振動、衝擊，來保持車輛能夠平穩的行駛於路面上。並將車輛與路面交互的各種力量確實傳到車體上，這些力量包括加速時的驅動力、煞車時的刹車力，以及轉向時的橫向力，同時提供輪胎與地面有最佳的接地性以及車輛最佳的運動狀況，適切的控制車輛的6個自由度的運動，包括上下、左右、前後3個直線運動以及滾翻、俯仰、搖擺3個旋轉運動。一般而言，懸吊系統必須具備上下運動，並且要支撐來自前後左右的外力，根據這些基本的要求，懸吊系統的基本構造可區分為下列幾個主要的構成。

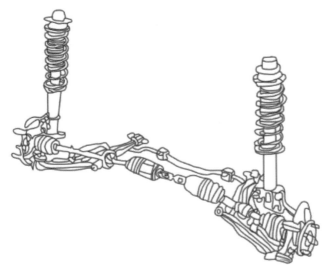

圖17-4　懸吊系統基本構造

17.3.1 連桿機構

用來支撐車子的重量並提供輪胎做上下的運動。

17.3.2 避震器

除了減緩來自路面的衝擊感之外，主要是收斂車體的振動。

1. 彈簧：

減緩或吸收因來自路面的起伏所造成的車體上下運動，並確保車輛維持適當的姿勢／高度。

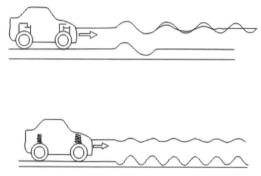

圖17-5　彈簧與避震器功能

(1) 彈簧剛性

彈簧的硬度選擇是要由路面的崎嶇程度來決定，越崎嶇要越軟的彈簧，一般說來軟的彈簧可以提供較佳的舒適性，以及行經較崎嶇的路面時可保持比較好的循跡性。 但是在行經一般路面時卻會造成懸吊系統較大的上下擺動，影響操控。 而在配備有良好空氣動力學組件的車，軟的彈簧在速度提高時會造成車高的變化， 造成低速和高速時不同的操控特性，以硬度的增加來說，可提高懸吊的滾動抑制能力，減少過彎時車身的滾動，彈簧控制了很多有關操控的因素，彈簧的改變會造成很複雜的操控特性改變。

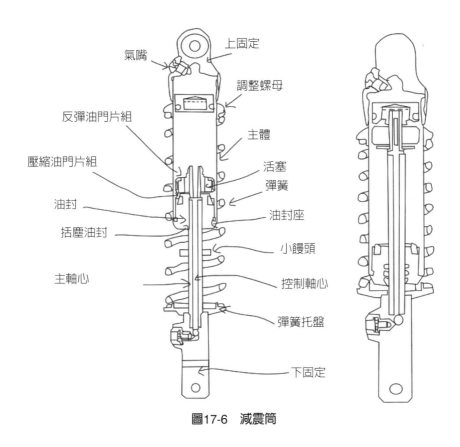

氣嘴

上固定

調整螺母

反彈油門片組

主體

壓縮油門片組

活塞

彈簧

油封

油封座

括塵油封

小饅頭

主軸心

控制軸心

彈簧托盤

下固定

圖17-6　減震筒

2. 阻尼器

當我們以一固定的速度壓縮或拉伸避震器其所產生的阻力就稱爲阻尼，當我們讓避震器以非常慢的速度壓縮或拉伸時，它的阻力只有來自機構內部的摩擦力，阻尼油幾乎不產生阻力。但是當作動速度增加時，阻力的增加會和避震器作動速度變化率的平方成正比，也就是說作動速度增爲2倍時阻力卻會增爲4倍。

避震器的阻力可分爲壓縮和回彈兩部分，壓縮阻力和彈簧的硬度有加成效果，作動時可增加彈簧的強度，而回彈阻力則是發生在彈簧受路面衝擊壓縮後的反彈行程，這也是避震器存在的最大理由，它是用來抵擋彈簧壓縮後再將輪胎壓回地面的力量，減緩反彈的衝擊並保持車輛的平穩。

3. 重量轉移

進彎和出彎時車身重量轉移（Weight Transfer）的速度會影響操控的平衡，這影響會持續直到重量轉移完成，而車身重量轉移的速度是由避震器所控制，改變避震器在壓縮和拉伸行程的速度可改變車身動量轉移的速度。

避震器越硬重量轉移的速度越快，重量轉移越快則車身子的轉向反應也越快。過彎時轉動方向盤，輪胎會產生一個滑移角（Slip Angle），進而產生轉向力，這力量作用在滾動中心（Roll Center）和重心（Center of Gravity），然後導致車身重量轉移，車身產生滾動（Roll）。

此時彎外輪的轉向力會隨著滑移角的增大及車身重量的轉移而加大，車子在達到最大轉向力及完成重量轉移後會建立一個過彎姿勢（Take a set），由於避震器控制重量轉移的速度，因此也會影響建立過彎姿勢的速度。

由於轉向反應對操控很重要，因此我們希望過彎姿勢的建立越快越好，但也不可太快，必須有時間讓車手去感覺過彎姿勢的建立，並感受循跡性的極限，如果重量轉移太快會讓車手來不及去感覺，因此設定一個車身重量轉移的速度讓熱車手去感覺極限的接近，並且有所反應是車輛懸吊設定時的重要課題。

17.3.3 防傾桿（Stabilizer或Anti-Roll Bar）

對於車輛操控上來說，獨立式懸掛系統相較於非獨立系統擁有相當多的優勢，因為當車輛行駛時每一側懸掛系統都是獨立作動，獨立式懸掛系統操控性雖然相當靈活，但車輛在過彎時只有一側的懸掛系統受力，而非像拖曳臂式懸掛系統是由左右兩側共同受力，如此一來所謂「側傾」的狀況就會發生。防傾桿本身是一種「扭桿彈簧」本身是屬於可扭曲的金屬棒，利用本身的彈性對彎內外之兩輪分別施以向上向下之力，防止車子在轉彎時發生傾斜並且翻車，而實際上，它是強化剛性，要較激烈操駕才比較能感覺其中的差異。

防傾桿長的就像「ㄇ」字型的鐵棒，連接在左右兩側的底盤支臂或是避震器筒身上，防傾桿本身的材質與避震器彈簧或是扭力桿相同，具有一定的彈性，而廠商會根據車型與用途去設計適合的防傾桿，讓避震器與防傾桿可以互相的配合，達到

最好的效果，若在在未更換避震器的情況下更換不合適的防傾桿操控性反而會大打折扣，需要特別注意。

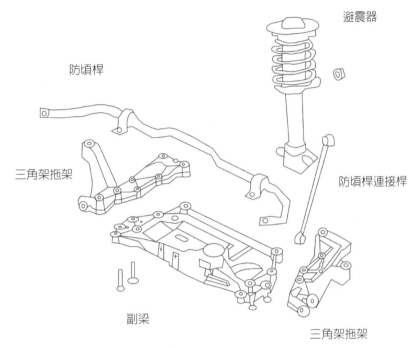

防傾桿

避震器

三角架拖架

防傾桿連接桿

副梁

三角架拖架

圖17-7　防傾桿安裝位置

17.4　懸吊系統種類

　　懸吊系統的種類繁多，構造變化多端，即使同一種類的懸吊在前輪及後輪的設計，或在FF車、FR車上的設計都會有許差異，一般懸吊系統有兩種分類方式，一種是區分為「獨立懸吊系統」及「非獨立懸吊系統」；另一種分類方式是以「前輪懸吊系統」及「後輪懸吊系統」作區分，以下將以「前輪懸吊系統」及「後輪懸吊系統」的區分分別說明之。

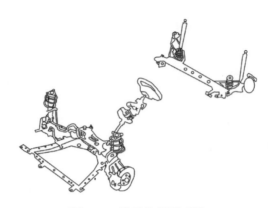

圖17-8　常見的懸吊系統

17.4.1 懸吊的由來

　　懸吊的起源可以追溯到17世紀運用在馬車上，在1820年代，新罕布夏州康科特市的Abbot Downing公司開發出一種系統，藉此讓馬車的車體能夠支撐在的皮帶上，這樣可改善車廂的擺盪的動作，然而隨著馬車的普遍，奧巴迪亞·埃利奧特（Obadiah Elliott）註冊了第一個彈簧懸吊車輛專利，當時使用了鋼板彈簧，車身直接固定在連接在車軸上的彈簧上，在19世紀初，大部分英國的馬車都裝備了彈簧，在輕型單馬車避免徵稅的情況下使用木質彈簧，在較大型車輛使用板簧，然而隨著汽車的發展，在速度越來越快的情況下，懸吊的發明也顯得越來越重要。

17.4.2 前懸吊與後懸吊的區別

　　前輪懸吊最主要的特色，是車輪除了要轉向之外，也會有上下的運動，一輛車經過路面隆起的地方，多種力量便經車輪傳至車身。前輪懸吊必須防止車子偏離駕駛人所選的方向之外，還要避免以下事項：車輪搖晃、向前、向後或向側面過度移動，又像是輪子請斜角度改變太大等等，如果發生以上的狀況，會使車子難以控制，而這些就是前輪懸吊必須克服的事項。

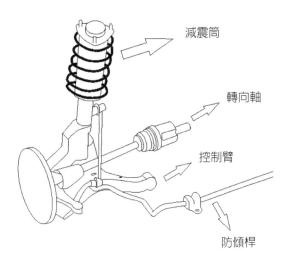

圖17-9　前輪懸吊

使用前置引擎的車子，後輪懸吊主要的問題就是需要承受乘客和行李大部分的附加重量，如果懸吊彈簧的剛度只適合駕駛人的話，在滿載時會太軟，反過來說，如果只適合滿載的話，在只有一人就駕駛反而會覺得太硬；再來後懸吊也應該要有

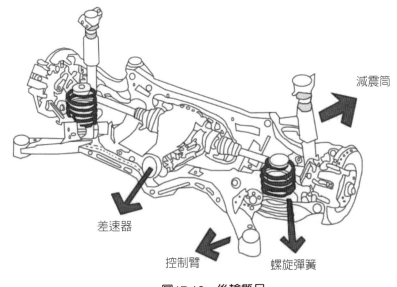

圖17-10　後輪懸吊

固定後軸的功能，由於後軸連接了傳動裝置與差速器，所以後懸吊必須要可以承受車子行駛、煞車、轉向時所產生在後軸的綜合震動。

　　前輪懸吊及後輪懸吊的種類大致區分如下，前懸吊系統：麥花臣支柱式（MacPherson Strut）、雙A臂（Double Wishbone）、多連桿（Multi-link）、半拖曳臂（Semi-trailing Arm）、牽引臂（Leading Arm）、剛性車軸式（Rigid Axle）、葉片彈簧式（Leaf Spring）。後懸吊系統：麥花臣支柱式、雙A臂、多連桿、半拖曳臂、全拖曳臂（Full-trailing Arm）、扭梁式（Torsion Beam）、剛性車軸式、葉片彈簧式。

17.4.3 非獨立懸吊

1. 板片彈簧（Leaf-Spring Axles）

　　最初在18世紀，板片彈簧被運用在馬車上，汽車出現之後，1893年德國專利由奔馳為了實現阿克曼轉向的效果，讓車子沿著彎道轉彎時，利用相等曲柄使內側輪的轉向角比外側輪增加大約2～4度，使四個輪子路徑的圓心大致上交會於後軸的延長線上瞬時轉向中心，使車輛可以順暢的轉彎。

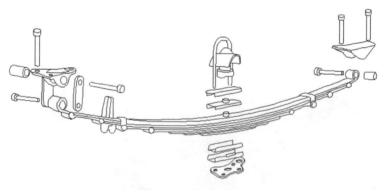

圖17-11　板簧零件

　　板片彈簧在17世紀末就已經出現，爾後的50年出現了許多種類的板片彈簧，儘管有了許多細節的變化，隨著引擎轉速與功率的增加，板片彈簧安裝位置與彈

簧受力形變的問題越來越大，尤其是在前懸吊，由於前輪需要轉向，而且板片彈簧懸掛沒有橡膠繩來承受崎嶇路面的衝擊，如果要將變形最小化，則需使用較厚的板簧，便會影響乘客的乘坐品質。

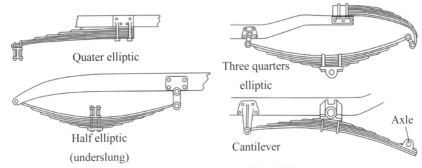

Quater elliptic

Three quarters
elliptic

Half elliptic
(underslung)

Cantilever

Axle

圖17-12　早期的板片彈簧種類

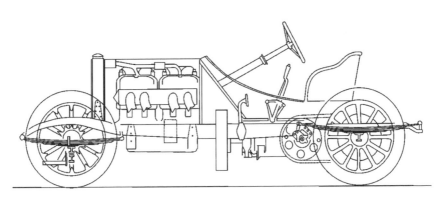

圖17-13　1908年車使用板簧懸吊

2. 剛性軸（Live Axle/ Rigid Axle）

　　剛性軸後懸吊簡單來說只是一個水平鋼管，一個可以將車輪連接到內部差速器的軸，然後再配上一些後懸掛裝置，最大的特色便是它擁有一個剛性的主軸，使車子可以接受激烈的碰撞。

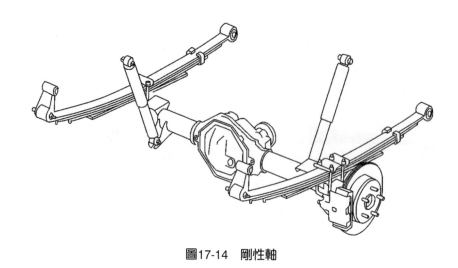

圖17-14 剛性軸

　　雖然剛性軸的構造非常簡單，但是這種簡單的懸吊系統卻讓美國肌肉車非常喜歡使用，其原因就是它可以非常輕易地做調整，可以依照自己的需求去添加控制臂，連桿，彈簧／減震器等懸吊裝置；再來就是它堅固並且耐用，也是剛性主軸的一大特色；它的製造與維修成本也相當的便宜，完全貫徹了美國肌肉車，簡單又強硬的優點。

　　然而剛性高的後軸最大的缺點就是舒適性的問題了，雖然可以添加一些緩衝的彈簧或是避震器，但還是有所不足；由於剛性軸為非獨立懸吊，所以一個車輪上的碰撞也會激起相反的車輪，這會造成行駛時的不順。

3. 扭力梁（Torsion Beam Axle）

　　大眾汽車公司（Volkswagen）在20世紀70年代時將後發動機RR車型改為前輪驅動FF車型後，推出了後扭力軸車軸，並且將該設計應用於Audi 50 / Volkswagen Polo, Volkswagen Golf 與Scirocco，全部於1974年推出。

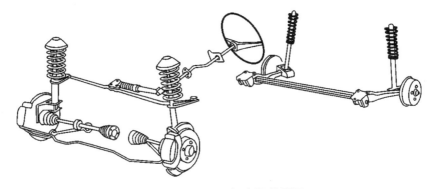

圖17-15　Audi 50扭力梁後懸吊

　　扭力梁式懸吊，外觀與作動方式與拖曳臂式大致相同，不過在左右兩支下支架的中間以一根粗大的橫向扭力梁把左右兩側的縱向支架連接在一起，看起來就像一個「ㄇ」字型或「H」型，然而，在橫向（側向）力的作用下，扭力梁保持剛性以抵抗車身滾動，並且在轉彎時，中間的主梁可以適當的扭曲，以便給車輪的運動賦予一定程度的獨立性，使車子在轉彎時可以更加穩定。

　　扭力梁式懸吊最大的好處就是構造簡單，製造成本低，容易維修，且占用的空

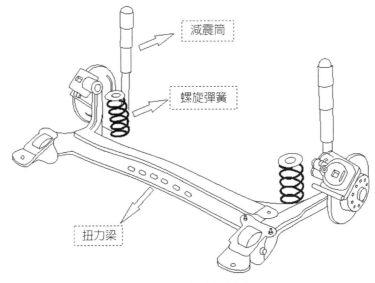

減震筒

螺旋彈簧

扭力梁

圖17-16　扭力梁懸吊

間較小，可降低車底板的高度，因此大多使用在小型車上。但是最大的缺點就是左右兩側在彈跳時會互相牽制，劇烈轉向時甚至會出現舉腳的情形，且無法進行定位角度的調整，操控性會大受影響。

17.4.4 獨立懸吊

1. Dubonnet Suspension

Dubonnet懸吊是一種主要在20世紀30年代和40年代流行的拖曳臂獨立前懸架和轉向系統，在1934年用於法國汽車製造商雪鐵龍的實驗車中，但是在實驗之後發現雙A臂懸架製造更容易，更便宜，而且除非嚴格保養，否則Dubonnet懸吊的耗損很嚴重，所以它很快被其他懸吊取代。

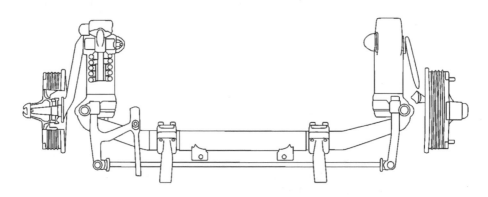

圖17-17　1934年Dubonnet Suspension

它由一個剛性安裝的軸梁組成，彈簧式轉向臂和懸臂安裝在軸端的主銷。車輪本身安裝在短軸上，懸掛在主銷上。該系統具有封閉式螺旋彈簧和減震器，其密封在潤滑和保護懸架部件所需的油中。這也是Dubonnet Suspension的缺點之一，其因密封失效造成洩漏會對乘坐和耐用性產生負面影響。

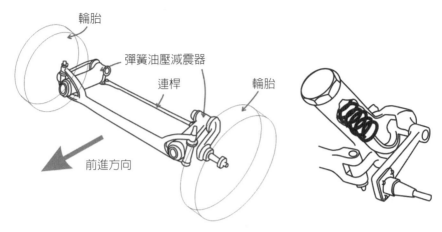

輪胎

彈簧油壓減震器

連桿

輪胎

前進方向

圖17-18　Dubonnet Suspension

2. 拖曳臂懸吊（Trailing Arms）

　　拖曳臂懸吊為獨立式懸吊系統，此懸吊重點有二：第一是擺臂垂直於車身中心軸，使得在運作時車輪永遠與地面保持垂直狀態，並不會因上下作動而產生後傾角的改變，第二是擺臂從固定軸到輪軸間沒有可變角度的關節構造。

　　拖曳臂式的懸吊系統的優點有構造簡單、占空間小、車輪上下震動時輪距及外傾角的變化少、震動亦少、乘坐舒適，為小型客車使用最為普遍；缺點則為拖動臂的剛性較差，因此需藉拖動臂下方的支柱來承受前後之力，由於車輪永遠與地面保

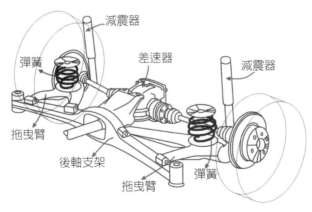

減震器

彈簧

差速器

減震器

拖曳臂

後軸支架

拖曳臂

彈簧

圖17-19　拖曳臂懸吊

持垂直狀態，並不會因上下作動而產生後傾角的改變，再加上輪距的變化量較大在轉向時的穩定性會稍顯不足。

3. 半拖曳臂懸吊（Semi-trailing Arms）

1951年半拖曳臂被研發出來，半拖曳臂與拖曳臂最大的差別是拖曳臂之樞軸不與輪軸平行，而是呈傾斜設置，它是拖曳臂和擺動軸機構的延伸，具有相同數量和類型的連桿和關節，該懸吊橫梁與拖曳臂間之旋轉軸線傾斜角度稱之為後退角，若後退角愈小，則愈接近全拖曳臂式之特性；反之，後退角愈大，則愈接近擺動軸式之特性。

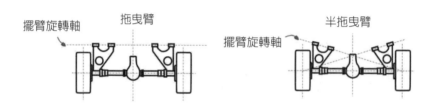

圖17-20　拖曳臂與半拖曳臂差別

它折衷了拖曳臂與擺動軸的優點，除了容易維修之外，它在橫臂的加強，使整個系統更加堅固；半托曳臂式懸吊在轉向時，車輪的傾角和輪距變化較托曳臂式小，使車輛在轉向時的穩定性極佳。缺點是由於在現代後輪驅動車輛中，油箱安裝在後軸前方，很多空間不再可用，它所需大空間，這剛好不符合現代的汽車的設計；向對於拖曳臂零件數量多，零件的精密度要求高，導致成本偏高。

4. 雙 A 臂式懸吊（Double Wishbone Suspension, 1934~Now）

20世紀30年代，雙A臂懸架吊被引入，法國汽車製造商雪鐵龍（Citroën）於1934年在Rosalie和Traction Avant車型上使用，當時雪鐵龍使用了雙A臂式與Dubohnet 懸吊來做實驗，希望能夠做出更好的懸吊，1935年，Packard Motor Car Company將其用於1925年的Packard One-Twenty。

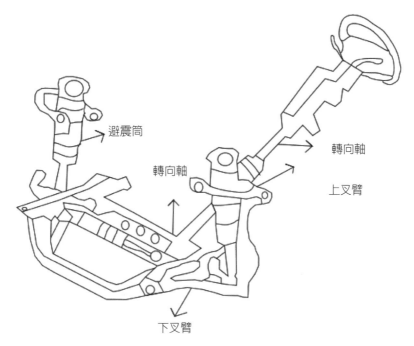

避震筒

轉向軸

轉向軸

上叉臂

下叉臂

圖17-21　1934年雙A臂式懸吊（前懸吊）

　　雙A臂式懸吊由上下兩支三角型支臂所構成的，此三角型支臂形狀類似A字母，故稱爲雙A臂。有些設計會在下支臂追加縱向拉桿（Tension Rod）。在1930～1940年曾大量的使用這種懸吊，現在多爲中型以上的轎車及跑車所採用。與支柱式比較起來，雙A臂式懸吊構造比較複雜，重量與成本都比較高，而且比較占車內空間。現今有許多頂級的房車與跑車使用雙A臂前懸吊，像是BMW的3GT、Aston Martin、Bentley、Caterham Caterham 7、Lamborghini Gallardo等等，而有使用到雙A臂後懸吊得像是JAGUAR 、Subaru Levorg等等。

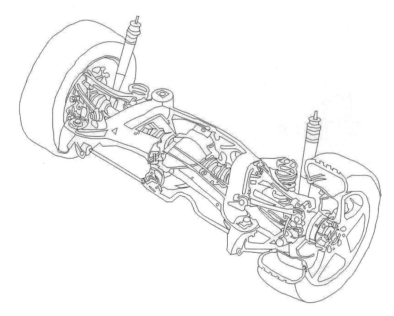

圖17-22　雙A臂後懸吊

　　這種懸吊的車輪由於上下運動時始終保持垂直狀態,所以輪胎與路面可保持很好的接地性。但是此平行四邊的構造,在車輪上下運動時容易造成輪胎的橫向移動而摩耗輪胎。因此大多採用不等長的上下連桿(上連桿短,下連桿長)可避免輪胎的橫向移動,而且外傾角變化也幾乎很少。雙A臂式懸吊設計的自由度相當高,以下我們來討論上下A臂不同長度與配置對設計的影響:

5. 麥花臣支柱式(MacPherson Strut)

　　Earle S. MacPherson於1945年被任命爲雪佛蘭輕型汽車項目的總工程師,爲戰後即將開始的市場開發新的小型車。造就雪佛蘭直至1946年共生產了三代Cadet設計原型,皆採用了第一台麥花臣支柱,前後均獨立懸掛。

　　麥花臣支柱式(以下簡稱支柱式)懸吊的避震器下端固定在轉向節(Knuckle)上,無轉軸(Pivot)的設計,使避震器具有連桿的功能,因而省掉了上A臂。下連桿則與雙A臂之下A臂類似。支柱式懸吊構造簡單、重量輕,不占空間,上下行程較大,爲現在轎車前懸吊系統的主流。此種懸吊車輪上下運動時雖然在下三角

臂的運動會使車輪有些微的橫滑而造成輪距的變化，但是由於大王銷軸的兩個端點距離長，外傾角與後傾角幾乎無變化。但是在過彎時由於車輪會稍微外傾而造成轉向不足的現象，由於支柱式懸吊的避震器由於本身擔任連桿的作用，所以會受到彎曲力，對避震器的伸縮運動及耐久性不好，故彈簧的擺置要有個角度的偏斜，以抵銷避震器受到的彎曲力。

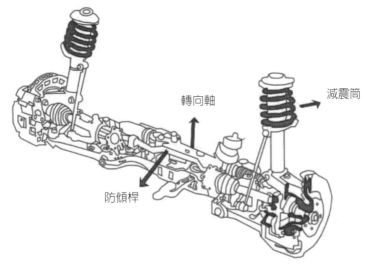

轉向軸

減震筒

防傾桿

圖17-23　麥花臣懸吊

6. 多連桿（Multi-Link）

Mercedes-Benz C111一系列在20世紀60年代和70年代生產試驗。該公司正在試驗新的發動機技術，包括汪克爾發動機，柴油發動機和渦輪增壓器，而C111的第一個版本是在1969年完成的，除了上述的測試，C111也是第一台安裝多連桿後懸掛的車子。

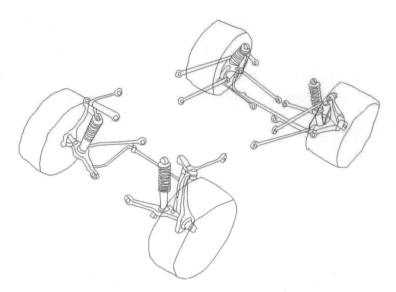

圖17-24　Mercedes-Benz C111多連桿懸吊

　　多連桿是由雙A臂衍生出的多連桿式懸吊,連桿之間以橡膠襯套或球面接頭（關節）銜接,擁有更大的自由度應付路況,它的構造跟雙A臂極為相似不易辨認。

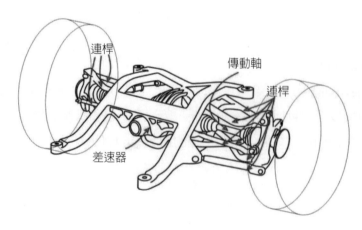

圖17-25　多連桿懸吊

　　多連桿的優點是支臂可以獨立運作，大大減緩路面的衝擊；能調整幾何變化的自由度更高並且有很大的改裝空間，使賽車隊中的工程師能利用電腦模擬懸吊的動態作出更細膩的調校來提高過彎的穩定性。尤其越野賽車中，非常需要能自行調整定位的多連桿，以適應路況多變的越野操駕。但缺點是成本高，僅低於雙A臂而已；而且剛性低，每根連桿的接頭受力很大，磨損的機率也越大，從而又提高保養成本。

7. 液壓彈性懸吊（Hydrolastic Suspension）

　　液壓彈性懸吊是英國汽車公司（BMC）及其後續公司生產的，一種可以節省空間的汽車懸架系統，該懸吊由英國著名橡膠工程師Alex Moulton發明，最初用於1962年的Morris 1100。

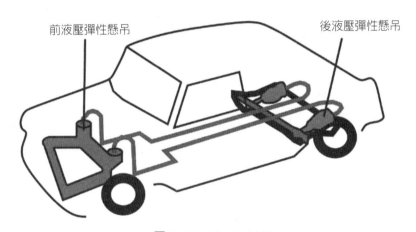

前液壓彈性懸吊　　　　　　　　　　　　後液壓彈性懸吊

圖17-26　Morris 1100

　　使用液壓彈性懸吊的汽車，每個車輪都有設置轉移器，它兼備彈簧和減震器的功能，並且將前後懸吊互相連接，構成前後合一的懸吊裝置。轉移器的內部由橡膠彈簧、兩路閥、金屬模板、彈性膜與活塞組成，再由左右兩條管子，分別將兩個內腔連接起來，而內腔與管子裡都充滿了液體。

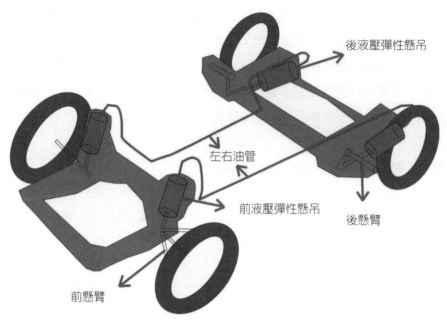

後液壓彈性懸吊

左右油管

前液壓彈性懸吊

後懸臂

前懸臂

圖17-27　液壓彈性懸吊配置

　　在行進隆起部分時，車輪上升運動會將膜片向內張，把內藏液體擠過分隔板的閥孔，膜片的動作導致內膜容積減小，內膜壓力增加並且把部分液體擠進車通管道，相連的轉移器容積增大，後懸吊高度立刻增加。

8. 液壓-氣壓懸吊（Hydro-pneumatic）

　　20世紀50年代法國雪鐵龍公司在研究一款叫DS的車時，決定採用一項超前的技術──液壓氣動技術（該技術自1953年始就應用在雪鐵龍前驅15車型的後懸吊上試驗）。當時，在這輛配備六缸發動機的DS轎車上安裝了一個高壓液壓裝置，可操控車輛的制動、轉向和離合裝置。試驗取得了意想不到的成功。

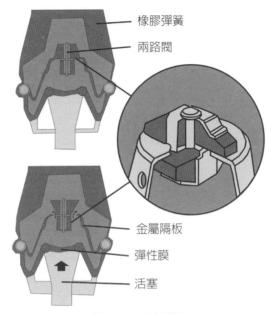

橡膠彈簧

兩路閥

金屬隔板

彈性膜

活塞

圖17-28　轉移器

一個前輪輾過路面隆起的地方時，
液體受擠壓轉移到後懸架去，使之升高。

車子駛過了隆起的地方，
液體到流回前懸架去，回復原來狀況。

圖17-29　液態懸吊運作

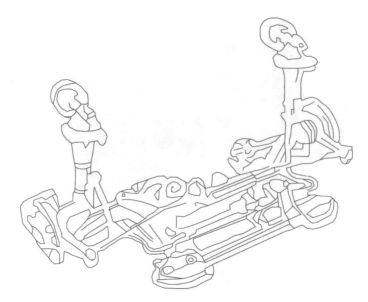

圖17-30　雪鐵龍 DS1前懸吊

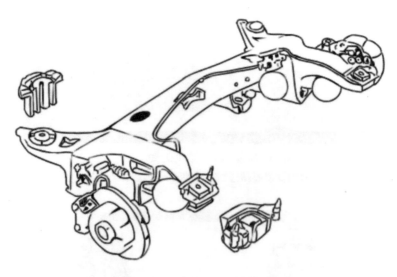

圖17-31　雪鐵龍 DS1後懸吊

　　該高壓液壓裝置堅固耐用，大大提高了雪鐵龍汽車的舒適性和安全性。可以說，DS是雪鐵龍公司首款配備液壓四輪獨立懸吊的經典車。再加上其是第一款批

量生產的採用前盤式制動的車型，直至今日，該款車仍備受經典汽車愛好者的推崇並被他們所珍藏。

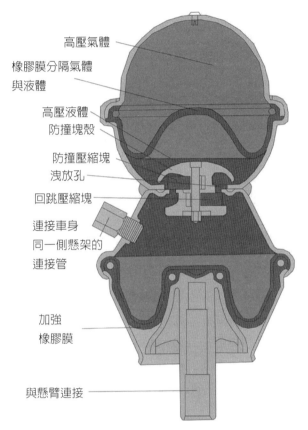

圖17-32　液-氣壓金屬球（未改）

　　當車輪經過隆起處時，定位臂把運動傳至活塞，將壓力推動內部的液體，最後再壓縮氣體，其作用與彈簧類似；然而車輪向下運動的話，動作則是顛倒過來。當車子負荷增加，車身相應降低，每隻懸臂相應升高，帶動連桿開啓通向液體儲槽的滑動閥，液體壓進油缸，使車身升起至原來高度，連桿即恢復靜止時位置，並且關閉活動閥；當車子負荷減輕時，上述反應將反向進行，滑動閥開啓，過剩的液體流回儲槽。

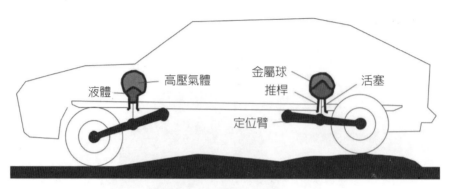

圖17-33　液壓-氣壓懸吊

車子負荷增加，車身下降，
而使懸臂的一支連桿開啓
一個滑動閥，讓液體壓進油缸。

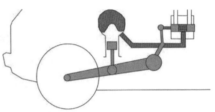

油缸內液體增加，使車身上升，
把剛才的操作倒轉，
直到滑動閥的兩邊壓力箱等
而車身升至原來高度。

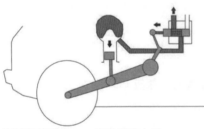

車子負荷減少，。車身即會上升，
使滑動閥開啓，讓回流管
暢通無阻，油缸中過剩的液體
立記得經這條管子回流。液體不再
充滿油缸，車身重新坐落懸架上。

液體繼續流進儲槽，直到車身
回復到本來的位置。這時
滑動閥再回到慣常的靜止位置，
液體也暫不往還流動，除非
車身高度再次改變，
否則滑動閥仍保持不動。

圖17-34　液-氣態懸吊運動方式

參考文獻

1. 百科知識（2019）。非承載式車體。檢自：https://www.easyatm.com.tw/wiki/非承載式車體

2. 維基百科（2019）。彈簧。檢自：https://zh.wikipedia.org/wiki/%E5%BC%B9%E7%B0%A7

3. 每日頭條（2019）。如何極速過彎？——側傾剛度和重量轉移。檢自：https://kknews.cc/zh-tw/car/ga5none.html

4. 車訊網（2012）。防傾桿避震器配套改裝效用大。檢自：https://carnews.com/article/info/cc7d7383-4b06-11e8-8ee2-42010af00004

5. 車訊網（2017）。扭力梁懸吊v.s多連桿懸吊，究竟有多大的差別？檢自：https://carnews.com/article/info/76fd74cc-4b10-11e8-8ee2-42010af00004

6. 老道雜談（2009）。PSA的扭力桿式拖曳臂雜論。檢自：https://blog.xuite.net/kevinponpon/twblog/180246400-%E6%8B%96%E6%9B%B3%E8%87%82%E8%88%87%E5%8D%8A%E6%8B%96%E6%9B%B3%E8%87%82

7. 車訊網（2017）。麥花臣懸吊v.s雙A臂懸吊，車輛必備的「功底」。檢自：https://carnews.com/article/info/5127e892-4b10-11e8-8ee2-42010af00004/

國家圖書館出版品預行編目資料

汽車學原理與實務／曾逸敦著. ― 二版. ―
臺北市：五南，2019.09
　　面；　公分.
ISBN 978-957-763-644-7 (平裝)

1.汽車工程 2.汽車

447.1　　　　　　　　108014771

5DK1

汽車學原理與實務

作　　　者 ― 曾逸敦(279.9)

發 行 人 ― 楊榮川

總 經 理 ― 楊士清

總 編 輯 ― 楊秀麗

主　　編 ― 高至廷

責任編輯 ― 金明芬

封面設計 ― 姚孝慈

出 版 者 ― 五南圖書出版股份有限公司

地　　　址：106台北市大安區和平東路二段339號4樓

電　　　話：(02)2705-5066　　傳　　真：(02)2706-6100

網　　　址：http://www.wunan.com.tw

電子郵件：wunan@wunan.com.tw

劃撥帳號：01068953

戶　　　名：五南圖書出版股份有限公司

法律顧問　林勝安律師事務所　林勝安律師

出版日期　2016年 5 月初版一刷
　　　　　2019年 9 月二版一刷

定　　　價　新臺幣620元